生態系サービスという挑戦

市場を使って自然を守る

グレッチェン・C・デイリー／キャサリン・エリソン＝著
藤岡伸子／谷口義則／宗宮弘明＝訳

名古屋大学出版会

ギデオン，そして
ジャック，ジョー，ジョシュアに
愛をこめて

THE NEW ECONOMY OF NATURE :

The Quest to Make Conservation Profitable

by Gretchen C. Daily & Katherine Ellison

生態系サービスという挑戦　目　次

地図作成：鈴木雄大

凡　例

一、〔　〕は訳者による注ないし補いを示す。

一、度量衡は以下の換算表に従った。
一インチ＝約二・五センチメートル、一フィート＝約三〇センチメートル、
一ヤード＝約〇・九メートル、一マイル＝約一・六キロメートル、
一エーカー＝約四〇〇〇平方メートル、一ポンド＝約四五〇グラム、
一ガロン＝約三・八リットル、一オンス＝約三〇ｃｃ

一、日本の読者の便を考え、原著にはない地図を挿入した。また、読みやすさを考慮して、訳出時に段落の間を空けた箇所がある。

一、「二〇〇一年には……」という記述は、「原著の刊行年である二〇〇二年段階での最新データ」という意味合いが強く、二〇〇一年という年自身に大きな意味はないことが多い。

一、アメリカ合衆国の county は、「郡」と訳出したが、日本の郡とは異なって知事や議会などを持つ、独立した自治体である。

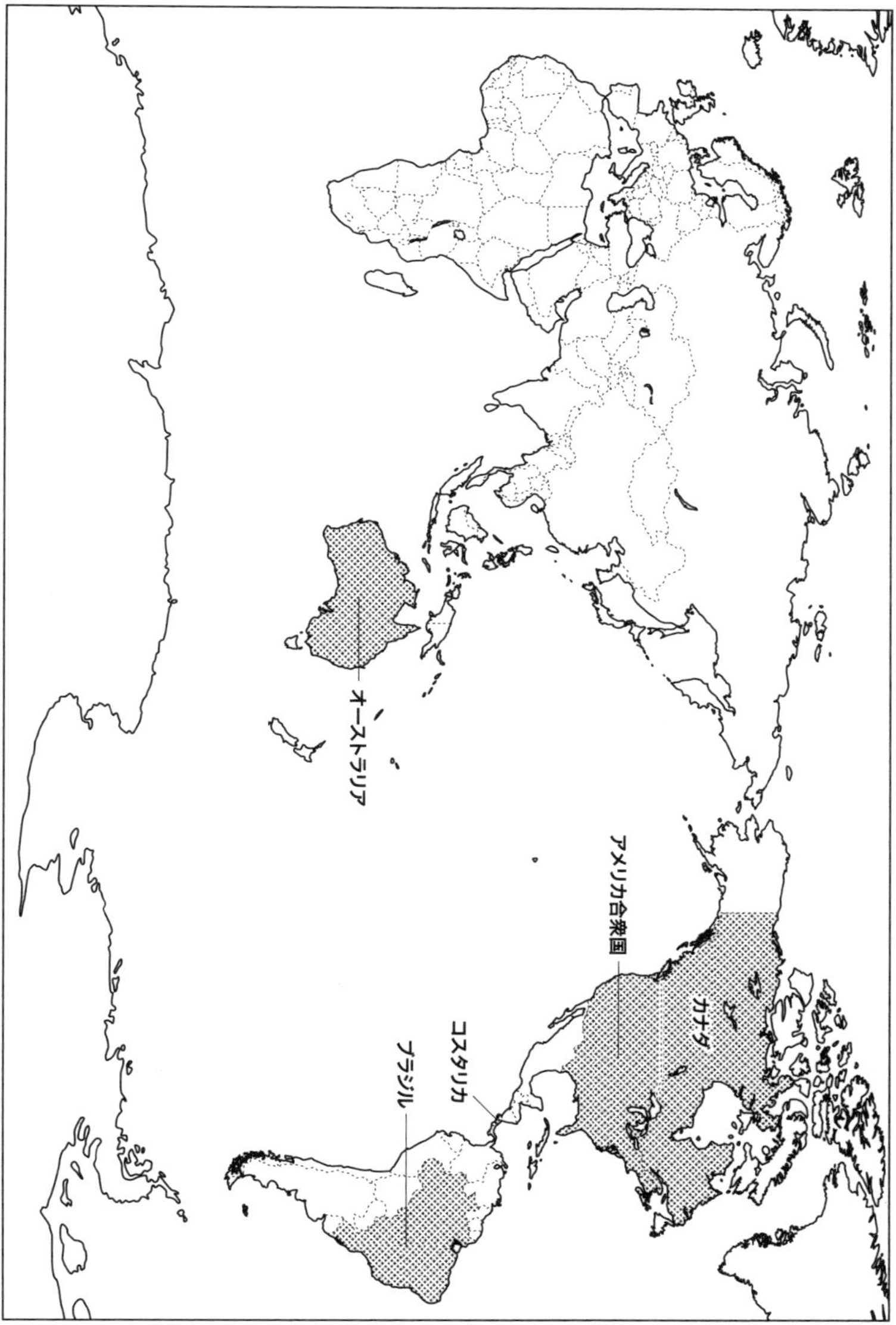
オーストラリア
アメリカ合衆国
カナダ
コスタリカ
ブラジル

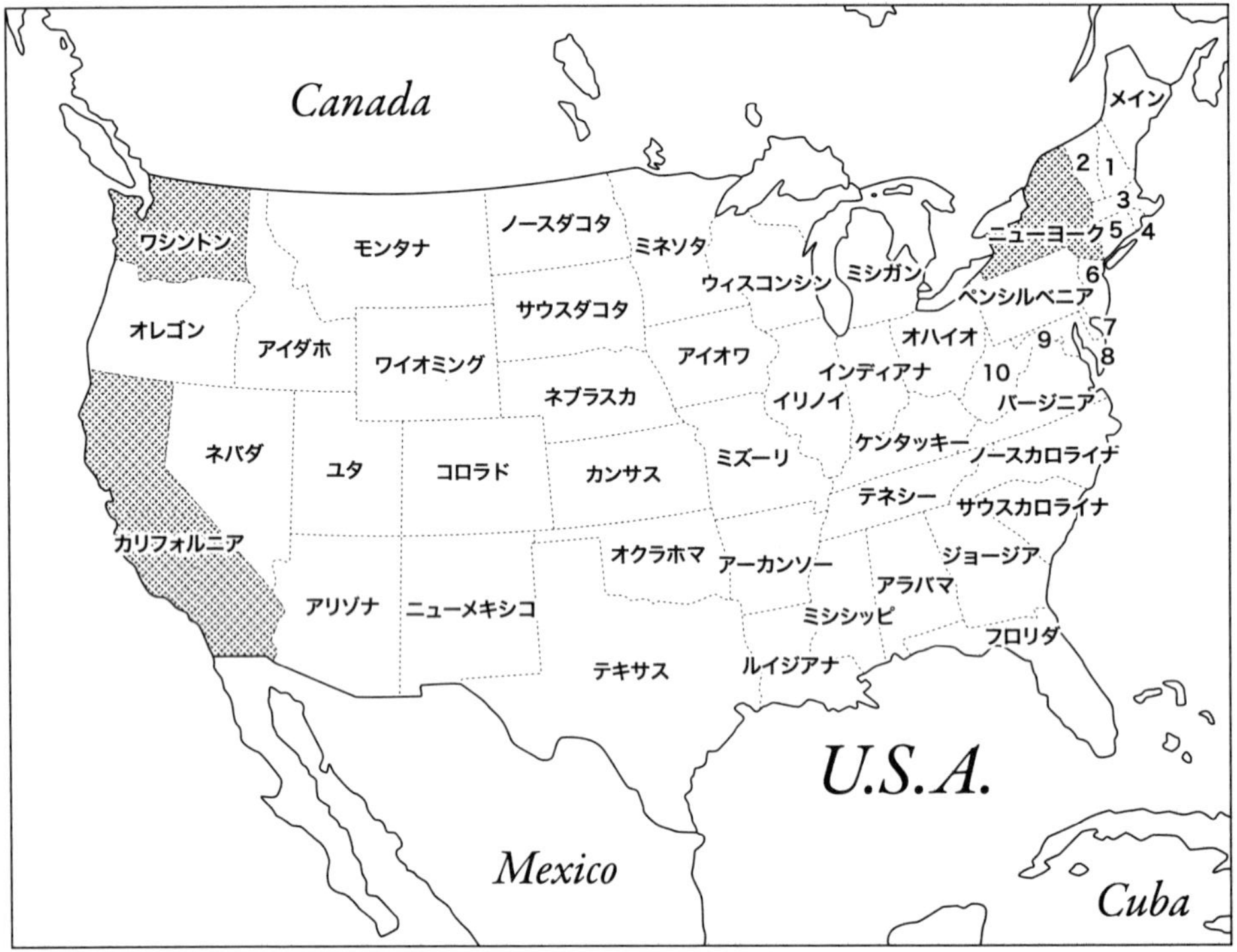

1. ニューハンプシャー
2. バーモント
3. マサチューセッツ
4. ロードアイランド
5. コネティカット
6. ニュージャージー
7. デラウェア
8. メリーランド
9. ワシントン D.C.
10. ウェストバージニア

日本語版への序文

グレッチェン・C・デイリー

この本に登場するヒーローたち、そして日本や世界中で活躍しているヒーローたちは、たくさんの異なる道を辿ってやってきています。けれども、私たちはみな同じ理想と夢を追い求めています。私たちは、市民や政府、それに企業などが人間の幸福を支えていく上で、地球の大地、水、そして大気がもたらしてくれる自然資本〔プロローグ参照〕の価値を認識し、これらを日常的に意思決定プロセスに取り入れる社会を求めています。

この理想を達成するために打ち勝たねばならない敵は、時に私たちを無気力に陥れてしまいそうになるほど手強いものです。しかし、自然保護運動におけるルネサンスのうねりは大きくなるばかりです。この流れは、（以前よりもずっと多様で力のあるリーダーたちの活躍とともに、）経済の力を環境保全と連携させ、人間と環境の両方の健全さを明確にリンクさせる新たな方法に、もう少しで手が届きそうだ、という期待から来ています。私たちは、決して独りではもたらし得ない未来を手に入れようとしているのです。その意味で、私は皆さん一人一人の貢献に感謝したいと思います。

しかし、そうした動きの背景にある状況は楽観を許さないものです。次の小惑星が地球にぶつかるまでの間、すべての生命の未来を預かっているのは、他の何者でもない私たち人類です。集団としての人類は、目に見える生物種のほとんどを消滅させ、それ以外の種についても進化の方向性を劇的に変えてしまうほどの力を持っています。私たちは、その力を行使していますが、それが人類の福利にどんな結果をもたらすのかについては、ほとんど省みることがありません。人間の福利にすら考えが至らないのですから、共に生きる生物の福利に配慮できるはずもありません。

そして、従来の自然保護の手法はどうやらうまく行かない運命にあるということが、わかり始めてきました。自然保護区はこれからも残っていくでしょうが、それらはあまりに小さく、あまりに少なく、あまりに他の保護区から孤立しており、おまけにあまりにも周囲の情勢に左右されやすいために、このシステムによって維持できるのは、地球全体の生物多様性のほんの一部分（おそらく全種のせいぜい五パーセント）と、人間社会が必要としている生命維持システムのほんの一部分にすぎません。自然保護が永続的な成功を収めるためには、人間活動という大海原の中で、それが経済的にも文化的にも魅力的で、そしてごく当たり前のことでなくてはならないのです。

これを達成しようとする革新的な環境保全の手法が、前途有望な事例として、今世界中で姿を現してきています。日本の里山は、そうした手法の成功例として際だったものです。里山というシステムにおいては、多様な作物〔米や野菜や果物〕を育てたり、森林で山仕事をしたり、動物を飼ったり、魚を採ったりする他、多種多様な生業が、人間と環境双方の健全さを維持するようなやり方で形成され、維持されてきました。二〇〇八年に神戸で開催されたG８環境大臣会合において日本政府が提出した「里山イニシアティブ」は、人と自然の調和を図り、里山にある伝統的・文化的な慣習と生物多様性に優しい特徴の双方を活性化させようという、非常に重大な決意を明らかにするものです。さらに里山イニシアティブは、世界中に残存する、日本の里山と同様の概念や同じく多機能な土地利用システムの方法に、新しい活力を与えることも目指しています。

私は、二〇〇九年十月にコスモス国際賞授賞式に出席するために日本を訪れました。その際、明日香村〔奈良県〕に里山と農家を訪ねる機会を得たことは、この旅の数多くのハイライトの中でも一番ものでした。今社会が直面している多くの困難に立ち向かっていくための、日本の里山という手法について学ぶ機会を、今回与えて頂けたことに本当に感謝しています（特にそういう機会を頂けるようにお願いしていたのです）。私が明日香村で目にした里山の景観は、見た目にも、そしてより深い意味合いにおいても、驚くほど美しいものでした。私はよそ者ではありますが、農業の行われている田園地域の自然を長年研究してきた人間ですから、その深い意味合いというものを、少なくとも部分的には理解することができました。そこで出会ったある農家の方は、知識も豊富で熱意も大きいのに非常に謙虚で、私の多くの質問に対して懇切丁寧に答えてくれました。私は彼のことをずっと忘れないでしょう。里山というものは、農業のシステムに欠かすことのできない数多くの要素を具現化するものであり、人間と人間を支える自然の財産とを結びつけています。地球上の生命の将来は、里山的な手法を復活させ、普及させることにかかっているでしょう。しかし、都市化とグローバリゼーションによって、多くの里山システムや世界中にある類似のシステムが、それを形作っている人々と生態系との両面において、蝕まれ、見捨てられようとしています。

里山イニシアティブは、人と自然とのお互いの間で持続可能な関係を再構築するため必要とされる、国際的なリーダーシップの模範例です。そしてそのリーダーシップは、食物、水、エネルギー、気候、健康などの維持という困難な課題に立ち向かうためにも、必要とされているのです。また、その日本が、議長国として生物多様性条約第十回締約国会議〔COP10、二〇一〇年〕を開催し、環境保全の未来に向け希望に満ちた前進を後押しして世界をリードしていこうとしているのは、とてもふさわしいことに思えます。

このように、新しい手法や、より明るい未来にもう少しで手が届きそうだという展望は、あちらこちらで花開いています。着想を得るというレベルで考えれば、この本のなかで展開されているビジョンには、非常に実践的な視点と深遠な哲学的視点のどちらからも、途方もなく大きな魅力があると思います。それは、自然との調和を求める私たち人類の行く末を照らし出しています。

さらに、そのビジョンを具現化する動きがにわかに活発化しています。つまり、その中心的なアイデアを、実体のある政策と行動に移そうという動きです。この動向は、世界中で急速に進む革新的なアイデアによって、ますます活発化しています。その新基軸の担い手たちは、地域の農家や林業関係者、漁労者（里山システムに見られるような小規模漁労者）などから、役所の中枢的な官僚たちにいたるまで、あるいは、伝統的な在来文化から、国際的な開発機関や私企業に設けられた新たな実験的部門にいたるまで、実に多様です。そして、国際的な規模で、このような取り組みを育て、拡大するための新たな制度がたくさん出現しつつあります。

人が自然から享受する多くの利益（すなわち「生態系サービス」）を認識し、その価値を評価する、驚くほど多くの、そして多様な取り組みが、過去十年ほどの間に生み出されてきました。個々に見れば、それらはほとんどが小規模で、特殊なものです。それでも、全体的にはいっそう包括的で、統合化された効果的な戦略へと、力強く変化しています。今日では、本書で代表的なものとして紹介した手法を何らかの形で実践的に用いた、生態系サービスを基にする大事業が数多く存在しています。これらの取り組みは、全部を一連の動きと見れば、すでに世界中に及んでおり、水利（潅漑用水、飲料水、水力発電用水）、洪水制御、沿岸保護、水産、多様な文化的価値（景観美、レクリエーション、由緒ある文化的慣習の保全など）を高めることを含む、生態系サービスの一揃いすべてを対象としていると言えます。

本書で取りあげた環境危機のほぼすべてと、これらに立ち向かうヒーローたちの闘いは、今も続いています。幸いにも、この十年ほどで双方の視界は概して大いに開けてきました。これらの取り組みの中で、ミレニアム生態系評価（エピローグ参照）でなされた共同作業は、画期的な出来事として光彩を放っています。それは、後に歴史を振り返った時、環境保全と人類の発展におけるルネサンスが、一つの社会的制度として開始されたことを示す出来事と見なされることになるでしょう。研究者と意思決定者の両方を含めた、多様で国際的な人々が皆こぞって共鳴できるように、自然資本に対する理解を総合的なものにまとめ上げたのです。

人間の活動が、食物や燃料、繊維などの供給を著しく増やした一方で、人の健康にとって極めて重要な、その他の生態系サービスの多くをひどく劣化させてしまったことを、ミレニアム生態系評価は明らかにしました。こうした自然破壊の大部分は、過去五十年ほどの間に起こっており、今、社会が劇的な行動を取らない限り、未来の道筋は予断を許さない状態に見えます。これらの調査結果は、私たちを粛然とさせるものです。なぜなら、人口の増加が続き、一人当たりの消費と環境への影響が増大し続けている状況では、人類がこの惑星上で文明を維持していくために安全とされる限界を、私たちははるかに越えてしまうと予想されるからです。

二〇〇五年にミレニアム生態系評価の調査結果が公表されて以来、科学の世界では重要な方向転換が起こってきました。すなわち、生態系サービスを生み出すにはどうすればよいのかについて、その基本原理を解き明かすことに焦点を当てるようになったのです。しかも、金融と政策のメカニズムや管理システムをどのように計画し、実行に移し、どう評価するのかまでをも視野に入れています。そうした仕事の多くは、極めて実務的に、どのような手段を取るかを決定することを焦点としています。それはしばしば、天然資源管理や人口、気候を始め、その他いろいろな動向決定要因をめぐって、将来起こり得るさまざまなシナリオの内、どの選択肢が一番好ましい妥協案となるのかを決定するという形で行われます。

これに加えて、国際的な政策関係者たちは、重要な生態系サービスを守るための手段を講じ始めました。その規模は、世界的なものもあれば、一つの国全体で行われるもの、あるいは、地方政府が行うものなどさまざまです。例えば、コスタリカの生態系サービスに対する報酬システム（第8章）は経験を重ねていよいよ磨きが掛けられ、ラテンアメリカの他の国々においてだけでなく、世界中で模倣されています。ニューヨークにおける水源の確保を目的とした水系上流域の自治体や景観保全への投資は（第3章）、世界のあちらこちらの都市で実行に移されています。水質を高めるだけでなく、その他さまざまな恩恵をも増大させるような土地管理を上流域の人々が引き受けることと引き換えに、下流域に住む水の消費者は、上流域に向けた支払いを行うのです。新しい自律存続型の「水の財源」というものは、そうした資金の流れを作り出しているのです。

そして気候変動の舞台では（第2章）、「森林減少・劣化からの温室効果ガス排出削減」（略称REDD）と呼ばれる、森林保全へ融資し、重要なその他一連の森林生態系サービスの質向上を図るプロジェクトを通じて、国際的に財源を確保しようとする重要な手段がすでに講じられています〔REDDは、森林減少の防止が地球温暖化防止対策において費用対効果の高い方法であるとの認識から、気候変動枠組条約の第十一回締約国会議（COP11、二〇〇五年）で初めて議題に上がり、COP13（二〇〇七年）で締約国による支援が確認された〕。

これらの取り組みと併せて、現地での能力開発プログラムにも巨大な投資がなされています。これによって、援助を受ける国々は、有効にその資金を利用して、気候変動に照準を絞った目標だけでなく、自然環境や人間的環境を整備する目標をも達成できるようにしているのです。

絶大なスケールという観点からして、最も劇的な発展は、世界の大国の中で最大の人口を擁し、最速の経済成長を遂げている中国で起こっていると言ってよいでしょう。中国で生態系サービスに対して計画された投資は、過去十年あまりで七千億元〔約七百億円〕を越えています。加えて、中国は国土の十八パーセントにおよぶ自然保護区を設けるとする新システムを実施しようとしています。これらの「生態機能保護区」は、貧困緩和と持続可能な暮らしの達成をめざすとともに、洪水制御のほか、水力発電や潅漑など欠かすことのできない生態系サービスを保証するように計画されています。

現在世界が直面している課題は、このような、希望を与えてくれるけれども世界に散在している程度の成功事例を基盤に、それを拡大することであり、至る所で自然資本を、資源利用の主流に合流させていくことなのです。これには、三つの決定的な前進が必要です。その第一は、自然の資本の価値を明らかにし、これらの価値を計画と政策に取り込んでいくための、新しいツールとアプローチを開発することです。自然に投資した時、その（生態系サービスという形での）見返りがどれほどあるのかを明示するためには、研究者らが政策決定者に対して、これらの見返りを定量的に把握し、予測する手助けをする必要があります。第二に必要なのは、すばらしい成功事例を広く発信することで、主要な資源決定におけるこれらのツールの力を示すことです。自然資本を活用する手法が一般企業や政府の事業計画に、広く取り入れられるよう促すためには、こうした成功例を、他の地域でもそのまま模倣が可能なものとして、あるいはスケールを拡大して実現することが可能なものとして、計画されなければなりません。そして第三に必要なのは、世界中の主要な研究機関のリーダーたちに、こうした成功事例のインパクトを広めるように協力してもらうことです。それによって、いま必要とされている、深い洞察と国際的な規模を備えた、形勢の逆転をもたらすような転換を果たすことも可能でしょう。

自然資本プロジェクトは、二〇〇六年に、以上に述べたような前進をもたらすことを狙って立ち上げられた事業です。この新しい取り組みは、多くのパートナーを得て、科学と政策を融合する新しいツール開発にまで発展してきました。その一例が「インベスト（InVest）」です。これは、「生態系サービスとトレードオフについての統合的評価」（Integrated Valuation of Ecosystem Services and Tradeoffs〔InVEST はその頭文字から作られた名称だが、同時に「投資」を意味する〕）を行うコンピューターソフトウェアです。インベストを使えば、現在の生態系サービスの供給状況や、代替シナリオの下で将来起こりうる状況を、定量的に把握することができるのです。多種多様な国々や分野の政策決定者たちが、気候、水、エネルギー、インフラ構造の開発などといった、人の健康のさまざまな側面に関する資源利用様式を決定する上で、このツールをすでに利用しています。

例えば、インベストは、中国とインドネシアで、土地利用計画に関して国家レベルもしくは省（州）レベルで、試験的または実用的に利用されています。コロンビアとエクアドルでは、水資源計画・管理に利用され、アメリカ合衆国ハワイ州およびオレゴン州、そしてタンザニアでは、森林の保護と再生を通じた炭素隔離によって数多くの生態系サービスの副次的利益を得ることを目的に利用されています。またアメリカでは国家レベルで、海洋地域別規制を目的としてインベストを使う準備をしています。これらの取り組みは、農業、林業、採鉱、エネルギー、輸送、水供給、それに都市開発に至る幅広い分野に及んでいます。とりわけコロンビアは、最も包括的な方針をとっており、自然資本の多様な価値を、あらゆる資源の開発許可とその影響緩和施策の策定に盛り込んでいます。

生態系サービスについての理解を、単に概念的な枠組や理論として扱うことを脱して、より現実的な意思決定プロセスに統合していくためには、これから根本的な意識転換が必要となるでしょう。しかもその過程で、信頼性、再現性、規模拡大の可能性、あるいは持続可能性などが問われることになります。さらには、生態学者や経済学者、そしてその他さまざまな社会科学者が取り組まねばならない仕事として、人間の行動が、どのように生態系に影響を及ぼし、生態系サービスの供給やその価値を左右するかを理解するという、極めて微妙な科学的課題がまだ多く残されています。また、それと同じほど困難な仕事として、そうして得られた知見を、効果的で恒久的な制度の一部に組み込んでいくという社会的・政治的な課題の解決も残されています。それによって、生態系サービスの社会的価値を的確に反映する誘因をうまく活用し、見守り、育てることができるのです。

本書で取りあげた起業家らによって踏み出された最初の数歩の歩みは、進むべき道を照らし出してくれています。私たちには、企業や政府や個人がこれからどのように自然と関わって行くべきかについて、考え方の転換を必要としています。私たちが力を合わせれば、深い洞察と国際的な規模を備えた、形勢の逆転をもたらすような転換を果たすことは可能なのです。

プロローグ　自然の財産

新緑の輝きは黄金色　――ロバート・フロスト

三歳のベッキー・ファーマンが下痢を起こし、脱水症状をきたしたとき、医者は水を飲むように勧めた。水こそが彼女を死に至らせることになる珍しい病気の原因であることを、医者は知る由もなかった。ぽっちゃりとした金髪の少女はやせ細り青白くなっていったが、最終的に彼女の痛々しい症状はクリプトスポリジウム原虫（*Cryptosporidium parvum*）によって引き起こされたものであることが判明した。クリプトスポリジウム原虫は、一九九三年三月の春に、ウィスコンシン州ミルウォーキーで近代的な濾過装置をすり抜けて水道水に入り込むまで、ほとんど知られていなかった寄生原虫である。ベッキーは、免疫力を弱めるＨＩＶ（ヒト免疫不全ウイルス）を持って生まれてきたのだが、その時までは元気だった。クリプトスポリジウム感染症が彼女の運命を閉ざしてしまったのである。「あの子はキスのおまじないで治して、と私たちに頼むのですが、そんなことはできないのです」と父親は話してくれた。

ミルウォーキーでのクリプトスポリジウム感染症は、四十万人の感染者と百人を超える死者を出す結果となった。犠牲者は信頼していた水に裏切られ、その安全を保障するはずの技術への信頼にも裏切られたのである。さらに重要なことは、世界にはこの犠牲者と同じ仲間が沢山いるということだ。

二一世紀が始まってから、毎年三百万人以上が水を介して伝染する疾病で亡くなり、飲用に適した水がないために、さらに十億人がその危険にさらされている。ミルウォーキーでの水質事故からわかるとおり、水の問題は開発途上国だけの問題ではないのである。およそ三千六百万のアメリカ人が、米国環境保護庁（United States Environmental Protection Agency, 略称ＥＰＡ）の基準に満たない水道水を飲み続けている。その結果、水の汚染が原因で病気になるアメリカ人は毎年百万人おり、そのうちの九百人が死亡している。アメリカの多くの上水道システムで、大腸菌、重金属、ヒ素、殺虫剤などが検出されることは珍しくない。ミルウォーキーで起きたような事故が時折起こるのだが、それは最新のハイテク技術をもってしても汚染物質を除去できないからである。さらに、機械の老朽化が進み、経済的に苦しい多くの自治体が水道設備の維持管理を先延ばしにしているため、故障が大きな問題になりつつあった。最終的に、米国水道協会（American Water Works Association）が見積もったところ、誰もが安心して水を飲めるように、壊れかかった全米の水道設備を補修するには、約三二五〇億ドルが必要だという状況にまで陥っていることが、明らかになったのである。

この危機的状況が、ことに予想される膨大な出費が、ニューヨーク市に思い切った実験を試みる決断を促した。その結果、それまではほとんど明らかにされていなかった、しかし実際には莫大な、自然の恩恵の価値が明らかにされることとなった。それは一九九七年のことであった。数十億ドルの出費と約一千万人の飲み水の安全性をめぐって、都市計画の専門家たちが、最新の工学的な水濾過施設を建設した場合と、それまでずっとニューヨークの水を浄化し続けてきたほぼ自然のままの濾過システムを修復した場合と、どちらが費用対便益の観点から有利なのかを検討した。その結果、自然の側に軍配が上がったのである。その後世界中に影響を及ぼすことになる歴史的な転換点において、自然が経済的な理由から勝利をおさめたのである。

この勝利を迎えた戦いの場は「キャッツキル・デラウェア川水源流域（Catskill/Delaware Watershed）」で、一帯から流れ出る二つの川の名にちなんでそう名付けられている。そこはニューヨーク市への水道水の濾過・浄化と配水システムの中心である。そこの自然風景はとても美しいことで有名である。南斜面を流れる川は美しく輝き、秋に木々はあざやかな紅葉で色めきたつ。しかしそこが、効率のよい、価値ある水質浄化装置でもあることはあまり知られていなかった。

その歯車の役割を果たしているのは、面積二千平方マイル〔約五千平方キロメートル〕の地域で、農業が盛んな谷と森に被われた山地から構成されている。川は、曲がりくねって流れ、十九カ所もある貯水池に注ぎ込んで広汎な水系を形成している。ほぼ一世紀にわたって、この複雑な自然のシステムはニューヨーク市と、その北部に連なるいくつかの郡に、他に類を見ないほど清らかな水を供給してきた。最近まで、その水源は毎日十八億ガロン〔約六八億リットル〕の安全な水をニューヨーク市民に供給してきたが、その水の味と透明さは、アメリカ中の市長たちの羨望の的であった。しかも、アメリカの他の大都市の場合とは違って、ニューヨーク市の水道水は濾過装置を一度も通らずにそのまま供給されているのである。

雨や山の雪解けの水は、一二五マイル〔約二百キロメートル〕もの旅を経て、最終的に濾過装置をくぐることなく飲み水となるのだが、水は貯水池に向かって流れる間に自然に浄化されていた。つまり、林床の下で土壌や植物の微細な根が水を濾過し、目に見えない微生物が汚染物質を分解してくれるのだ。川の中では、流れ込んだ過剰な栄養塩類はその半分ほどが植物に吸収される。自動車の排気ガスからの窒素や近隣農場で使われる肥料や堆肥などの栄養塩がそのたぐいのものである。ひらけた平地では湿地が引き続き濾過機能を働かせる。ガマなどの植物はさかんに栄養塩を吸収するとともに沈殿物や重金属を吸着する。貯水池に到着した後も、水は貯留の間にさらに浄化される。枯れた水草、浮遊する小枝、落ち葉や細かな砂粒などは水底にゆっくりと沈む。水の中に残存した病原体も砂泥に取り込まれて沈殿する。

このような、最後にほんの少しの塩素とフッ素の処理がおこなわれていただけで、ほぼ自然のままの浄化処理過程は、二〇世紀の終わり頃まですばらしい働きをしてくれた。しかし、最近になってこの浄化処理過程にほころびが見えてきた。問題は激しい乱開発だった。大半が私有地であるこの流域の至る所に、道路や分譲地、そして別荘がぞくぞくと現れたのである。汚水処理タンクがなく、未処理の下水が川に流れ込んでいた。農業や林業もこの自然の水の浄化処理システムに大打撃を与えた。除草剤、肥料や農薬が予期せぬ勢いで貯水池に流れ込んできたからだ。

一九八九年までに、この問題はもはや無視できなくなっていた。米連邦議会はこの年に飲料水安全法(Safe Drinking Water Act)を改正し、地方の飲料水処理システムの大幅な見直しを提案した。新たな濾過機械装置を建造すれば、六十億~八十億ドルが必要となり、さらにその維持費として年間三億~五億ドルが必要になるという見積もりに、ニューヨーク市は驚いた。この値段は、ニューヨーク市がいずれ財政破綻することを意味しているため、市当局は何としてもそれを回避せねばならなかった。ニューヨーク市は、活発なロビー活動の結果、水質を永久に保証することが可能な「水源流域保全プログラム」を代替策として実施する許可を、連邦政府の監督機関から勝ち取った。ニューヨーク市は新たな水の濾過施設の建設に投資するよりも、ずっと安上がりな約十五億ドルの支出で、市の北方に位置する水源流域を保全し、さらに緩衝地帯として広大な土地も保全することで、自然の汚水処理場としての機能をさらに向上させることになった。それを受けて、環境保護庁は、期間延長もあり得るとの含みを持たせつつ、〔濾過施設建設の〕五年の猶予を認めたのである。

この計画は開始早々から、深刻な問題に直面した。有力な開発業者は、市が〔水源流域に〕新たな建造物を造らせないとの規制を押し付けたために、資産価値が下がってしまうと主張して訴訟を起こした。一方、環境保護主義者は市の取り組みが不十分だと批判した。それでも、自然の働きがあまりにも長い間当たり前のものとして軽視されてきた世界においては、前例のない画期的事件であった。ニューヨーク市のような主要な自治体が、生態系というもの（この場合は水源流域）は、社会に経済的な利益を提供するものであるとして、自然な状態のまま守る価値があるという姿勢を明らかに示したのである。そして、その水源流域が、あたかも生活の基盤設備の重要な要素であるかのように、その修復・保全に投資がなされたのである。

ニューヨーク市の都市計画専門家たちは、新しくて多様な「緑の金鉱」の探鉱者の群れに加わった。昔の金鉱採掘者たちと同じように、彼らは自然の中に出かけ、自然から価値あるものを掘り出そうとした。しかも競争相手に負けまいと必死で先を競ったのである。しかし、彼らは、無機的で有限な金の山につるはしとダイナマイトを向けたのではなく、科学的な研究と修復プロジェクトを巧みに使った。なぜなら、彼らが発掘しようとしていたのは、生きた、再生可能な自然の財産だったからである。しかも、その自然の財産は、うまく管理さえすれば、長年にわたって富を生み続けるものだった。

関心を持っていた人々の多くは、これを天の啓示だと受け止めた。環境保全がお金の節約になるかもしれないのである。しかも巨額な節約である。例えば木々は、立木のまま、健全に機能する森林の一部として存在するだけで金銭的価値を持つことになるために、木材以上の価値を持つものとなるだろう。土地は、何かを採掘したり、建設したり、耕作することから得られる不動産的価値とは別の金銭的価値を持つことになるだろう。つまり、かつては「無償」とされていた生態系の働き（生態系サービス）は何らかの方法で数量化され、貸借対照表に記録され、意思決定の際に正式に考慮されるようにすらなるかもしれないのである。

世界中で、いろいろな都市の市庁舎や大学の会議室で、地域の活動家のグループ内で、さらには世界銀行で、科学者、法学者、官僚や環境保全専門家たちはニューヨーク市の「実験」が何を意味するのかについて議論を戦わせた。ニューヨーク市の「実験」は本当にうまく行くのだろうか。科学者は水源流域の管理に関して的確な助言ができるほどそのメカニズムについて知っているのだろうか。仮にその方法が最終的に有効だとわかったとしても、一体この方法がどれほど他の場所で応用可能なのだろうか。

これらの疑問に明確な答えが出ないうちに、しかもニューヨーク市の実例を十分検討しないままに、ブラジルのクリチバ、エクアドルのキトの他、百四十ものアメリカ国内の自治体（ワシントン州のシアトルからフロリダ州のデイド郡まで）が水源流域保全の費用と水道施設の建設費を計算し、比較し始めた。これまでの旧態依然のやり方からの大胆な発想の転換が行われ、彼らは自然の資本の、いわば在庫調査を始めたのである。この過程で、彼らは生態系が私たちの生活を維持するとともに、その質を高めてくれるサービスをもたらす資本であると理解するようになった。生態系とは、相互に影響を与えあう植物、動物、微生物からなる環境であり、それは海岸の潮溜まりから、ロワール渓谷のブドウ園やアマゾンの熱帯雨林一帯までと多様である。健全な生態系がもたらしてくれる「生態系サービス」は、食べ物やワインを供給してくれるばかりでなく、地球の空気を浄化したり、厳しい天候の影響を和らげたり、人間の気分をリフレッシュさせ、落ち着かせてくれたりする。

「女の仕事にはきりがない（適正な対価も与えられない）」という諺があるが、それは「母なる自然」の状況を語るのにもまさにぴったりのものだ。自然がしてくれる仕事は莫大で、明らかに価値のあるものであるが、つい最近まで世の中で正当な評価を得ることがなかった。

例えば、森はきれいな飲み水をもたらすだけでなく、洪水、干ばつや地滑りと言った潜在的な災害を予防してくれる。さらに森は、冬の嵐や、夏の猛暑から人間を守り、地球上の多くの生物のすみかも提供している。しかし、最もすばらしいのは、温室効果ガスである二酸化炭素を吸収することで、森が気候の安定に貢献していることである。

湿地もまた価値のあるいろいろなサービスを供給してくれる。川につながる氾濫原は、洪水時の緩衝作用を果たしてくれるので、結果的に道路や家が守られる。湿地はまた、水の濾過作用も持つ。海岸線に沿って存在する、湿地やそれに似たような生息地は魚類や貝類など、海産物となる稚魚や稚貝の成育場所でもある。珊瑚礁は、驚くべき美しさとレクリエーションの機会を提供してくれるだけでなく、私たちが世界中で消費している魚類の十パーセントを供給してくれているのである。

田園地帯の生け垣や残存する在来自然の緑地は、ミツバチやその他の花粉媒介昆虫に生息地を提供している。なんと言っても、世界中の食料用作物（アルファルファからメロンにいたるまで多種多様な）の三分の一が、花粉媒介生物のおかげで収穫可能なのである。最終的には、すべての生態系が遺伝的な多様性を育み、遺伝子の「ライブラリー」を維持してくれているのだと言ってよい。その「ライブラリー」には、これから未来の医学や産業に利用できるかもしれない未知の価値が眠っている。

生態系があってこそ人間は生きられるが、生きる甲斐のある生活が送れるのも生態系の働きのおかげである。森、海岸や雄大で開放的な空間は、私たちの精神や文化の源だが、私たちはまだそれをようやく理解し始めたばかりだ。自然の景観や植物、動物との深い交流によって、精神の安定や回復だけでなく治癒の効果さえも期待できるということが、最近の研究で示唆された。例えば、病院での実験だが、患者を二つの部屋に割り当てた場合に次のことがわかった。一方は落ち着いた森が見える自然な環境にし、もう一方は建築物の壁だけが見える環境にする。性別や、体重、喫煙歴などの健康に関係のある因子を同等にすると、自然環境を見渡せる部屋にいた患者の方が、壁しか見えない部屋にいた患者よりもはるかに状態がよくなったことが判明したのである。

歴史的に見ると、自然がもたらしてくれるすべての仕事は無償であるとずっと考えられてきた。そして、特別な商品、例えば、穀物や材木を例外として、自然のサービスの利用について、私たちは驚くほど無関心であった。物質的資本（家、車、工場）や金融的資本（現金、貯金、株式）、人的資本（技術、知識）など別形態を取る資本には、熱心に目配りしてきたにもかかわらず、生命維持に欠かせない仕事をこなしてくれる生態系資本のストックについて、私たちはその実態すら把握しようとしてこなかった。

私たちは自然資産の価値を査定し、見守る正式なシステムを持ち合わせていないのである。そのため、生態系の資産を破壊や消滅から守る方法もほとんどないと言ってよい。

各国の政府は、特定の生態系が劣化したり消滅したりしないように、国際的に、あるいは地域限定でさまざまな協定交渉（ラムサール条約、生物多様性条約、海洋法条約など）を行ってきた。しかしこれらの協定は、参加主体の数が不足している他、資金や奨励策、強制措置など実施を保証する効果的な手段を欠いているために、十分な効果を上げていない。

さらに驚くべきことに、生態系の自然資本に対して実際に投資がなされても、経済的な対価は滅多に得られていない。自然資産の持ち主は、その社会に対していろいろなサービスを提供しているにもかかわらず、なんら報酬を得ていないのである。例外はあるものの、通常は沿岸の湿地帯の所有者はその湿地帯が提供する生態系サービス（海産物となる稚仔魚類の養育）に対して報酬を受けないし、熱帯雨林の所有者も森が提供する生態系サービス（製薬業への貢献、気候の調整サービス）に対する対価を受け取っていない。結果的に、多くの重要な生態系資本は急速に破壊され消滅に向かっている。悪いことに、生態系サービスの大切さというものは、それがなくなって初めてわかるのだ。

なぜこのようなことになってしまったのかについては理解できる。これまでの人類の活動は限定的であったため、生態系資本は十分にあり、生態系サービスは無料であると考えて野放図な経済活動を行ってきても、問題は生じなかった。しかし今、自然は至る所で敵に包囲され陥落寸前の状況にある。毎年、三千万エーカー〔約十二万平方キロメートル〕もの熱帯林が消滅している。それはちょうどペンシルベニア州より少し大きな面積にあたる。この速度で行けば、二一世紀の半ば頃には、熱帯林の最後の一本が、厳かに、製材所の露と消えるか、はたまた焼き畑の煙と消えることになる。現在、生物多様性は、人類の歴史上最低のレベルまで減少している。生物多様性とは、「生物学的な多様性」の短縮語で、地球上の驚くほど多様な生命が織りなすものである。ホモ・サピエンスは〔本書執筆時の二〇〇一年の段階で〕、すでに鳥類の四分の一を絶滅に追い込み、さらに十一パーセントを絶滅危惧種にしてしまった。また、哺乳類の二四パーセント、植物の十一パーセントが絶滅危惧種となっている。世界の珊瑚礁の四分の一はすでに破壊されてしまったが、その他の場所でも深刻な減少が進んでいる。なおその上に、私たちは魚類を繁殖速度以上の速さで乱獲している。このような事実はたしかに衝撃的なものである。だが、こうした地球規模での統計は、私たちの足元で進んでいるさまざまな種の在来個体群の消滅という実態を覆い隠してしまっている。水を濾過する一本一本の木々、そして作物の授粉を担う一匹一匹のミツバチなど、地域にとってかけがえのない在来個体群がどんどんと消滅しているのである。

生態系資本の消滅の背後には、人類の、食物や繊維、小麦、米、棉、木材などに対する凄まじい需要が強力に働いている。これらの「財」を作るために、人類はすでに、氷で覆われていない利用可能で生産性の高い陸地の約半分を、農地や牧草地、プランテーションなどに転換してしまった。世界の多くの地域で、こうした人間の活動は、肥沃な土壌や水の供給量を激減させるなど、生活維持に欠かせない本当の資源をむしばんでいるのである。だが、生態系破壊の代償が高くつくことは明らかであるにも関わらず、生産を拡張し、集約的に行うことをさらに進めようとする社会的圧力は非常に強い。

私たちはすでに運命を左右する分岐点に達してしまっており、事態の収拾を図る時間はもうあまり残されていないという科学者たちの危機感とともに、二一世紀は幕を開けた。私たちは持続可能な自然の限界を超えて生きているし、このまま続けるのは不可能だと意識してはいるが、かといって今のコースを変更するための計画は持っていない。このことをスタンフォード大学の生物学者ピーター・ヴィトーセックは次のように言った。「私たちは、人間活動が地球のシステムをどのように変えてしまったかを理解するための道具を手に入れた最初の世代であり、同時に現在起こりつつある急激な変化の方向性に影響を与えることができる最後の世代なのだ。」

このますます明らかになってきた最終期限の問題は、多くの学者、特に経済学者に影響を与えた。確かに、経済学者は長い間、資源の有限性と人間活動の限界について考えを巡らしてきた。だからこそ、経済学は「陰気な科学（dismal science）」〔一九世紀イギリスの評論家トーマス・カーライルの言葉〕と呼ばれてきた。しかしながら、一九六〇年代、七〇年代、さらには八〇年代を通じて、経済学者の大部分は生態学者と衝突し続けてきた。経済学者は、生態学者が人類の地球に対する悪影響をことさら騒ぎ立て、地球保全のためのコストを不必要に吹っかけていると非難した。一方、生態学者は、経済学者を何が何でも「成長」を推し進め、「国民総生産」（GNP）のように、地球の消耗を考慮に入れない偏った幸福の指標を濫用している者として非難したのである。

しかしながら、この対立は一九八〇年代の後半には収束し、生態学と経済学を統合する新しい学問の形成が始まった。この運動の先頭に立ったのは、スタンフォード大学教授でノーベル賞受賞者でもあるケネス・アローであった。アローはこれに先立つ何十年もの間、経済学が「外部性」〔経済学上の概念。市場での取引を経由せずに（より直感的に言えば、金銭の授受を伴うことなしに）他の経済主体に影響を与える行動〕を考慮に入れないことに不満を募らせてきた。外部性の行動には二つのタイプがあり、「正の外部性」〔外部経済とも言う〕は、利益を提供しながらその支払いをその受益者に求めない行動であり、「負の外部性」〔外部不経済とも言う〕とは、不利益を与えてもその代償を受苦者に払わないものである。

「正の外部性」の例は、現在のコスタリカでの慎重な森林管理に見ることができる。コスタリカは一九八〇年代まで続いた暴力的な森林伐採から、驚くべき転換を成し遂げた。その新しい森の保全計画は、地域の持続的な発展ばかりでなく、地球規模での気候の安定と生物多様性の保持に役立っている。それにもかかわらず、世界中が享受する恩恵に対して、主にコスタリカ人だけが支払いをしているのだ。これとは対照的に、「負の外部性」は、例えばアメリカ人が燃費の悪い自動車を運転する際に生じる。この行動は大気汚染と気候の温暖化を引き起こし、アメリカが海外での石油争奪戦に引き込まれるリスクをも高めることになる。この負の結果が多くの人々に影響を与えるにもかかわらず、アメリカのガソリンは安く、税負担も少ないために、車を運転する者がそのコストを支払わずに済んでしまうのである。

このような「外部性」を「内部化」すること〔市場経済に組み込むこと〕、すなわち、適正価格の設定と適正購入を可能にする法体系の整備が大いに必要とされている。だがことはそんなに簡単ではない。アローはこの課題に対処する試みとして、「経済学再考」の旗印の下に経済学者と生態学者を結集した。そしてこの取り組みは、ストックホルム群島のアスケー島で開催される彼らの年次会合によって、さらに補強されることとなった。

これらの会議の中で活躍したもう一人はケンブリッジ大学のパーサ・ダスグプタ教授で、彼は当時、英国とヨーロッパ経済学会の会長を務める重鎮であった。インド生まれのダスグプタは、人口過多と貧困、環境破壊の相互関係を自らの専門分野としてきた。彼は一九八一年の国連での会議の際、発展途上国からやって来た経済学者が一人ずつ順番に立ち上がり、「我々には自国の環境を保全できるような余裕などない」と言ったときに、愕然としたことを忘れずに記憶している。彼が後に語ったところによれば、その出来事が彼に「道がまだどれほど遠いかということを知らしめた。」「私たちは、環境を必要以上の快楽、すなわち貧しい人々には手の届かない贅沢品と見なすことを止めねばなりません」と彼は語った。従来の見方とは対照的に、ダスグプタは貧しい人々にとって、地域の環境こそが最も重要な資産であると確信している。もし自然環境がだめになれば、彼らには代わりになる収入の道がほとんどないからだ。これに対して、裕福な人々は、生態系の産物やサービスを世界中から調達することができる。夕食のテーブルにどっさり乗った世界のあちらこちらからもたらされた果物、魚、ミネラルウォーター、花などを見ればわかるとおりだ。しかし、究極的には富める人々もまた、生態系が崩壊した際には、自然のサービスが受けられないばかりか、崩壊によって引き起こされる社会不安からも逃れられない。

重要なのは、生態系サービスが貧しい者にも富める者にも極めて重要であるにもかかわらず、概してその経済的な価値が、ほとんど、あるいは全くと言って良いほど公式には認められていないという点である。コロンビア大学のジェフリー・ヒールは、経済学が価値や重要性よりも価格にこだわるのが問題だと指摘している。それがパンであれ、乗用車や宝石類であれ、「商品の価格は、社会的あるいは哲学的な意味において重要であるか否かを反映していません。まったく重要でない商品が、市場においては価値あるものと見なされ、非常に重要なものよりも高い価格がつけられてしまうこともあり得るのです」と、ヒールは言う。

しかし、この矛盾は少しも新しいものではない。経済学者は一七世紀、一八世紀を通じてダイヤモンドと水のパラドックスに悩まされてきた。なぜダイヤモンドは水よりも価格が上なのか、水の方が明らかに生きるためには重要なのに。その回答は、英国の経済学者アルフレッド・マーシャルによってなされ、今ではよく知れ渡っている。つまり、価格は需要と供給によって設定されるのだ。水の場合、供給は（少なくともマーシャルの生きた時代の英国では）「十分で、必要とされる量を大幅に超えていた」とヒールは説明する。「結果的に、価格はゼロとなり、水は無料となる。もちろん、現在は水の需要は人口の増加と社会の繁栄とによって急速に増大しているが、一方水の供給はほぼ一定なので、水はもはや無料ではなくなると予想される。」これとは逆に、ダイヤモンドは供給不足ではじまり、いまも所有欲は供給を上回っている。だから、市場の価格は高かったし、裕福な人は少ないダイヤモンドを競争して買いあさっている。

水のように重要な生態系資産は、人口が増加し水の需要が増えれば次第にダイヤモンドのような希少性を帯びたものとなる。生態系資産がダイヤモンドのようになれば、経済学的な意味で生態系資産の潜在的な価値も増加する。しかし、生態系資産の価値をしっかりと把握し、それを日々の政策決定に生かすためには、経済や社会的制度の大がかりな変革が必要とされている。

このゴールに到達するための最大の難問は、生態系サービスの大部分が現在は公共財として扱われていることにある。それは、その維持のために誰が資金を出したとしても、誰でも皆その恩恵に与ることができるようになることを意味する。例えば、大気の質の問題の場合、もし政府が大気汚染を防ぐために出費をしたとしても、納税者と非納税者の区別なくその恩恵を享受できる。このことは「ただ乗り行為」の問題に行き当たる。ある人たちは誰かが支払って維持された生態系サービスを無料で利用できてしまう。このことは特に自然界から供給される生態系サービスについて当てはまる。私たちは風水鑑定士の予想や金融デリバティブ商品などの市場価格でさえも巧妙に組み込んだ金融システムを設計してきたが、水の濾過や洪水の調整といった生命の維持に必要で毎日利用する生態系サービスの価値を、金融システムの中にいまだにうまく組み込めていない。

今日の大きな課題は、この本の関心事でもあるのだが、最近になって発見された自然資産の価値の重要性をそれが消滅する前に、どのように評価し、確保し、保全するかということにある。一九九〇年代後半頃に、ちょうどこの問題を検討したいという緊急な要望が相次いでもち上がってきた。しかし、自然のサービスの価値を実質的に見積もろうとする試みは、決して新しいものではない。あのプラトンでさえ、アッティカ〔アテネを中心とするギリシャの地方で、古代には銀山や大理石の産地〕で、森の伐採が泉の枯渇に関係することに注意を促した。また、一八六〇年代には、アメリカの政治家ジョージ・パーキンス・マーシュはローマ帝国の森林伐採によって「歴史と歌にまで詠われた有名な河川がみすぼらしい小川になってしまった」ことを嘆き悲しんだ。

ニューヨーク市が、その水源流域という自然資産に投資するという歴史的な決定を下すまでは、さまざまな大きな自治体が目覚め、現金をもって「自然の働き」の具体的な効果を支持するようになることがあり得るとは、到底考えられなかった。こうした取り組みを、水質浄化のために川の水源流域を守るだけではなく、洪水調節のために湿地を守り、気候の安定化と生物多様性保持のために森林を守るなど、さまざまに広げて再現していこうとすれば、生態系について途方もない量の科学的な理解が必要となる。

つまり、生態系がどう働くか、人類の及ぼす悪影響にどう反応するか、修復でどう回復するか、技術的な代替施設の是非などについての理解が必要となるのである。より重要なことは、世界経済の見方を今までとはまったく違った視点から見直そうとする意欲が必要なことであり、その際には、生態系は金融的に考えても具体的な価値のある自然資産であるという仮定から出発することが肝要である。

私たちは生態系サービスの価値をまったく認めてこなかった訳ではない。その価値に喜んで金銭を支払う用意があるのは明らかである。遠方の泉からのミネラルウォーターを買い、絶滅危惧種を保護するために小切手を送り、隣家との間のオープンスペースを確保するために割増金を払う。また、私たちは壮大な自然を観るための場所に大金を払って旅に出かける。それでもなお、私たちは基本的に自然保護を道徳的であるか美的な理由のためにすることと見なし、決して生き残るためや利益を得るためだとは考えない。

それにしても、自然の保全は慈善事業だけで成功するものでないことは、記録をひもとけば明らかである。しかし、自然の保全は個人の利益にもなると丁寧にうまく訴えれば、まだ勝算はある。今やるべきことは、ルールを変更することであり、そのことによって環境保全の新たな奨励策が作りだせる。そうなれば、長い目で見て社会も豊かになり、個人の利益も上がることになる。

このための一つの方法は、主な「環境の外部性」を標的とした税と助成金を活用することだ。これは、ヨーロッパで広く使われている方法である。たとえば、化石燃料の消費に税をかければ、それらの消費とそれが原因となる環境の破壊を減少させることになる。空がゴミ捨て場になるのを止めるのだ。そうすれば、環境に負担をかけない、価格の高いエネルギー源が金融的には魅力的になる。このような「環境消費税」は、所得税率の縮小で相殺することができる。残念ながら、いまのところ、このような環境税はアメリカでは議会を通りそうもない。

政治的な実現性がより高いもう一つの戦略は、生態系資産や生態系サービスの所有権を確立することだ。このことによって、自然資源が誰にでも自由に利用できる場合によく見られる、あの有名な「コモンズの悲劇」〔共有地の悲劇ともいう。個人の財産権がない誰もが利用できる場所では、共有資源が乱獲されて、資源が枯渇するという経済学の法則〕が回避できる。「コモンズの悲劇」は、公共の漁場が枯渇する前に個人がもう一つ漁船を出してより多くの漁獲を得ようとして引き起こされる。しかし、自然の財とサービスの所有権が割り当てられると、新しい所有者（個人、自治体、会社、団体さらには政府機関であれ）は価値の喪失による所有権の目減りの危険に直面する。だから彼らは自然資産の保護のために戦うようになるのだと、ノーベル賞を受賞した経済学者のロナルド・コースは説明した。

つまり、自然の資本とサービスの所有権を確立することによって、「外部性」に影響を受ける人々とそれを引き起こしている人々との間での取引が可能となる。街角の市場であれインターネットの市場であれ、人々が取引するために集まることができる場所をつくるというのは、生態系資産の価値を新たに見積もるために旧来の方法を利用することになる。一つの例は、「炭素権」であり、それは森林の持つ二酸化炭素吸収による気候の安定化能力に対する所有権を表す法的な概念である。そのような権利を確立して、森の生態系サービスの購入と販売を扱う国際的な市場を開発するために、さまざまな努力がなされている。そして、そのことが次に森の生態系サービスの「市場価値」または価格を確立する。「価格を設定しなければ、自然は食べ放題のレストランのようになる。そんな食べ放題のレストランで食べ過ぎたことがない人を私は知らない」と、シカゴ在住の環境を考える金融アドバイザーのリチャード・サンダー〔炭素取引の創始者で、シカゴ気候取引所の創設者〕は言っている。サンダーは、新世代の環境商品を大量販売する方策を実験的に検討する「緑の金鉱」探掘グループの主要なメンバーである。彼らは減り続ける自然資源の問題を、まったく新しい方法で再考しようとするグループである。このグループは環境保護のための金融的な奨励策を探すために、大胆な行動を開始している。

この本は、自然の新しい経済に関する明るい展望を記録したものである。私たちは一九九九年の冬にスタンフォード大学で出会い、共同研究にとりかかった。長い間海外の特派員をしていたキャサリンはジョン・S・ナイト・ジャーナリスト奨学金を得て環境科学を学んでいた。グレッチェンはスタンフォードのビング学際研究科学者として、研究者と実業家が共同で環境問題を解決するためのネットワークを構築中であった。グレッチェンはキャサリンをそのネットワークに誘い、環境問題についての変化の兆しを探す目的で、二〇〇〇年四月から二〇〇一年四月にかけて世界の各地を旅行し、取材した。

偶然にも、二〇〇〇年はこの新しいパラダイムの形成時期であった。その時期に、経済活動と環境保全を調和させることを試みて、生態系サービスに関する抽象的な理論を現実の世界に落とし込むためのさまざまな取り組みがなされた。私たちがこの後に続く各章で描き出したさまざまな取り組みでは、問題となる生態系資本のタイプが、地理的にも、文化的にも、さらにはそれを守る動機も大きく異なっている。しかし、それらには共通点がある。すべてが豊かでしかも持続可能な未来を見通すための基本的な行動指針を提示しているということだ。私たちは二人で一緒に旅をしたまさにその十二カ月の間に、次のような新たな展開を目撃することができた：

・ボストンでは、ジョン・ハンコック・フィナンシャル・サービス社内の部門で資産三十億ドルのハンコック・ナチュラル・リソース・グループ（Hancock Natural Resource Group）が、革新的なファンド〔投資家から委託を受けた資金の運用を機関投資家が代行する金融商品〕を準備した。そのファンドは、新たに植林された森を、慎重に、そして「持続可能な」方法で管理することで、将来の世代のために保全することへの投資を可能にするものである。このファンドに投資する人々は、二つの見返りを受け取ることができる。第一に、慎重な選択的伐採（択伐）から得られる材木収益からの配当金、そして第二に、森の成長に伴って吸収される二酸化炭素の量に応じた炭素クレジットである。こうした炭素クレジットは、これから法制化されることが予想される企業に対しての二酸化炭素排出規制において、実際の排出量削減の代替として使える「オフセット」として市場価値を持つようになるかもしれない。

・オーストラリアのアデレードでは、環境保護主義者ジョン・ワムズレーが、自分の環境保全会社を、オーストラリア証券取引所に上場し、その類の株式の公開はそれが最初のものであることを宣言した。ワムズレーのベンチャー企業アース・サンクチュアリーズ（Earth Sanctuaries）社は、荒廃した農地を買い、在来の植物でそれを再生させ、そこに絶滅の恐れがある在来の動物を補充することによって、その農地を環境志向の観光客（エコツーリスト）向けの観光地に変えている。ワムズレーは、自分自身の市場への参入を「生物多様性の取引」と呼び、彼のビジネスモデルとして、オーストラリアのおよそ一パーセントにも相当する広大な地域を修復し保護することをめざしている。

・洪水に何十年も苦しめられてきたカリフォルニア州ナパでは、ナパ川を堤防とダムから解放し、かつての氾濫原にその水を溢れさせることで自然な洪水防止を図るという革新的な計画が始まった。米陸軍工兵隊は（コンクリートを注ぐことで有名なのに）、七マイル〔約十一キロメートル〕にわたってダムと堤防を取り除いた。この計画を成し遂げるために彼ら自身の税を上げることに賛成票を投じたナパの住民たちは、即座に見返りを得ることができた。魅力的な新しいウォーターフロント地区と洪水の被害を受けないダウンタウンができるという期待感によって、土地の価格が急騰したのである。

・コスタリカでは、政府が、生態系サービスを提供できる森林やその他の生態系を守る地主たちに金銭を支払うという形で、彼らが公共の利益のために働く誘因を与えるという先駆的なプログラムを展開した。その援助の下、自分の土地で森を保護し、再生させる所有者たちは、その行為の結果生じる各種の自然のサービスの対価を得ることになる。そうした自然のサービスには、例えば、（気候安定のための）炭素隔離、（安全な飲料水と水力供給のための）水源流域保全、（製薬や他の用途のための）生物多様性の保護、そして（エコツーリズムやその他の美的な楽しみのための）景観美の提供などがある。

・オランダのビルトホーフェンでは、九五人の世界トップクラスの科学者がミレニアム生態系評価（Millennium Ecosystem Assessment）を立ち上げる会議に集まった。地球の生態系資本の現状を広範囲に検討する初の試みであるミレニアム生態系評価は、生態系が提供する「財」と「サービス」に焦点を当てるという歴史的にユニークなものであった。この取り組みの狙いは、事業計画や政策決定に生態系資産を取り入れるために必要な情報を、世界中の意思決定権を持つ人々に提供することにあった。

私たちがこの本で取り上げる実験的試みの大部分にはまだ賛否両論があろう。しかしそれらが、少なくとも無神経に私利私欲に訴えようとするものでないことは確かである。私たちがここで解説するアプローチは、環境保護から純粋な金儲けまで幅広い分野にわたる多様な動機を持った投機家たちを引きつけてきた。未解決な大問題は、利益への動機が本当に、それが環境を保全するためにも利用できるかどうかということだ。つまり、その利益への動機こそが地球を痛めつけてきた主な原因だからだ。

たった一つ明白なことがある。それは、民間企業に政府の代わりは務まらないということである。特に、地球規模での解決を必要としている気候変動問題の危機が高まっていることを考慮すればなおさらである。だがそれも、この問題が、ここ数十年のうちに、その他のあらゆる環境問題と経済問題がもはや議論不要となるほどの壊滅的打撃を全世界に与えることがなければの話だ。この問題やその他の環境的な脅威を防ぐために必要となる根本的な経済転換を始動させそれを監視していくために、政府レベルでの規制が求められていると私たちは強く確信している。とは言え、この経済転換は、市場メカニズムやその他の金銭的誘因など、あまりにも今はまだ使われていない戦術を使うことで、そのスピードを上げられると私たちは信じている。

私たちは、単に新しい考え方の提唱者として、あるいは批評家としてこの本を書いたのではなく、何より現実主義者として書いた。金銭的な誘因や市場は、すぐに消えてなくなるわけではないからである。きれいな水や澄んだ空気のような、自然からの不可欠な贈り物の市場的価値を見出そうとする実験は、必ずしもそれが好ましいものだと思えなかったとしても、もうすでに始まっている。まずは自然の価値を理解することが、それらを最大限に活用するための鍵となる。著名な生物学者のエドワード・O・ウィルソンが呼びかけたように、経済学者アダム・スミスの「見えざる手」を「緑の親指」(緑化の才)を持つ手に変えるためにもそれが鍵となるだろう〔アダム・スミスは自由市場において各個人・組織が自らの利益のみを追求する結果、自ずと最適な資源利用が達成されると説いた。このメカニズムを「見えざる手」と呼ぶ。ウィルソンは経済学の中心に環境を置くべきだと主張した〕。

こうして私たちは、この新しいアプローチを実行している熱心で革新的な人々の何人かの物語を語ろうと試みた。その中に、例えば次のような人々が登場してくる。例えば、ジョン・ワムズレーは、彼が設立したアデレード・サンクチュアリー〔動物保護区〕でウォンバット〔カンガルー目ウォンバット科の哺乳類でコアラと近縁〕とワラビー〔カンガルー科の小型の仲間〕に囲まれている。カレン・リッピーは、ナパ川を自然のままに流れさせるために税金を上げるべきだと自分の町の有権者たちを説得した、背の高い大柄な元溶接工である。デイビッド・ブランドは、新しい「グリーンな」投資の世界におけるいわばジョニー・アップルシード〔アメリカ開拓期に実在した伝説的人物で、西部で聖書の教えを説きながらリンゴの種をまき続けた〕であり、ハンコック・ナチュラル・リソース・グループの金融商品「ニュー・フォレスト・ファンド」を創り出した。さらに、スタンフォード大学の生物学者クレア・クレーメンの物語も書かれている。彼女は野生の花粉媒介者の経済価値を根気よく記録している。多数の賞を受賞してきた生態学者ダニエル・ジャンゼンは、コスタリカで熱帯雨林の復元に従事しているだけでなく、そのサービスの活用も行っている。例えば、簡単に言えば、地域のオレンジジュース製造会社の廃棄物処理システムへの活用などがある。

このあとに続くそれぞれの物語は、希望と論争、可能性と課題のいろいろな組合せを例示してくれる。同時に、それらは、歴史が書かれつつあるその途上の一齣でもある。これらの物語の主人公たちは、貢献の大小にかかわらず、それぞれのやり方で、人類に課せられた最も大きな試練に立ち向かっている。それは、地球の資源を活かして生き延びて行くという試練であり、しかも、私たちの子供たちもまた同じようにそうした見通しを持ち続けられることを保証しながら遂行されねばならないものである。ミルウォーキーの水道水汚染事件でのベッキー・ファーマンとすべての犠牲者たちの悲劇が教えてくれるように、この課題は現実的で、緊急なものである。

無垢の消失を凝視したある古典的な詩の中で、ロバート・フロスト〔一八七四〜一九六三〕は自然の変化が不可避であることを嘆き、「金色に輝くものは長くそこに留まらない」と詠った。詩人には申し訳ないが、私たちはこう主張する。自然の黄金は、それが本当に黄金であることが理解されさえすれば、「光り輝き続ける」ものだと。そして、あなた方が以下のページで読む「緑の探鉱者」の発見によって呼び起こされるこの新しい展望こそが、「新しい経済」への鍵となるのである。

1　オーストラリア　ニューサウスウェールズ州カトゥーンバ
～雲上に夢を描く～

私たちが五感を通じて自然から受け取るすべての恵みを、私は「財」という総称で位置づける。こうした利益は、もちろんその場限りの便宜的なものであり、自然が人の魂に対してなす業のごとく究極的なものではない。だが、たとえ次元は低くとも、それは本質的に完璧なもので、誰もが理解できる唯一の自然活用法である。

――ラルフ・ウォルドー・エマソン

オーストラリア・ニューサウスウェールズ州の山岳リゾート都市カトゥーンバにある優雅なホテル「リリアンフェルズ・ブルーマウンテンズ」の客室で、アダム・デイビスは、レースのカバーが掛けられたソファーの前を闊歩していた。彼は二日前にサンフランシスコからシドニーに到着したばかりでまだ時差呆けしていたが、見た目にそんな気配は感じられなかった。デイビスはギャンブラーのような鋭い眼差しをして、運が自分に味方していると確信した男の余裕の笑顔をたたえていた。

彼の企てが大きな賭けであることを考えると、この様子は一層印象的なものだった。デイビスは環境

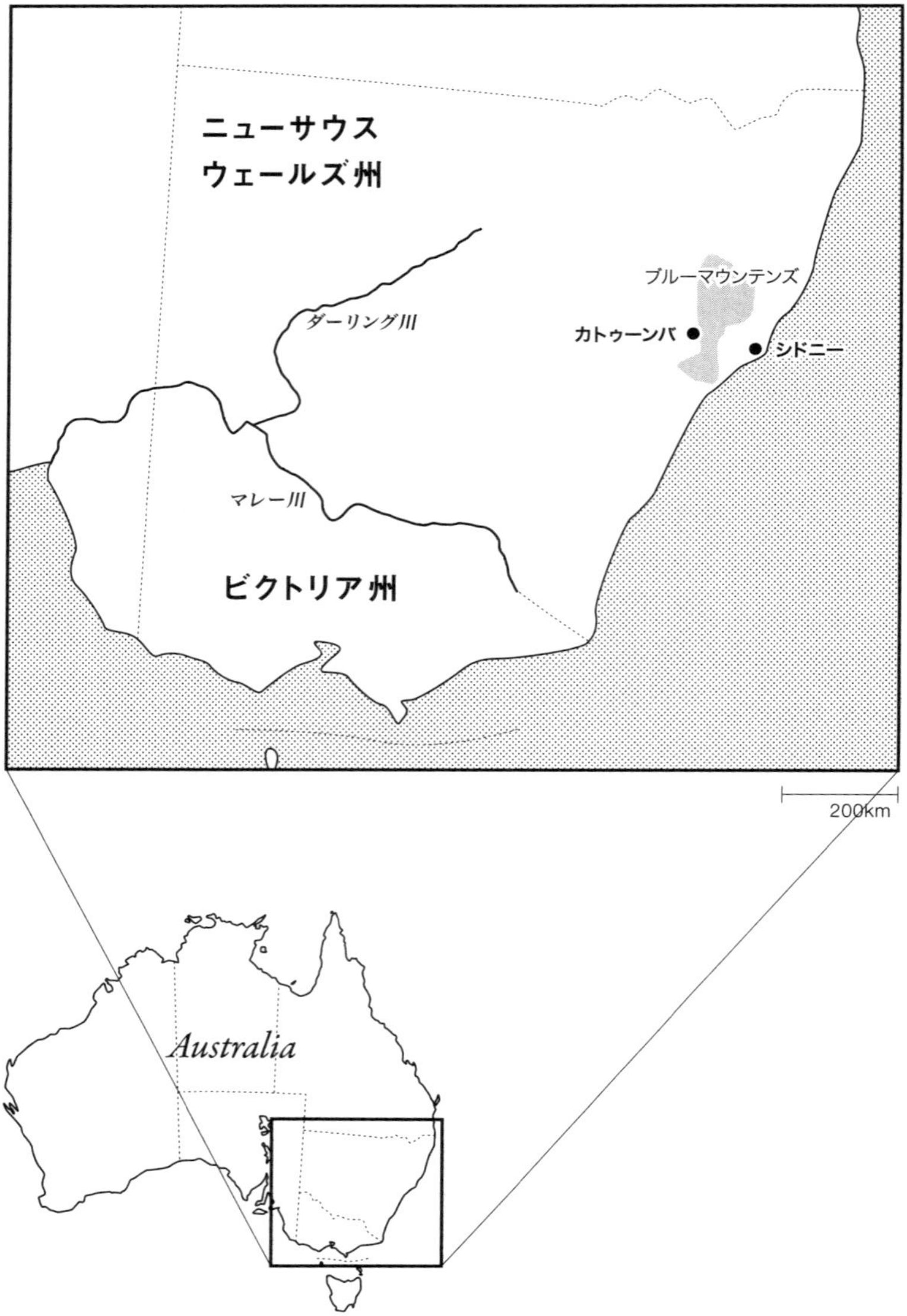
ニューサウス
ウェールズ州
ブルーマウンテンズ
ダーリング川
カトゥーンバ
シドニー
マレー川
ビクトリア州
200km
Australia

破壊から世界を救い、おまけにそれで一儲けしようとしていたのである。彼の資質は、熱血漢の自然写真家を父に持ったこと、そして極めて広い教養教育を受けたこと（一九八三年、コーネル大学でアフリカ研究の学士号を「優等」で取得）によって培われたのだが、同時にある特殊な場所と時代から生み出されていた。それは、二〇〇〇年四月のシリコンバレーの片隅でのことである。当時ナスダック株式市場〔一九七一年に世界初の電子株式市場として開設された新興企業向け株式市場。ベンチャー企業やハイテク企業が中心である〕は、株価指標五千ポイントという高値をちらつかせており、これほど金融革新のロマンが、世間で広く共有され、もてはやされた時はかつてなかった。デイビスは自然を救うことにとても熱心ではあったが、故郷のボルティモアに住む母親のように、自然保護団体オーデュボン協会〔一九世紀アメリカで鳥類研究の草分けとして活躍したジョン・ジェームズ・オーデュボンの名を冠する、アメリカで最も古い環境保護団体の一つ。一九〇五年設立〕がその仕事を果たせるとは思っていなかった。それよりも、彼は、ウォール街にチャンスを与えてみたかったのである。

デイビスは、ニューヨーク州イサカの生活共同体で働いた後、堆肥製造の会社で働いていたが、ある時突如一つのひらめきを得た。彼は、廃棄物を有用な何かに変え、それまで何も存在しなかったところに価値を創出するというアイデアを思いつき、それに興奮したのである。そして、彼はそのまま廃棄物マネジメントのプロとなってリサイクルの世界で頭角を現すようになり、やがて、企業の環境戦略やマーケティングについて助言する会社を立ち上げて独立した。彼はビジネスプランを策定することに長けていたが、この何カ月かはこれまでにない大胆な事業計画書を書き上げるために、取引先の仕事の合間をぬって猛然と仕事をしてきたのである。彼は、再生紙に印刷したその事業計画書を何部も作り、肩にかけたブリーフケースに入れて持ち歩いていた。

彼はその計画を「環境保全取引所（Conservation Exchange）」〔二〇〇三年に取引が開始された「シカゴ気候取引所（Chicago Climate Exchange）」はこの類例で、二酸化炭素やメタンなどの排出権取引をウェブ上で行っている〕と呼んだ。それはまだ理論に毛が生えた程度のものではあったが、デイビスはいずれそれが全世界に波及することを確信していた。この週のオーストラリアへの長旅は、評判を巻き起こすことができるかどうかを試すためだった。

目当ては「フォレスト・トレンズ」〔保護区以外の森林保全に市場ベースで取り組む非営利団体〕という、首都ワシントンDCを本拠としたシンクタンクが〔二〇〇〇年四月に〕開催する、ある特別な会議だった。それは、環境保護のための新たな金銭的奨励策を生み出したいという思いを共有する、およそ百五十人のエコノミスト、科学者、投資家、環境保全の専門家らを四大陸から結集したものだった。その会合は、シドニー市のタロンガ動物園での一連の講演で始まった。その後、出席者のうちごく限られた五十人ほどの人々が、二億五千万年の歴史を刻む驚くほど美しいブルーマウンテンズ地域にあるカトゥーンバへとバスで向かった。そこで彼らは、窮地に追い込まれた環境がますます必要としている急務を支援するため、世界の経済を変える方法について熟慮しながら二日間を過ごすことになっていた。デイビスは、カトゥーンバこそ彼の提案する環境保全取引というモデルを初公開するのに完璧な場所だと考えていた。シドニーに到着したその日の夜から、彼はさっそく波止場に面したオープンカフェで、会議出席者の一団に熱弁をふるいながら人脈づくりに躍起になっていた。

彼は短く刈られた白髪頭に手を走らせながら言った。「毎年およそ六千億ドルものお金が、国際的なギャンブルでその持ち主を変えているのです。環境保全にも、その興奮のいくらかと、そのギャンブル的要素のいくらかを持たせなければだめなのです。」

デイビスは、確信に満ちた口調で早口に彼の計画を説明した。環境保全取引所は、「生態系サービス投資信託（ecosystem service unit）」と呼ばれる新しい金融商品を売買するために、世界中からログオンして訪問することができるウェブサイトになるのだという。略して「ＥＳＵ」とデイビスが呼ぶその投資信託は、過去に売られたどんな株式とも違うものになるのだという。その投資信託は、人間や自然が生産する物にではなく、むしろ自然の働きそのものに基盤を置くことになる。ＥＳＵの一単位というのは、重要な環境サービスの、正確に計量されたある一定量に相当するのである。例えば、水が流域によって浄化される過程や、熱を閉じ込めてしまう二酸化炭素を森林が吸収すること（科学者たちの専門語を使えば、森林が二酸化炭素の「シンク（吸収源）」になること）によって、気候が制御される仕組みなどがまず挙げられるだろう。だが、健全な生態系が生息地を提供することで生物多様性が維持されていくという営みすらも、また一つの例となりうる。科学者たちがＥＳＵの認証を行い、会計士たちは、それを売買の対象として分配することになるのである。

スタート時点において、売り手は、所有地から得られるサービスの権利を売り込む土地所有者たちである。ＥＳＵの当初の価値は、部分的には、予測される供給量と需要量によって決定されるであろう。すなわち、問題になる生態系が持つ希少性（それが熱帯雨林であれ、砂漠であれ、サバンナであれ、湿地であれ）と、そうした生態系から得られるサービスに対する需要との兼ね合いで決まることになる。

このＥＳＵの当初の買い手として考えられるものは、たとえば環境規制を遵守する手立てを模索する企業がありうるだろう。すでにアメリカでは、企業が生息地の「取引」を行うことを認める規定がある。例えば、湿地のミティゲーション・バンキング制度では、新たに生み出された湿地や、保全された湿地からなる湿地生態系の「バンク」が設けられている〔アメリカでは開発によって自然環境に損害を与える場合に、ミティゲーション（自然環境に対する影響の緩和、または補償）が義務づけられており、もしも当該地域周辺でミティゲーションを行えない場合には、債権を購入することでミティゲーションを行ったと見なすこともできる。アメリカには自然環境を復元・修復するなどしてストックし、債権として売り出すミティゲーション・バンキングを専門とする会社がすでに存在する〕。破壊することになる湿地の代償を要求される開発事業者たちは、このバンクにその資金を提供するか、あるいはバンクをより大きくするための金銭を支払うのである。デイビスの計画は、まさにその概念を拡大するものだった。

当初の買い手として考えられるもう一つのものは、例えば、資金の豊富な環境保護団体である。そうした団体は、個人の土地所有者から、詳細を規定した契約という形で環境保全権を買うかもしれない。それによって、実際に土地を買わずに済むため資金を節約できるのである。だがいずれ、投機師たちが市場に参入してきて、投資家たちがアマゾン・ドット・コム〔ワシントン州シアトルに本拠を構える書籍を中心とした総合通販サイト〕やシスコ・システムズ〔カリフォルニア州サンノゼに本社を置くコンピュータネットワーク機器開発会社〕の株とまったく同じようにESUを売買することになると、デイビスは確信していた。

その事業計画が大胆なものだと彼にはわかっていた。「グリーン」な純粋主義者たちは、地球の持つ基本的な生命維持システムを商業化しようなどという人間中心主義的な不遜さに対して、彼に異議申し立てをするかもしれないこともわかっていた。けれどもデイビスは自らの善意を疑わなかった。彼自身は、グリーンピース〔オランダのアムステルダムに本部を置く国際的な環境保護団体。日本の捕鯨に反対して調査捕鯨の妨害を行うなど、その行動の過激さで世界的に有名〕のどんなメンバーと比べても引けを取らない環境保護主義者だと自負していた。利益やきらびやかさは、価値ある目的に到達するための手段に過ぎなかった。自然とマーケットについて、既成概念にとらわれずに考える機は熟していた。その上、彼は、(さまざまな政治的信念を持った主流派のエコノミストたちの多くと同様)生態系サービスとその取引のための市場に財産権を確立することは、それまで何も存在しなかったところに金融資産価値を創出する方法であると確信するようになっていた。彼はすでに、ネットスケープ社〔ウェブブラウザ「ネットスケープナビゲーター」の開発で大成功し、インターネット利用の爆発的拡大のきっかけを作った〕の衝撃的な株式の初公開やJDSユニフェーズ社〔カリフォルニア州に本社を持つ光通信部品会社〕、あるいはその他の電気通信会社の株価が急上昇して、シリコンバレーで瞬く間に価値が生み出されるのを目の当たりにしていた。このようなことすべてが可能であったのだから、自然の働きが持つと認められた価値を人々が取引できないはずがないではないか。人間の生命がそこに依存していることを思えば、結局それはダイヤモンドよりも貴重なものなのだ。

彼の六ページにおよぶ事業計画書では、イタリック体による強調をふんだんに駆使してその根拠が説明されていた。「ニューエコノミー」企業〔IT企業などに代表される新しいビジネスで、製造業などを中心にしたオールドエコノミーと対義〕の株とまったく同じように、彼の提案するESUは、現在の収益よりも、未来の可能性によって評価されるだろう。ESUの場合、その原理は単純な需要と供給の問題である。だがそれは、人間が自然に対してこれまで決して適用したことのないものだった。なぜなら自然の恵みというものは、一般的に溢れんばかりに豊かなものであったからだ。しかし、人がどんどんと地球上に満ちあふれ、しかも一人一人が消費を増大させながらその活動範囲を拡げていくに従い、かつては「ただで」手に入ったサービス（例えば自然の持つ浄化作用やゴミを自然に返す力など）の供給が、ちょうどそうした需要の歴史的ピークにおいて激減するのは必然の成り行きなのだった。そこで、市場原理が適用されることになるのである。

「環境保全取引とは何かを理解するには、かつてはこうしたサービスが、無料でかつ無限にあったということを理解しなければならない。人口が倍増し、さらにそれが倍増するにつれて、無垢の生態系によって提供されるサービスの流れは、ますます不足することになる。それは絶対量においても減少するが、一人当たりで考えればなお一層の不足が生じるのである」と、デイビスの計画の要旨には書かれていた。彼は、そうした不足が、地球の資産についての世間の考え方に大きな転換をもたらすのは必定だと確信していた。やがて（しかも近い将来）、人々はそれらの本質的な価値に目覚めるに違いないのである。

「こういうものに価値があることはわかっているのです。生態系サービスには間違いなく価値がある。環境保護主義的な価値ではなく、経済的な価値がね。」デイビスは、カフェで極細パスタをぱくつきながら熱心に語った。

よい香りがただよう亜熱帯の夜の空気の中で、頭上のオオコウモリが、彼の話に耳を傾けていたある財団幹部の白いシャツに糞を落として不意に飛び立った。デイビスは、気にも止めずに話し続けた。彼の熱意は、その計画の驚くべき内容と相まって人を魅了するものだった。

まだ実現までに残された仕事はたくさんあることを彼は認めた。こうした新しい商品をどのようにして数量化できるのかを考え出す試みが一番の問題だった。彼はいったいどのようにして「生態系サービスの流れ」を分配しようというのであろう。そして、どのように生物多様性を数量化するというのだろう。こうした疑問点は、彼の事業計画では明確にされていなかった。だがデイビスはそれらの問題について、「一流の信頼できる科学者」を雇い、彼らに「衛星や大気観測、実測、あるいは審査付き学術出版物など」を利用しながら取り組んでもらうつもりでいることを付け加えた。

その計画書は実際のところ、デイビスがウェブサイトで使いたいと考えていた「目を見張るような高速グラフィックスや最新の先端技術を駆使したプレゼンテーション機能」を手に入れるための資金や、こうした研究や人材登用の資金を集めることを意図して作られていた。だが、まだしなければならない仕事を山のように抱えながら、彼はカフェに集まった小さな聴衆に対して、六カ月以内に自分のウェブサイトを立ち上げ、稼働を始めると約束したのだった。そしてその時点で、環境保全取引は「世間をあっと言わせながら、ウォール街のど真ん中に真正面から照準を合わせて」市場に公開されることになる、と彼の計画書には記されていた。

デイビスが、カリフォルニアでオーストラリアの会合のことを耳にしたのは、ほんの二週間前のことだった。その時、彼は初めてフォレスト・トレンズの理事長であるマイケル・ジェンキンズに出会ったのだ。ジェンキンズのシンクタンクは、危機に瀕した森林地帯を守ろうと、市場ベースで取り組む方法を見いだすことを専門としていた。そして彼の仕事を通じて、ジェンキンズはデイビスの新しいコンサルティング会社、ナチュラル・ストラテジーズ社のことを耳にしていた。その会社は、持続可能な森林経営を行っているという認証を受けた森林から木材を買う企業との契約を、どんどん増やしていた。そうした森林では、次の世代に木材を残すことを保証するために、択伐を行っているのである。結局二人は、パロ・アルト〔シリコンバレーの北端に位置し、スタンフォード大学と隣接する、多くのハイテク企業の本拠地〕の書店内のカフェで昼食をともにすることになり、その後も、デイビスはジェンキンズを空港まで車で送ったのである。その途中、デイビスは彼の環境保全取引所の話題を切り出した。

ジェンキンズはデイビスのエネルギーの虜になっていた。けれども環境保全取引所について彼が持った第一印象は、それが「あまりにも夢のようで、ドット・コム企業的」だというものだった。ジェンキンズはドット・コム企業〔インターネットを利用したビジネスを手がけるベンチャー企業の総称。一時期もてはやされたが二〇〇〇年前半に急速に淘汰が進んだ〕の人々とは付き合いがなかった。彼を取り巻く環境は、東海岸的な慈善活動の控えめな世界だった。彼は外交官の子供としてバンコクで生まれ、モスクワとカラカスで育ち、やがて貧困と負債の重荷を負った発展途上地域に関連の深い仕事を選んだのだった。

彼は、ロシアの田舎やベネズエラでの自分の家の背後に広がる木々の茂る丘で遊んだ子供時代以来、木がずっと好きだった。しかし、ジェンキンズが自身のキャリアを森林に捧げることになったのはずっと後のことで、民間慈善団体であるアプロプリエイト・テクノロジー・インターナショナルで働きながらハイチの北西部に三年間住んでいた時のことである。ハイチは、世界で最も貧しく、また最もひどく森林が破壊されている国の一つである。ジェンキンズは、この二つの特徴は本質的に分かちがたく結ばれていることに気がつくようになった。世界に残された熱帯林の大部分は発展途上国にあり、そこには世界で最も貧しい人々が住んでいる。ハイチでは、他の貧困に陥った地域と同じように、木は貴重だが、いとも簡単に浪費される財産でもある。そして、森林を守ろうとしても、その緑陰で暮らす人々に援助を行うことなしでは、努力は無駄だった。彼らが木を切り倒したとしても、彼らに代わりの収入がなければ、それを責めるわけにはいかないのである。

このジレンマに対して金融市場が解決策を示すことができるというのなら、ジェンキンズも聞く耳を持たないわけではもちろんなかった。だが、彼はデイビスが利益を強調することに不安を覚えていた。熱意に顔を紅潮させながら、デイビスは「この話は大もうけの機会にきっとなる」というようなことをずっと言っていたのである。

ジェンキンズはこれとは対照的に、今日に至るまでの世界の環境悪化のほとんどは、利益という動機によってもたらされたのだと考えていた。彼には、市場が社会福祉の実現に向けて動くなどということは到底信じられなかった。コントロールしなければ、市場は単に金持ちの人間をさらに金持ちにするだけだ。それでも彼は、ここ数年の間、漠然と考えている自然と金融についての独創的なアイデアを現実のものにするには、デイビスのように実利的で、容易には屈しない人間が必要だろうと感じていた。デイビスは、実業界がどのように仕事を進めるのかを熟知していた。そしてジェンキンズは、人の私利私欲を環境保護実現のための原動力として利用していく時が訪れたのだという考えを共有するようになっていた。デイビスが好んで言ったように、「羨望は罪悪感に勝る」のである。規制は機能しなかったし、道義的な主張も効き目はなかった。そんなわけで、デイビスはまだ雲の上の夢想の域を脱していなかったかもしれないが、ジェンキンズは、今や彼と同じ道を行く覚悟を固めたのである。

その時四五歳であったジェンキンズが、世界銀行と熱帯林行動ネットワーク（Rainforest Action Network）〔一九八五年設立のサンフランシスコに本部を置く国際NGO〕で働く同志の友人たちの助けを借りて、フォレスト・トレンズを設立してからまだ一年足らずしか経っていなかった。これに先立つ十年間、彼は、ジョン・D&キャサリン・T・マッカーサー財団〔アメリカ有数の民間助成財団で、持続可能な発展に寄与する活動を支援〕で働いていたが、欲求不満は時とともに募るばかりであった。ここで彼は、毎年何百万ドルもの森林保全交付金を誰に交付するかの決定に携わっていた。それにも関わらず、毎年毎年世界中で森林破壊が加速するのを彼は目の当たりにしていた。そして結局そこには価値の問題があるのだと考えるようになった。切られた木材には、金銭的価値がある。しかし立木のままの森林には価値がない。国際市場は、長期の収益よりも短期の収益をあげるものを優遇していた。その結果、世界最大級の生態系は、価値が下がりつつあるたった一つの商品の供給源と見なされるまでに貶められてしまっていた。森林を伐採し、土地を他の使い道のために売る方向への動機付けとなる状況には事欠かなかった。だが、森林の一部を自らの資産として保全するような持続可能な林業を営むことは、経済的にほとんど不可能であった。ジェンキンズが、タロンガ動物園での歓迎スピーチの中で警告したように、人間は木を見て森を見ずの状態に陥っているのだった。

そうは言うものの、環境保護の進展に拍車をかけるために金銭的な動機付けをどう活用するかについて、ありとあらゆる面白いアイデアが研究者の間で生まれていながら、実現されているのはそのうちのほんの少しであるのをジェンキンズは知っていた。実際の状況は、エコロジストがエコロジストに向かって、検証されることのない、単に理論的な解決策について語っているものばかりだった。ジェンキンズは、多様な才能を持つ専門家と見込みのありそうな投資家とをつなぐ仲介役として、実際の取引を創り出すのが自分の役割だと思い定めたのである。彼は、自ら「スカンクワークス」プロジェクト（つまり、厳選メンバーで編成された特命作業チームの取り組み）と呼ぶ計画を構想した。その計画では、専門家のチームが最低限の管理の下、外界から隔絶した環境で、共通する緊急の使命に関して協働することになるのだった。彼の計画では、それから二年の間に少なくとも四回にわたって、世界中のあちらこちらで密度の濃い会議を招集することになっていた。その会議において、参加者たちはそれまでにはない「グリーン」な投信など、具体的な商品を考え出す責務を課されるのである。

ジェンキンズは、同僚や知人など、長い年月をかけて培ってきた国際的な人脈を頼りに、カトゥーンバでの最初の国際会議に多様な人々が集まるように招待者を注意深く選択していた。こうして、会場のリリアンフェルズホテルで、例えば三井住友銀行のトレーダーが、グリーンピースの活動家や世界資源研究所（World Resources Institute）〔ワシントンDCに本拠を置く、一九八二年設立の環境系シンクタンク〕のアナリストと一緒にカクテルを飲んでいるというような状況が実現したのである。彼らは、この数カ月後には、自らを「カトゥーンバグループ」と呼ぶことになる。しかしながら最も注目に値したのは、ジェンキンズが、シドニー先物取引所の協力をすでに取り付けていたことだった。それは、多額な資金が、計画されている環境保全プロジェクトへとすぐにでも流れる用意ができているかもしれないという、最も明確な証拠だった。シドニー先物取引所の経営陣のうち、少数だが果敢な人たちは、これから作り出されるという新しい「グリーンな」商品には利益を生み出す可能性があると判断していた。そしてその年、彼らはシドニー先物取引所を「グリーン取引」の世界的な売買所として売り込もうとしていたのである。

彼らの発想の主な源泉は、当時アメリカで盛んに行われていた「汚染許可証」を扱う革新的で若い市場だった。それは実のところ、デイビスの大いなる夢である環境保全取引というアイデアを生み出したのとまったく同じ市場だった。

一九九〇年代前半から、アメリカの企業や個人は、酸性雨の主な原因物質である二酸化硫黄（SO_2）を排出する権利の売買を行ってきた。その取引は、大気汚染防止法がジョージ・ハーバート・ウォーカー・ブッシュ大統領によって一九九〇年に改正されたことによって可能となり、そして、その五年後、シカゴ商品取引所の年次競売において本格的な運用が始まったのである。環境保護庁は、全米の電力会社に対して、業界全体として二酸化硫黄を排出してよいとする許可証（すなわち、二酸化硫黄排出に関する財産権）を与え、他の公益事業体と排出権を取引できる裁量を与えることで、この市場を開放した。よりクリーンで効率的な企業は、自らの目標を安く達成することができる一方、設備の古い企業は、はるかに多額の代金を支払わなければならないこととなった。このことは、効率のよい会社に対して、自らの排出量をさらに減らして目標値を下回ることへの動機付けとなった。その結果、使われなかった許可証を売ることができるからである。一方、あまり効率的でない会社は、まだ寿命が残っている古い設備を新しいものに替えるよりも、許可証を買ったほうがより経済的だということに気がついた。最終的に許可証は、豚のばら肉とまったく同じように、投機家たちが将来の儲けを期待して市場に参入するという形で売買されるようになったのである。

理論としては、この方法で排出ガスの総量のうち、ある一定量の削減が、最低のコストで達成されるというものである。そして、二〇〇〇年の春までには、この理論が妥当なものであると考えられるようになっていた。汚染許可証の市場は、ほとんど三十億ドル規模にまで成長しており、電力会社は業界全体として、二酸化硫黄排出量の削減において、環境保護庁の要求水準を優にクリアするという状況となっていた。関係する企業にとってさらに喜ばしいことに、彼らは汚染削減目標を、予測されたコストの十分の一で成し遂げてしまったのだった。この成功がもたらされたのは、主に市場メカニズムに柔軟性があったことによる。電力会社には、排出量削減を実現するにあたり、新たな燃料の配合から、オプションやスワップなどの金融商品に至るまで、さまざまな革新的な選択肢を試みる動機があった。そしてそれがリスクを軽減するのに役だったのである。

このシステム全体は、「キャップ・アンド・トレード」として知られ、キャップ、すなわち排出上限を設けることで、取引を促そうとするものである。その成功が大いに賞賛されたため、カトゥーンバ会議が開催された時までには、そのシステムを、今度は気候変動を引き起こしているとされる「温室効果ガス」の筆頭である二酸化炭素に適用しようという動きが、世界中のあちらこちらで始まっていた。実際のところ、「気候変動に関する国際連合枠組条約の京都議定書」（温室効果ガス抑制について先進工業国が合意した条約の草案）には、規定が盛り込まれており、そこには後に「炭素クレジット」として知られることになる新しい未知の商品の取引を認めることが約束されていた。だが、実際の運用についての規則はまだ整備されていなかった。それでも、この単なるアイデアに過ぎない提案は、二酸化硫黄の取引ですでに経験を積んでいた環境商品のブローカーたちを引きつけ、盛り上がりを見せていた。二酸化硫黄の市場は、ごく地域限定的なもので、せいぜい国内に限られたものだった。けれども「二酸化炭素排出権取引」は世界的なものになるであろうし、アナリストたちは、その市場が最終的には一千億ドル以上になることを予測していた。炭素クレジットは、世界有数の商品となる可能性を秘めていたのである。

条約を施行するために、すべての関係国の二酸化炭素の主要な排出源と吸収源（シンク）が数量化されることとなった。環境保護論者が最も注目したのは、京都議定書が、その算出方法において、植林のような土地利用にポイントを与えることを明示した点である。それは、二酸化炭素を吸収して成長とともに炭素を封じ込める森林に投資を行うことは、炭素クレジットを生み出すことになることを意味した。この時点で、これが有望なものかどうかはまだ曖昧だった。しかしジェンキンズのように、世界中で起きている壊滅的な森林破壊と戦う武器を見つけることがもはや不可能だと絶望していた人間を魅了するには、十分なものだった。突如、森林が新たなお墨付きを得たのである。国家や企業が二酸化炭素削減に取り組み始めると共に、炭素市場によって生み出された何十億ドルという資金のいくらかは、荒廃した土地への再植林に回ることになるかもしれない。あるいは、農民が、米や羊毛のような伝統的な商品と同時に、「炭素を育てる」ことによって、さらなる収入を得るかもしれない。見境なく火を掛け、蓄えていた炭素を放出させてしまうことを許してきた経済システムの帰結として危機に瀕した熱帯雨林にさえ、ついに保護の手がさしのべられるかもしれない。これは、生態系サービスを「金銭化する」ことによって生み出される、かつてないほどに進化した形の潜在的な金銭的価値であった。それはまた、シドニー先物取引所がカトゥーンバ会議に協力したことの背景にあった、まばゆいばかりに「グリーンな」希望であった。

ニューサウスウェールズ州政府も、当局者をタロンガ動物園でのキックオフ行事に派遣するなどして（金銭的な支援こそなかったものの）カトゥーンバ会議を熱狂的に支持した。州政府のリーダーたちは、森林投資に関わるクレジットを含む世界のあらゆる気候関連の条約から、彼らが特別な利益を得る好機に遭遇していることを認識した。それまでにあまりに失ったものが多かったために、得るべきものも多かった。というのは、過去五十年の間に、オーストラリアの森林の約半分が伐採されてしまっていたからである。その主な原因は、農民が森林を切り開いた場合にはその土地の所有権を与えるという、政府の誤った政策の結果であった。オーストラリアのほとんどは、もろくて栄養に乏しい土壌に覆われており、このように開拓された土地は、そもそも農業には適していなかった。そして、農作物がかろうじて育つ土地も、多くは管理が悪く質が低下していたのである。

これに先立つ数年間、オーストラリアの当局者は、彼らの抱えている危機が真に深刻なものであることを悟り始めていた。過剰な地下水を吸い上げることのできるような、深く根を張る植生がないために、地下水の水位が、本来の九十フィート〔約二七メートル〕かそれよりも深い地下のレベルから、地表近くまで上昇してバスタブのようになっている地域もあった。それとともに、塩分も上昇し、農作物に壊滅的打撃を与え、道や橋までをも腐食させていた。「オーストラリアのパンかご」と呼ばれるマレー・ダーリング川流域は、オーストラリアが直面する最も重大な環境問題であると環境大臣が呼ぶような、特に深刻な危機に見舞われていた。ある農民団体は、この問題を解決するのに三百七十億ドルの費用がかかると推定していた。二〇〇一年の政府の報告書は、農作物を壊滅させるこの塩が、二〇五〇年までには六万五千平方マイル〔約十七万平方キロメートル〕以上を飲み込んでしまうと予測していた。しかもその大部分は、国の最も肥沃な土地である。「基本的に、我々は疲れ切っている」というのが、オーストラリア連邦銀行の役員がこの状況を一言で述べた言葉である。それでもニューサウスウェールズ当局者は、なんとかこの状況から抜け出す方法を見つけだしたいと考えていた。新たに大量の木を農園や森林に植えることによって、彼らは、自分たちが抱えている農業問題を解決することができるばかりか、その過程で主要な炭素育成のセンターになることもできるのだった。

一九九八年十一月、ニューサウスウェールズ州議会は、この構想を発展させるため、「炭素排出権」を規定する州法を制定して、世界で初めて炭素に対する法的権利を設定し、意欲的な一歩を踏み出した。炭素排出権は、土地の所有権とは別に、森林所有者が売ることのできるもので、伐採権に似ている。ペンを取ってサインをすることで、彼らは、立木のままの森林に前代未聞の新たな価値を与えたのである。そしてカトゥーンバ会議が開かれた時までには、将来的な見返りは有望と思われていた。そのほんの二カ月前、東京電力は、得た炭素排出権の見返りとして、十年間でおよそ一万六千エーカー〔約六四平方キロメートル〕もの新たな森林を創出するための投資に同意していた。この自発的な投資は、この企業に炭素市場における経験をいち早く与え、やがてカーボン・オフセット〔排出する二酸化炭素量に見合う金額を、その削減対策費用として拠出することで、排出量を相殺（オフセット）する環境保護の取り組み〕が法的に必要とされるようになろう時に、さらに高いコストがかかってくることを防ぐのにも役立った。

これを達成するとすぐに、シドニー先物取引所は次の大きな一歩として、炭素排出権の国際的な取引を開始する準備を進めていた。まだ三十歳にもならない、細身で生意気そうな上級アナリストのスチュアート・ベイルは、そうした取り組みの最前線にいた。もし、アダム・デイビスがカトゥーンバ会議で心を通わせる友を持つとしたら、それはベイル以外にはいなかった。彼らは、二人とも同じような止まるところを知らない自信を持って、同じような聞き慣れない言葉を操った。ベイルは、少なくとも炭素隔離に関して、その測定値についての問題は解決済みだとデイビスに断言した。「弁護士たちは、僕たちが何を売買することができるかについて教えてくれたよ。それは、ある森林が一年の間に吸収する炭素一トンさ」と彼は言った。ベイルは、炭素取引がその年の暮れまでには、シドニーで開始されるだろうと予言した。この市場はすぐに何千億ドルという市場に成長して、普通の「おじさんやおばさんたち」も、まもなく年金資産のポートフォリオ〔リスク回避のため自らの資産を複数の金融商品に分散投資すること、また投資した金融商品の組み合わせを指す〕に炭素クレジットを含めるようになるだろうと彼は言った。

会議の間中ずっとベイルは活力に満ちあふれていたが、その様子には、資金が動くことになる、しかも大量の資金が舞台の袖で出番を待っているという兆しが感じられた。オープニング前の日曜日、ワークショップへの招待客がシドニー港での食事付きクルーズに招かれた最初のレセプションの時から、それは明白であった。三時間にわたって、ヨットはシドニーの有名なオペラハウス前を通過し、やがて郊外の美しい大邸宅やキラキラと光る未来都市のようなダウンタウンのかたわらを漂っていった。その間、白いジャケットを着たウェイターたちが、ワインとシャンペンをついで回り、焼き上がったタコやエビやラムを皿に載せて巡回していた。次の夜、レクチャーが終了すると、特別ゲストたちは、リリアンフェルズホテルへと豪華なバスで連れ出された。そこで待ち受けていたのは、さらに贅沢なもてなしだった。カクテル、羽毛のベッド、高級なゼリービーンズ、そしてディナーには、二種類のチョコレートムースが用意されるという念の入れようだった。最終日の朝は、ディジュリドゥ〔オーストラリア先住民の伝統的な管楽器。シロアリに食われて中空になったユーカリでできており、儀式に用いられることが多い〕を演奏する野生生物の専門家の案内でブルーマウンテンズの渓谷を散歩するという趣向だった。科学者や、関係するNGOのメンバーたちにとって、これは、大学町のぱっとしない会議室で開かれる通常の会議とは驚くほど様相の異なるものだった。彼らは、魅惑的な大型融資の世界に入り込んでいたのである。そこでは、「見えざる手」が出費を惜しんではいなかったのだ。

「この会議は、私がこれまで出席した中で、義理の父が評価してくれた最初のものよ。『シドニー先物取引所だって！そりぁすごいじゃないか』と彼は言ったの」と、メリーランド大学から来たアグロフォレストリー〔農地に樹木を植栽し、その樹間で農作物を栽培する、農業と林業を組み合わせる新しい技術。熱帯での持続可能な土地利用に基づく経営形態として注目される〕の専門家サラ・シェールは言った。彼女は、貧しい中南米の小作農たちとともに、何カ月も連続してフィールドリサーチに関わっていた。

この会議での財力豊富な頼もしい後ろ盾は、シドニー先物取引所だけではなかった。近年、環境保護団体のなかには影響力や資金力において著しく成長したものもあり、そうした団体は、土地を守ったり、環境問題の研究を後援したりするのに莫大な資金を投じていた。その中でも、バージニアに本拠地を置くネイチャー・コンサーバンシーは一番大きなもので、年間約七億ドルの収入がある世界最大の国際環境保全団体に成長していた。

カトゥーンバに到着するや否や、環境保護のプロたちには、オプションや先物といった金融上の概念についての入門書が進呈された。彼らの多くがこの領域については初心者であったが、アダム・デイビスは、この分野で自分の本領がますます発揮できるように感じ始めていた。彼はスチュアート・ベイルに感銘を受けたが、デイビッド・ブランドという名の、がっしりとしたカナダ人にはさらにその感を強く持った。彼はオーストラリアへの移住者で、州政府の出資機関ステートフォレスト・オブ・ニューサウスウェールズ・オーストラリア〔オーストラリア・ニューサウスウェールズ州森林局と訳されることもある準州政府機関。州有林の管理や経営、販売の他出版事業なども行う〕の副代表として、この会議を共同主催していた。森林生態学で博士号を取得し、林業問題に関する三冊の本をまとめていたブランドは、ニューサウスウェールズ州政府が創始した革新的な実験のブレーンとして、重要な役割を担ってきた人物だった。五百三十万エーカー〔約二万一千平方キロメートル〕の森林地帯を擁する州営林の統括者として、ブランドは、利益をあげる方法を素早く身につけていた。彼は何年も前から、商品としての炭素の可能性に注目してきており、その取引計画についてシドニー先物取引所と緊密なすりあわせを行ってきたのだった。

ブランドは、ベイルやデイビスらと一緒に、近い将来生まれてくる炭素市場について、少年のように興奮して語り合った。「かけがえのないたった一つの大気、それは一つの商品だ。しかも、でかいぞ」と彼は言った。そしてデイビスと同じように、ブランドの思いもまた、炭素で終わりというわけではなかった。彼は、カトゥーンバグループを聴衆としたパワーポイントを使った発表の中で、未来の森林は病院のようなものだと説明した。病院が、健康維持に貢献するいろいろなサービスを提供して、さまざまな収入源を確保しているのと同じように、森林もやがて環境の維持につながるさまざまなサービスを提供することで収入源を得るようになる、と。炭素だけから得る収入は、持続可能な林業を真に利益を生むものにするには十分ではないだろう。ブランドは、いつの日か森林所有者たちが、一つの同じ土地から炭素権を売り、水質浄化サービスを売り、そして生物多様性クレジットを売る日が来るのだろうと思い描いた。クレジットはいろいろな方法で売買可能である。その一例として、ある地域で生物多様性を破壊してしまった開発業者が、クレジットを購入することで別の場所の生物多様性を守ることができるのだと彼は言った。各国政府は、生物多様性クレジットの「バンク」を維持し、必要に応じてそれを売ることになるだろう。

デイビスは、ブランドとリリアンフェルズホテルのパーラーでビールを片手におしゃべりをしながら、自分たちの考え方がどれほどぴったりと一致しているかを知って驚いた。自分の地元では、皆にばかげていると思われながらずっと孤軍奮闘してきたのだ。それなのに、実は世界中の多くの人々が同じ考えを持っていたのだとわかったことに、彼の胸は一杯になった。特に、オーストラリアにおいてだけではなく、イギリスやノルウェー、スウェーデンでも炭素取引の取引所開設が目論まれていることに彼は感動していた。

デイビスが用意した環境保全取引所の事業計画書のコピーは、企業幹部や環境保護団体の代表者、慈善的な投資家、そして『タイム』誌のジャーナリストなどへと手渡されて、すぐに部数が尽きてしまった。この時までには、彼は単に反応が得られただけではもはや満足せず、可能な限り多くの人たちに、自分とこのアイデアとをきちんと結び付けて覚えていてもらおうと躍起になっていた。彼は、突如、自分の知的資本〔人脈、ノウハウ、アイデア、ブランドなど、人や企業が持つ無形要素の総称〕を失ってしまうのではないかと心配になった。市場はそれほど速く動いていた。

カトゥーンバ会議の参加者たちは、全員、今しも歴史が作られていく感覚を共有しているように思われた。ディスカッションは、午前八時前に始まり、ほとんど休憩もなく夜まで続いたが、それでも終わらなかった。大きな窓のない会議室では、新しい炭素取引をどのように扱ったらよいのかについて調査中の保険会社経営者から、適切な資金を捜している社会的責任投資の専門家に至るまで、誰もが皆、自分の新しいプロジェクトについて説明したがっていた〔社会的責任投資については、七六ページおよび一七一ページ参照〕。名刺が交換され、Eメールアドレスが素早くメモされていた。食事の時も、科学者と実業家が寄り集まっては市場の仕組みについて話が続いていた。普段は冷静な科学者たちも、時折、まったく夢見がちな様子に思われた。「私は今まで一度もこういう人たちと膝を交えて話したことがありません。ここでは、すばらしい言い回しがあちこちで聞かれるのです。たとえば『価格発見』〔当面は誰も買い手がない証券の、適切な相場を調査し、それを市場に知らせること〕というようなものです」とフロリダ大学の植物学者ジャック・ピュッツは驚嘆していた。

メリーランド大のアグロフォレストリー専門家であるシェールはこう言った。「知れば知るほど、わくわくして来ます。こういうアイデアは、新しい収入源を生み出すことで土地の生産性を上げる可能性があり、貧困の削減に向けて計り知れない可能性を秘めています。」シェールは、生態系サービスの市場が、ある特定のタイプの土地から、貧しい農民たちに新たな収入をもたらすかもしれないと想像した。特定の土地とは、険しい斜面や、集約的な農業にはあまり向かない一方で、例えば、炭素隔離のため、あるいは治水のためには好適な土地のことである。

同時に、この新たなすばらしいアイデアには、危険と限界があることも明白だった。例えば、カトゥーンバ会議の二日目、消滅しつつあるブラジル・アマゾンの熱帯雨林が無制御に火をかけられ切り払われているという緊急課題に対処しようとしたワークショップのメンバーたちが、何時間もの論議を尽くしたにもかかわらず、市場ベースの発想では、対策を考えつくことができなかったのである。ブラジルで半年間仕事をしてきて、アイデアを考えて欲しいと呼びかけをした森林管理の専門家ダン・ネプスタッドは、静かに懐疑を口にした。「すべてを市場に委ねることに、僕は警戒心を覚えている。政府の強い役割がまだなくてはならないと思う」と彼は言った。

このように感じたのは、彼だけではなかった。オーストラリア政府の研究センターを代表して参加していたベテラン科学者ブライアン・ウォーカーも、シドニーに戻った最初の日に、炭素取引という、議論されているアイデアの中で最先端のものであっても、結局はすったもんだの挙げ句、気候変動についてはたいして実効性のないものに終わるのではないかと指摘した。気候変動による災害を実際に避けるため、集積した温室効果ガスの劇的削減が必要であることを考えれば、最も楽天的な取引レベルの予測でさえ、目標には到底及ばないと思われたのである。

問題はこれだけではなかった。もし森林がやがて病院のような機能を果たすようになるとしたら、その環境保全上の恩恵は、誰にでも公平に与えられるのだろうか。金が払える者だけに与えられはしないのだろうか。そもそも生み出される利益は、病院や森林が本来関わるべき類のものなのだろうか。森林保全に適用される利益動機は、本当に環境保護を促進することができるのだろうか。

アグロフォレストリーの専門家シェールは、その新たな機会が、結局は貧しい人たちを傷つけることになるのではないかと心配していた。というのは、もし炭素クレジットや生物多様性クレジットが、突然小作農たちの土地の価値を高めてしまうと、その所有権を持たない彼らは強制退去させられるかもしれないからである。水は、金と権力に向かって流れると言われてきた。生態系サービスについても、同じことが言えるのではないだろうか。

アダム・デイビスは、こうした危惧のどれもがたいした問題だとは思っていなかった。伝統的な環境保全へのアプローチには、成し遂げねばならない仕事を成し遂げるだけの力が十分にはないと彼は確信していた。そして、何か新しいことを試みようという時に、無駄にする時間などなかった。シドニーに戻って、そこからアメリカに帰国する数日前、彼はボンダイビーチを見下ろすトレイルを、興奮のあまり息つく間もなく歩き続けていた。彼は決意も新たに、自分の考え出した環境保全取引所のパトロンとなる投資家たちを是非とも見つけたいと言った。もちろんそうしたパトロン投資家の後に一群のトレーダーたちがついてくるという想定である。「今は、世界で初めて人間がファックスを手に入れた時のような状況なのです。他にもファックスを持っている人がたくさんいなければ何の役にも立たないのです。けれども、たくさんの人々がそれらを手にしたら（ひとたび、十分な人数の人々が同じように考えれば）仕事はうまく回り出すのです」と彼は言った。彼はその年、かつてないほど熱心にウェブサイトの立ち上げ準備と運営に打ち込んだ。たとえそれがすぐには取引を扱うことができなかったとしても、そのサイトは何か別のものとしてスタートできるかもしれない。例えば、ゲームだ。人々にこの惑星の生態系を資産と考える発想を、魅力的な方法で教えるためのインターネットゲームだ。「たとえただゲームをするだけであっても（現実の取引のことなど忘れてしまっても）、枯渇しつつある資源の価値に賭けるということは、教育のための強力なツールを持つことになるだろう」とデイビスは言った。

また彼は、環境保全取引を、環境に関わる慈善活動をより効果的にする手立てとしても考えていた。寄付が、特定のＥＳＵ（生態系サービス投資信託の一単位）〔二九ページ参照〕を買うことに使われれば、それによって具体的な成果を引き出すことができるからだ。彼はそれを「ベンチャー慈善活動」と呼んだ。デイビスは、再びにっこり笑って尋ねた。「もしこれが、手の込んだことをしながら、結局は単に何百万ドルもの資金を環境保全プロジェクトに導き入れるだけのことに終わるとしたら、僕は何だろうね。敗者ということになるのだろうか。」

実際、カトゥーンバでの最初の会議の翌年、デイビスは自然に賭ける金融ギャンブルで、まったく負けなしだった。彼の報酬は、彼がもともと想定していた類のものでも、夢見たほどの量でもなかったかもしれない。けれども、彼をカトゥーンバに導いた荒唐無稽なアイデアは、ほんの短期間で、彼自身さえ驚くほど広く人々に受け入れられることになるのである。

2 二酸化炭素排出権取引の夜明け

底に沈んでしまうのをぼんやり待っていないで、すぐに泳ぎ始めなさい。

――ルイス・ガメス（コスタリカ環境・エネルギー省顧問）

カナダ人の森林管理専門家デイビッド・ブランドは、アダム・デイビスとほとんど同じくらいのギャンブラーだったが、彼よりは少し慎重だった。彼は穏やかな口調で、慎重に言葉を選びながら話していた。それでも、いま世界は自然に対する価値観を大転換する真っただ中にあり、彼自身は先頭に立って道を切り開こうとしているのだという彼の確信は、聴衆にうまく伝わっていた。白くなりかかったもみあげと後ろに小綺麗になで付けた髪、そして用心深そうな淡い青色の瞳をした当時四三歳のブランドは、実際、最初のカトゥーンバグループ会議の時までに、会場に集まっていた他の誰よりも、皆が共通に抱いていた夢を多く実現していた。そして、自身の計画の実現のためにさらに先へ進もうとしていた。

ブランドの成功の一端は、森林にある木材以外の価値に対する熱狂が、かってなかったほど燃え上がったちょうどその時に、とにかくうまく時流に乗ったことにあった。彼が林学を専攻した主な理由は、もともと野外にいることが好きだったからだという。最終的にカナダとオーストラリアで政府関連の仕事に就いたが、ちょうど両国では大きな圧力のもとで林業政策の転換に向けて準備を整えたところだった。しかし、そうした巡り合わせ以上に、ブランド自身、市民や企業当局者に対して、持続可能な道を探ることが彼ら自身の利益につながるということを、うまく伝える才能に長けていた。やがて、彼はその才能を生かして森林経営における「ジョニー・アップルシード」〔二二ページ参照〕となり、オーストラリア、そして後にアメリカで森林施業地域の回復のための財源を集めることになった。

カトゥーンバ会議のほぼ一年後の二〇〇一年三月末に、今度はカリフォルニアのビバリーヒルズで開かれた画期的な会議で、ブランドは、その人脈作りの才を発揮した。会議のホストはマイケル・ミルケンで、彼は一九九〇年代初期に職務上の不正行為を罪に問われ、約二年の刑務所暮らしをした悪名高い元・株屋であった。ミルケンは長年にわたって後天性免疫不全症候群（AIDS）対策の研究と教育を支援してきた人物だったが、その一件があってから、彼は世界的な経済や環境を研究する基金を設立するに至った。その新しい組織はミルケン研究所と呼ばれ、カトゥーンバグループと同様に、炭素隔離、水質浄化、それに洪水防止等の生態系サービスの持つ価値を汲み上げるための金融手段を考案することで、自然保護のための営利追求法の開発に奮闘していた。ミルケン研究所の研究員たちは、ネイチャー・コンサーバンシー〔一九五一年に設立された、世界的な自然保護団体の一つ。四四ページ参照〕と共同で研究を進めてきた。ネイチャー・コンサーバンシーは、テレビ界の大物テッド・ターナー〔ケーブルテレビ向けのニュース専門放送局CNNの創業者。国際連合などに多額の寄付をしている大資産家でもあり、全米各地に二百万エーカー以上を牧場として所有している〕に次いで、アメリカ第二の大地主であり、その取り組みに参加したいという強い現実的な動機を持っていた。その非営利環境保護団体は、「革新的な環境保全融資のための国際センター（International Center for Innovative Conservation Finance）」を設立しようとしており、保全生物学者とウォール街の金融業者との連携を模索していた。この二〇〇一年三月に開催された「グローバルな環境の未来への融資」と銘打たれた円卓会議は、ミルケン研究所とネイチャー・コンサーバンシーが、潜在的な投資家からの融資を得るための手段として開催されたものであった。同時に、その招待客のリストは、世界最大でしかも最も強力な産業界の代表による自然の価値の再考という、苦難の旅の始まりを暗示していた。

細身で小粋なミルケンは、バンク・オブ・アメリカ、東海銀行〔現三菱東京ＵＦＪ銀行の前身の一つ〕、巨大な再保険会社のスイス・リー社〔「スイス再保険」とも呼ばれる。再保険は損害保険の一種で、一般の保険会社が、主にリスク分散のために、自らが保有する保険責任を再保険会社に委託するもの。保険会社の保険であるため再保険と言われる〕などの社長を含むダークスーツのお偉方たちと親しげに挨拶を交わした。その中で特に際立った存在として、アメリカ・オハイオ州に拠点を置く、世界最大の電力会社の一つで、アメリカ最大の石炭の消費者でもあるアメリカン・エレクトリック・パワー社の代表者がいた。会議の報告が始まると、ブランドは最前列に陣取って神経質にひざを揺すり、隣ではデイビスが猛然とノートをとっていた。

その日、聴衆として来ていた企業経営陣は、ほとんどある一つの理由によって環境に対する関心を高めつつあった。ここ数十年の乱開発に対して自然の示す反応が、彼らの業界を脅かしているだけではなく、彼らの最終損益までをも脅かしていることが、ついに明らかになって来たからである。日々のニュースを読めば、地球の生態系の一部が壊れつつあり、世界経済の需要に応じることができなくなっていることは、もはや歴然としていた。自然が人類に与える生態系サービスのフロー〔経済学でストックの対概念として使われる〕はどんどん少なくなり、枯渇しかかっている地域も世界には出てきた。状況は悲惨なものとなり、被害額も膨大なものとなっている。

メキシコ湾では、ミシシッピ川流域から流出してきた農場の肥料が引き起こした、水中の酸素を奪い取る藻類の大発生が、ニュージャージー州ほどの大きさの「死の一帯」を作り出して多くの魚類を死滅させ、それにより、二十万人の雇用と国内漁獲量の四分の一を供給することで年間五十億ドルを稼ぎ出してきた商業漁業と遊漁産業を脅かしていた。中国では、揚子江で次々と起こった洪水が、二千百人の命を奪い、推定約三百億ドルの被害をもたらした。大雨をスポンジのように吸収してくれていた森林の喪失が、洪水の威力に拍車をかけたのである。また、アメリカのいたるところで、雨の多い太平洋岸北西部においてでさえ、郊外の乱開発が貯水池を補充するのに役立つ森林のスポンジ効果を危うくし、そのため水不足が深刻になっていた。

このような多発する災難も影が薄くなるほど、不気味な影を落としているのは、進行し続ける地球の温暖化という極めて気がかりな事実だった。この温暖化とは、自動車や産業界による化石燃料（石炭、天然ガス、石油）の使用が空気中に熱を閉じ込める温室効果ガスを排出することに原因の一端があるという点で、主流の科学者たちが意見の一致を見ているものである。ミルケンの会議にこれほど多くの経営陣が集まったのは、ほかでもなく、とりわけこの気候変動の脅威によるものだった。ほとんどの経営陣は、もう一つのより差し迫った脅威、つまり〔温室効果ガスを削減するための〕政府の規制強化と自分たちに強要されることになる経費を察知していた。一方、最もベンチャー志向で情報通な人々は、潜在的なビジネスチャンスによる利益をも感じ取っていた。実際、地球温暖化に対する世界的な懸念の高まりによって、多くの政府、企業や環境団体による生態系サービスの経済的価値に対する見方は、すでにかつてないほど変化しつつあった。この変化は、特に森林に新しい光を投げかけようとしていた。つまり、温室効果ガスのうち最も大量である二酸化炭素を貯蔵してくれる森林の働きに対して、数百万ドル、ゆくゆくは数十億ドルの値がつくかもしれないからである。このビジネスこそ、ブランドの夢であり、彼の生涯の目標でもあった。

温室効果ガスに対する懸念は、新しいものではなかった。スウェーデンの科学者スバンテ・アレニウス〔一八五九～一九二七、一九〇三年に電解質解離の理論でノーベル化学賞を受けた〕は、すでに一八九六年に産業の二酸化炭素排出が後に「地球温暖化」と呼ばれることになる現象を生むかもしれないと主張していた。初歩的な物理学により、二酸化炭素と他の多くの天然ガスが地球の熱を閉じ込める、いわば毛布として機能することを彼は理解していた。これらのガス成分がなければ、地球の平均表面温度は、現在よりも約三三℃低い、マイナス十八℃前後に低下するだろうとした。アレニウスは、産業活動の進展がこれらのガスの濃度を上げ、世界的な気候システムを変えてしまうかもしれないと結論づけた。それから六十年以上経って、ハワイのマウナロア観測所〔ハワイ島、マウナロア山にある米国気象観測所。局所的な大気変動の影響を受けにくい標高を生かして、温室効果ガスなどの変化を一九五七年以来観測している〕の研究者らは、小さな手吹きガラスの球体を使って大気中の二酸化炭素サンプルを集め始めた。それから五年のうちに、彼らは二酸化炭素濃度が本当に上昇してきたことをはっきりと示したのだった。その後、環境科学者らから、地球を包んでいる大気成分の変化の危険性についての警鐘が次々に打ち鳴らされるようになった。

これらの警告は、一九八八年の焼けるような夏まで、ほとんど顧みられることはなかった。その頃、アメリカでは森林火炎が多発し、地球温暖化のニュースはついに全米各新聞紙面の一面に躍り出たのである。しかし、夏が終わりを告げるとともに、新聞編集部の関心も静まってしまった。一九九〇年代後半までに、人類は大気中に毎年約六十億トンの二酸化炭素と他の温室効果ガスを排出してきた。そして、大気中の二酸化炭素濃度は産業化以前に比べて三十パーセント増大した。二〇〇一年前半に、気候変動に関する政府間パネル（IPCC）（世界中の著名な気候研究者の集まりで国連がスポンサーとなっている）は、これまでと同様の企業活動が継続されれば、二一世紀末に地球の平均気温が一九九〇年比で約六℃上昇すると予測し、私たちの心の平和は再び打ち破られた。今後わずか二、三十年で、地球は前回の氷河期のまっただ中以来の気温上昇分よりも、もっと大幅な気温上昇を経験するかもしれない。そうすれば、破壊的な嵐やハリケーン、干ばつなどが頻発し、海面上昇による洪水、さらに熱帯から北上してくる蚊が媒介する病気発生などの危機にさらされる恐れがあるだろう。

気候の激変を回避しようと、一九九七年に開催された京都会議〔気候変動枠組条約の第三回締約国会議。COP3が略称。ここで議決されたのが京都議定書である〕に集まった先進工業国の代表は、温室効果ガス排出量を二〇一二年までに一九九〇年比で平均五・二パーセント削減するため、個々の国々がそれぞれの目標を設定することに同意した（アメリカの目標は、七パーセントの削減であった）。これらの控えめな目標でさえ、先進国が発生源で温室効果ガスを削減し、目標をすべて達成することになれば、その費用は高くつくことが見込まれた。このことが、目標に向かって努力するための、より経済的な手段の検討につながった。その手段とは、企業が、炭素貯蔵の働きがあるために「炭素シンク（吸収源）」として知られる森林や土壌に投資して、二酸化炭素の正味排出量を減らせば、その分を「クレジット」として手に入れることができるシステムである。

森林は、地球のすべての植物と共に、炭素循環において重要な役割を果たす。植物は芽を出し成長するたびに、二酸化炭素を吸収し、光合成を通して化学的に処理する。光合成の過程で炭素は植物の根、茎、枝、葉、花などを作るのに使われ、酸素を放出することで、他の生命体を維持してくれる。植物が枯れると、炭素の一部は大気に戻り、一部は土壌中に固定される。このような植物体と土壌における炭素の貯蔵を「炭素隔離」と呼ぶ。

デイビッド・ブランドは、銀行経営一家で育った落ちつきのない異端児で、十八歳のときに林業の仕事に就いた。だが言うまでもなく、今挙げたような炭素をめぐるさまざまな事実は、全くこの頃の彼の念頭にはなかった。樹木と言えば、オンタリオでカヌーやキャンプをするときの風景の一部であるだけだったし、二酸化炭素は炭酸ドリンクの泡に過ぎなかった。地球温暖化など思いもよらなかったのである。ある夏、ブランドはカナダ・サスカチュワン州北部の寒帯林で、新聞を作る原料のパルプを取るための伐採用林道の工事に従事した。その時には、後々その林道を通ることになるブルドーザーについて、彼は思いを至らせることがなかった。しかし、森について深く学ぶにつれて、彼は森の複雑な力に魅惑されるようになった。木はどのように根から三百フィート〔約九十メートル〕も高い葉に水を汲み上げるのだろうか。どうやって、森はすさまじい火災から回復するのだろうか。陶酔はやがて使命感へと変化した。それから二、三年後、作業場の上司が、何かの腹いせに、美しい景観を誇るトーバ川沿いの原生林の丘をブルドーザーで削り壊すのを目撃したのをきっかけに、ブランドは民間企業を辞めてカナダ政府森林局に身を転じた。

一九八〇年代の後半までに、ブランドの森への愛着は、森に迫る危機を感じたことでますます強くなっていた。一般商品の価格と並んで、木材の価格も下がり続けていた。持続可能な林業は、まったく経済的に成り立ちようがなかった。そして、熱帯地域では、毎年、テネシー州に相当する面積の森林が伐採により失われていた。

二酸化炭素の吸収だけでなく、土壌侵食の防止、水の浄化や生息地の提供に至る、持続可能な状態に管理された森が提供してくれる重要なサービスは、当時では、どれもまだ決して国民総生産（GNP）のように目に見える形で現れるものではなかった。それでも、生態系サービスの切り捨てはついに疑問視されるようになり、世界の一部の地域ではその問題について議論さえなされるようになった。その時、森林局の環境部門で管理職にまで登りつめていたブランドは、オタワでその問題に取り組もうとしていた。彼は、世界の他の地域で森林の現存量から金融価値を推定しようとする取り組みに注目していた。ほとんどは環境財政学という未知の分野における大胆な実験で、資金がしっかりしている割に、学問としての足元が定まらないまま暗中模索の状態で開始されていた。一連の動きのなかで最も大がかりだったのは、一九八八年十月に森林伐採後のグアテマラの高地で行われた実験である。

猛暑の夏のすぐ後で、地球温暖化がまだトップニュースの座を占めているときに、国際的な電力会社であるAESコーポレーション社〔バージニア州アーリントンに本部を持ち、世界二九カ国で電力供給を行う国際的な電力会社〕はコネティカット州のアンカスビルに百八十メガワットの新たな発電所を建設し始めた。

発電所が今後約四十年間運転されるとして、その環境負荷は炭素排出量千五百万トンに上ると予測された。広く認められたAES社が持つ社会的責任の価値を長続きさせるために、社の幹部は二百万ドルを大規模な植林事業に寄付することで、二酸化炭素の影響を自発的に緩和、すなわち「オフセット（相殺）」することを決定した。後に世界野生生物基金アメリカ〔世界野生生物基金については八一ページ参照〕の議長を務めることになったAES社の社長ロジャー・サントは、発電所が排出するのと同じか、それよりも多くの二酸化炭素を吸収する生態系資本〔森林〕への投資を計画した。しかし、植林した新しい木だけでは、その計画を達成するには不十分だった。AES社がオフセットするには、すでに森に生えている木々の働きも含めなければ計算が成り立たなかったのである。そのため、土地の亡者と化している農業経営者や材木業者の手から森を保護しなければならなかった。

いくつかの国への投資の選択肢を考えた末、AES社はグアテマラを最も有望な投資の対象国に選んだ。グアテマラでは、燃料や材木としての伐採や、農場を作るための開拓によって、元々あった森の半分がこの三五年間で伐採されていた。森林伐採は土壌侵食を引き起こし、農業生産性を減らすため、農民はさらに多くの木を切り倒すという悪循環に陥っていた。ミティゲーション・プロジェクト〔自然環境に対する影響の緩和、または補償を行うプロジェクト。三〇ページ参照〕には千四百万ドルがかかり、AES社、グアテマラ森林局、アメリカ国際開発庁、国際ケア機構〔もともとアメリカで一九四五年に設立された人道援助団体。現在は国際組織に発展し、援助対象地域は七十カ国を超える〕、それに平和部隊〔教育や農業分野など開発途上国援助を目的とするアメリカの長期ボランティア派遣プログラム〕が費用を分担した。このプロジェクトは、植林とその世話をするばかりでなく、より効率的な土地利用ができるように地元の農民を訓練し、彼らが既存の森林へと伐採の手を拡げるのを防ぐためのものであった。

数年後、少し南のコスタリカで、環境企業家たちはカーボン・オフセットについて更に大胆な考えを思いつき、得られるクレジットが商品のように売買できる方法を発明した。リチャード・サンダーは、シカゴに拠点を置く投資家で、二酸化硫黄市場で活動してきた熱心な環境保護主義者だった。彼は、コスタリカの当局者が森林による「炭素隔離」から得られるクレジットを商品化する業務を手伝うことになった。ある会社がこのクレジットを購入すれば、自社の二酸化炭素排出量を直ちに減らす代わりに、排出した二酸化炭素をオフセットすることになるため、サンダーはこれを「認証された排出権取引（Certified Tradable Offsets, 略称CTO）」と呼んだ〔これ以降、「CTO」〕。これによって、投資家は、AES社の取り組みで見られたような、特定の森との取引に限定することについて回るリスクや流動性の低さに、もはや縛られる必要がなくなったのである。

AES社の投資とコスタリカで開発されたCTOは、後に「柔軟措置」と呼ばれる一連の措置の最初の事例で、今後予想される地球規模での気候安定化のための協定に対して、義務を果たすための独創的な方法として提案された。この柔軟措置の中には、他にも「炭素隔離」と二酸化炭素排出の少ない技術〔京都議定書の第十二条に規定された「クリーン開発メカニズム」に相当するもの〕への投資が含まれている。後者の例として、先進国が中国に対して、計画中の石炭燃焼式火力発電に代わるガス発電所を購入して提供するということもあり得る。しかし、そのような投資はまだ法的に確立していなかったので、ノルウェー、オランダ、スイス、フィンランドの各国政府以外は、CTOにほとんど関心を寄せることはなかった。これらの国々ではゆくゆくは法制化されそうなCTOに関してのみ慈善事業的に実験を行っていた。

だが、ブランドはCTOの持つ潜在的な可能性を認識していた。

京都で調印された気候変動協定に関連する交渉が進むにつれて、森林を使ったオフセットによって得られる何らかのクレジットが浮上してくるだろうと、ブランドは確信した。結局、IPCCの専門調査委員会は、既存の森を保護しながら、植林もすることによって、国々は次の半世紀にわたって人間の移動と工業によって排出される二酸化炭素の二十パーセントを吸収できると断言した。一九九五年にブランドはカナダを離れ、ステートフォレスト・オブ・ニューサウスウェールズ・オーストラリア（四五ページ参照。これ以降、「ステートフォレスト」）から何百万エーカーもの森を管理する仕事のオファーを受けたのだった。彼は自分の新しい雇い主が新たな市場を開拓できるような方法を模索し始めていた。そして、「これは、永続性があると思います」と上司に報告したのである。

アメリカとヨーロッパではこの投資に賛同し始めた企業もあった。数年の内に、ブリティッシュ・ペトロリアム（BP）社、アメリカン・エレクトリック・パワー社、シナジー社、パシフィコープ社、ウィスコンシン電力など各社は、AES社のグアテマラ・プロジェクトと同じような投資を開始した。一九九九年までに、その取引総額は七千五百万ドルに達しようとしていた。これらの大部分の投資はラテンアメリカで行われたが、そこではまだ比較的大量に安い森林が売りに出されており、そのほとんどをネイチャー・コンサーバンシーが仲介していた。これらの取り組みは皆、政府や企業のやっかいな官僚主義との闘いを勝ち抜いた証であり、また自然に対する急進的で新しい見方に彼らが寄せる誠意の表れでもあった。

それらはどれも独特な取引で、典型的と呼べるものは一つとしてなかったものの、他のすべての例に共通する特徴が、セントラル&サウスウェスト社（後にアメリカン・エレクトリック・パワー社と合併したテキサス州ダラスに拠点を置く電力会社）による五百四十万ドルの投資に見てとることができた。セントラル&サウスウェスト社は、ミルケン会議に代表を送った電力会社の一つだった。そのテキサス州に本拠を構える会社は、ブラジルの環境保護団体に助成金を出し、ブラジルの南部にあるパラナ州のおよそ一万七千エーカー〔約六八平方キロメートル〕の牧草地を買って、森林を再生しようとしていた。その土地は、消滅の危機にさらされた大西洋岸熱帯雨林の最大の残存地域に隣接していたため、その取り組みが持つ慈善的な価値や広報上の価値はきわめて高かった。その熱帯林には、近年になって新種として発見された、希少な霊長類クロガシラライオンタマリンに加えて、絶滅が危惧される鳥類が少なくとも十五種生息していたのである。しかし、セントラル&サウスウェスト社は、その森林の炭素貯留コストにも注目していた。それは一トン当たりわずか五ドル四十セントで、シカゴのサンダーが予測していた一トン二十ドルという炭素排出許可証の価格と比べると格安な値段だった。しかも他のアナリストたちは、サンダーの予想よりも高い価格さえ予測していた。

そんな中、報道発表で、複数の投資会社が炭素の排出権、すなわちクレジットをすでに購入したと公表した。その時点ではまだ、アメリカでも他のどこでも、そのような権利を法的に規定してはいなかったにもかかわらず、である。これらのケースでは、前述のCTOが持っている簡便性がない取引であったために、各々の契約交渉には多大な労力が費やされなければならず、隔離される炭素量の予測は外部の監査法人（これも急成長中の、ごく限られた人々だけが参加している新業界の一部である）に委ねられねばならなかった。さらに、実際の土地の購入と管理も、外国資本による土地所有が認められていないために、地元の団体に委託されたのである。

しかし、コスタリカのCTOに魅了されていたブランドは、このような問題の答えを発見したと思った。そして、職場のオーストラリア人上司の承認を得て、彼は世界最初の公式な「炭素排出権」を生み出すのに貢献することとなった。炭素排出権は、森林を木材や放牧に使う権利と同様の一種の森林施業権ではあるが、それは炭素隔離に関わるものであり、土地そのものとは無関係に売買することが可能だった。ブランドは法律の作成にも協力し、それを州議会は一九九八年に承認した。「みんながとにかく興奮したよ」と彼は後に回想している。そして、この話が各全国紙の第一面を飾るニュースにもなったと言って、こう付け加えた。「政府は大喜びだったさ。」

続いて、ブランドと彼のチームは、州有牧草地に新たに植林することで生まれる炭素排出権をパッケージにして電力会社に売り出し、彼への賞賛は続いた。一九九九年、彼の勤めるステートフォレストは、気候変動防止に関する過去最大の投資が成立したことを発表した。世界最大の電力会社である東京電力株式会社が、日本国内で放出する二酸化炭素を相殺するため、年間二十万～八十万トンの二酸化炭素を吸収すると見込まれるマツとユーカリの新しい植林地の炭素排出権を買うという契約が成立したのである。二年後のミルケン会議で、ブランドは、この炭素排出権の販売について、林業が主に環境サービスを提供するビジネスとなり、材木や木質エネルギーはむしろ副産物となるような新たな未来への第一歩になるだろうと述べた。

東京電力による投資の後、ブランドは既成概念の枠を超えるアイデアを考え始めた。それは、一つの生態系から多様なサービスを市場に出そうとする試みだった。これこそ皆が探し求めていた「聖杯〔中世ヨーロッパの伝説に登場する、騎士たちが命をかけて追い求めた価値あるもの〕」だと彼は確信した。なぜなら、さまざまな環境サービスのうちどれ一つを取っても、単独ではその源である生態系を救うのに十分な対価を稼ぎ出すことが難しいと思われたからである。炭素排出権を売ることに加えて、彼は「塩分制御」クレジットも市場に出す計画だった。そのクレジットは、深く根を張った植物からもたらされるもので、根は水をくみ上げ、葉で水分を蒸散させ、結果的に地下にある塩水の層を押し下げる。オーストラリアでは、農地の塩化が国の最も緊急の課題であったため、塩分制御クレジットの買い手を見つけることは簡単だった。農民団体の熱心な参加を得て、ブランドは、ステートフォレストが上流の土地を地主から借り、そこに植林するという試行的な事業を立ち上げた。下流域では、綿花栽培農家が、上流域で植林された木々の蒸散量に基づいて月々の料金を支払った。植林された木々が最終的には本来の地下水位を復元してくれることになるだろう。これは、カトゥーンバグループの思い描いた夢の本質だった。つまり、環境サービスの利用者が自然の働きに対してある固定料金を支払っていくというものだ。しかも、塩分制御クレジットによる収益の見返りとしてステートフォレストが森林を所有し管理したため、植林費用の一部を支払うだけで済んだ農家にとってこの取引は「お買い得な」ものだった。一方、上流域の地主は、資産を州機関に貸すことで安定した収益を得た。ブランドは将来的には、単植林から混植林に至るまで、それらが在来の動物たちに提供する生息地の質に基づいた「生物多様性クレジット」という価値を付加することも考えた。それを「バイオス」と名付けたクレジット商品として、イーベイ（eBay）〔インターネットオークションでは世界最多の利用者を持つ一九九五年設立のアメリカの会社〕のようなインターネットオークションサイトで売り出すことに思いをめぐらせていた。

この生まれたばかりの炭素クレジットを競って売り出したオーストラリアと南アメリカにならんで、カリフォルニア州も騒動の中に飛び込んだ。そして、カリフォルニア州森林・火災保安局の楽天的な局長アンドレア・タトルは、あるものを、我らの「カリスマ・カーボン」と呼んで大々的にその宣伝を繰り広げた。二一世紀に入り、カリフォルニア州政府はエネルギー不足と電力不足に悩まされ、多くの新しいガス燃焼式発電所を設置する予定だった。もちろん、それらの発電所は発電供給量が増強されるため、温室効果ガスの排出量も増加することになる。その当時、カリフォルニア州では、カーボン・オフセットに投資することが義務づけられていたわけではなかったが、タトルはアメリカスギ林の炭素排出権を買おうという機運を盛り上げたいと考えていたのである。アメリカスギはカーボン貯留の王者であり、成長が早く、他の樹種よりも長命だ、と彼女は購入希望者との面談のなかで指摘して売り込みを図った。アメリカスギは、特に州の美しい象徴でもあり、宣伝にはもってこいの威信を帯びていた。〔本書執筆時の〕二〇〇一年夏までに、タトルはまだアメリカスギの排出権取引をまとめるまでには至っていなかったものの、それはもう時間の問題だと考えていた。

世紀の変わり目の頃、多くの自称炭素販売人がひしめいていたが、最も熱心な販売業者はアメリカの農民たちであったのは疑いようもない。彼らは生産物の価格の下落に打ちのめされて、援助が欲しくてたまらなかったからだ。そんな農民の多くは、土壌の「炭素吸収源」の概念に興奮した。そこで、農地の耕作方法を変えて、耕起による土壌撹乱を最小限にすることで炭素の貯留量を最大限にし、助成金を獲得しようと考えたのだ。その結果、仕事を減らすほど賃金が増えるという可能性が出てきたのである。「私たちは政府が出してきた食料補助、収入補助それに輸出の強化を含む多くの提案を検討してきたが、この地球温暖化問題が本当の政治的な合意形成に向けて私たちを牽引してくれるエンジンになると思っている」と、最初に土壌クレジット取引をまとめた農業経済学者スティーブ・グリフィンは語った。

一九九九年十月になって、グリフィンは、いよいよそのエンジンが動き始めたのを確信した。彼は作物保険を専門とするIGF保険会社の副社長もしていたが、アイオワ州の農業団体の仲介をして、カナダのブリティッシュ・コロンビア州バンクーバーに拠点を置く電力会社の集まりである温室効果ガス排出管理コンソーシアム（Greenhouse Emissions Management Consortium : GEMCo）に、二百八十万トンの温室効果ガス削減とその売買選択権を売る契約を交わした。農民たちは、年間一エーカー当たり二〜三ドルの報酬を受け取り、二百五十万エーカー〔約一万平方キロメートル〕の土地の耕作回数を減らすことに同意した。その報酬は、農家を裕福にするものではなかったが、その契約によってこれまでよりもはるかに少量の施肥で耕作が可能になるといった副次的な利益があることを、グリフィンは認識していた。

カナダの投資家たちは、複合的な戦略的動機を持って行動していた。他の工業先進諸国と異なり、大量の国産天然ガスをすでに燃やしていたカナダでは、石炭から天然ガスへの切り替えによって二酸化炭素放出を簡単に減らすことはできなかった。それに加えて、カナダの広大な森と農地は巨大な潜在的炭素シンク（吸収源）であり、もしもこれが京都計画の一部分にあてはまることになれば莫大な資本となりうる。カナダはこの炭素シンク戦術にアメリカが賛成してくれることを願っていたので、温室効果ガス排出管理コンソーシアムの幹部らは、アメリカの農民にお金を（あるいは少なくとも将来的に儲かるだろうという可能性を）ちらつかせるのも悪くはなかろうと考えたのだった。

その取引はありふれた普通の農民たちによる最初の意義ある炭素販売で、大きな期待とともに鳴り物入りで発表された。「カナダ最大手の電力会社は、この春、アメリカのアイオワ州で農家が鍬を休めれば一エーカー当たり五〜十ドルを支払うことになる」と、『ファーマーズ・ウィークリー』誌の記事は誇張して切り出した。そしてトウモロコシ農家は嬉しそうに次のようなコメントをした。「何もしないことの報酬だなんて、神様からの贈り物だね。」また、ある新しい研究結果は、この楽観主義を後押しした。オハイオ州立大学の炭素管理と隔離プログラム（Carbon Management and Sequestration Program）の責任者、ラタン・ラールは、作物や放牧地、森林などに対してより優れた管理を実行することで、アメリカ全土で二億七千万トンの炭素を隔離できると主張したのである。しかし結局、温室効果ガス排出管理コンソーシアムの取引が最終的に、そしてある意味痛手をもって明らかにしたことは、土壌による炭素隔離の理論と実際の結果の間には、巨大なギャップが残されたままだということだった。

炭素シンク礼賛の時流に乗った農民と林業家の後に続いたのは、さらに意外な人々だった。かつて地球温暖化を「急進的な環境保護運動家のファンタジー」だと一蹴したアメリカの主要エネルギー供給会社の経営者らは、ついに気候変動の危機に敢然と立ち向かおうとしていた。炭素クレジットを購入するために南アメリカに向かおうとする会社もあれば、はるかに大きな経済的犠牲を払って自力でこの状況に適応しようとする会社もあった。

一九九〇年代に入ってかなり経っても、このような〔企業が環境保護に目覚めるという〕シナリオは、例えば、売上規模全米上位五百社の経営者たちの一団が、国税庁に愛想良く振る舞って、今よりもっと多く税金を払おうとするようなことが絶対にあり得ないのと同じくらい、想像もできないことのように思われた。なにしろ当時は、気候変動の深刻さを示す多くの証拠がどんどんと出揃って来ていたにもかかわらず、温室効果ガスを最も多く排出する多国籍企業の大部分は、単に尻込みするだけで何もしようとはしなかった。それどころか、デュポン社、ロイヤルダッチ・シェル・グループ、アメリカン・エレクトリック・パワー社、それにフォード・モーター社といったアメリカ産業界を牽引する企業は、世界的な温暖化の脅威を軽視するために何百万ドルも浪費した世界気候連合（Global Climate Coalition）に所属していた。世界気候連合は、京都議定書の手続きが完了する直前の一九九七年に、千三百万ドルを投じて、かつてビル・クリントン大統領の健康管理改革案を攻撃した「ハリーとルイーズ」を製作した同じ会社に、テレビ広告を作らせて恐怖キャンペーンを繰り広げていた〔「ハリーとルイーズ」は一九九三年に保険業界が掲げた広告に登場する架空のカップルで、クリントン政権の医療計画を潰す役割を担うものであった〕。その広告は、何の明白な根拠もなしに、もし京都議定書が批准されれば、ガソリン価格が一ガロン当たり五十セント値上げになると主張したのだった。そうこうする間に、数名の著名な気候変動「懐疑論者」たちが、報道機関やアメリカ議会に定期的に顔を出すようになった。彼らは多くの場合、石油や石炭産業から研究助成を受けた研究者であり、彼らは以前からずっと、気候変動問題が深刻なものか否かについて、主流の学会の中でも見解は二分されているという間違った印象を世間に与えようとしていた。

しかし、一九九五年に状況は急激に変化し始めた。それまで、人類は大気圏をゴミ捨て場と見なして、ゴミを捨て放題にしてきたが、悲劇的な結果を引き起こすことなくそれを続けることはもはやできないことが、その年に判明したからである。気候変動は時限爆弾そのもので、いよいよ無視できないものになってきていた。その重大な転機はその年の第二次ＩＰＣＣ報告書にあり、先例のない確信を持って、二〇世紀の地球温暖化が少なくとも部分的には化石燃料の燃焼に起因していると報告した。アメリカン・エレクトリック・パワー社の環境部門の主任デール・ハイドラウフは、それを「無視しようにも、そうする気にならないモーニング・コール」と呼び、「その時初めて、それまでは不確実だった重大な問題に、判定が下されようとしていたのだ」と語った。

そして、一九九七年五月、京都会議の数ヵ月前に、反対者集団の中で最初の大きな「離反」が生じた。ブリティッシュ・ペトロリアム（BP）社の最高経営責任者のジョン・ブラウンが、スタンフォード大学の講演で気候変動を無視することが「愚かで、潜在的に危険なものだ」と断言したのである。彼は「変化することと企業の責任の再考」を求め、すぐさまその言葉を実行に移した。BP社は、ほどなく太陽エネルギーへの投資に十億ドルを約束し、二〇一〇年までに温室効果ガス排出量を一九九〇年比で十パーセント削減すると誓った。その数値は二〇一二年までに京都で同意されたアメリカの目標の七パーセント削減を上回るものであった。

ブラウンの離反は、タバコ産業における離反と類似していた。ちょうど同じ年にリゲット・グループは、喫煙がガンと心臓病を引き起こすことを認めていた。タバコ会社と主な二酸化炭素排出産業は、それまで似たような沈黙の掟を守ってきた。しかし、BP社の場合では、その離反が業界の企業姿勢をさらに劇的に転換させることになった。世界気候連合は、かつて熱烈な支持者だった企業が、温室効果ガスの排出量削減競争で互いに出し抜こうと躍起になる中、世紀が入れ替わる頃までには、離反者の続出によってもはや見る影もなく弱体化していた。その結果、かつて地球を保護しているオゾン層を破壊する化学製品を作ることで悪名高かったデュポン社は、二酸化炭素排出量を二〇〇一年までに、一九九〇年比で四五パーセント削減するという衝撃的な計画を打ち出した。BP社に続き、シェル社も二〇一〇年までに十パーセント、そしてユナイテッド・テクノロジーズ社は二〇〇七年までに二五パーセントを削減すると誓ったのである。

企業経営者らは、温室効果ガス排出を制限する可能性のある法律に対応するための経費について先行き不安な雰囲気が漂う中、以前と変わらぬ主張を続けてはいたものの、内心、安くは上がらないだろうと腹をくくっていた。米国エネルギー省の一部門であるエネルギー情報局が出した一九九八年の報告書によれば、京都会議での約束を守った場合に予想される国内総生産の損失額は、一三〇億ドルから三九七〇億ドルという滑稽なくらい広範囲の数字だった。このエネルギー省の推定値の曖昧さは、どんな種類の柔軟措置がなされるべきかについての混乱が続いていたことに起因するものであった〔一九九七年の京都議定書では、京都メカニズムとして、排出量取引、共同実施、クリーン開発メカニズム、さらに森林による炭素吸収源といった、種々の柔軟措置が合意されていた〕。

同時に、一部の会社は、視点を化石燃料排出や廃棄物の減少に置けば、効率化が進み、純益も上がることを発見していた。デュポン社は、この手の成功を収めた会社の例として、最も頻繁に取り上げられる会社である。無駄を切り捨て、経費を節約するための戦略の一つとして、同社はニュージャージー州にある千四百五十エーカー〔約五百八十ヘクタール〕のチェンバーワークス工場のエネルギー使用を三分の一削減した。その結果、年間千七百万ドルの電気代を節約し、製品の一ポンド当たりの温室効果ガス排出量を約半分に減らしたのである。

もし炭素排出量の削減が義務づけられることになれば、カトゥーンバ会議からビバリーヒルズでのミルケン会議までの協議結果を取り入れた炭素シンクや排出量取引計画を含む柔軟措置は、企業側の対応において生じる痛みを和らげる上で、明らかに大きな違いを生む可能性があった。しかし、一九九七年の時点では、その点は当面不明瞭なままになると思われていた。だが、それも前国務副長官アイリーン・クラウセンの登場で一変する。冗談好きな微笑みと鋼の意志をもつ彼女は、世論に呼びかけて世界気候連合に拮抗する強力な組織を作るのである。

クラウセンは、京都議定書が調印されるわずか二、三カ月前に、クリントン政権が気候変動問題で主導権を握るのに失敗したことによる欲求不満から、政府の職を辞任していた。だが、クリントンが気候変動問題の主導権を取れなかったことについて言えば、それは単にアメリカの政治家たちが有権者の大きな迷いを反映させた結果に過ぎなかった。二〇〇一年三月下旬に『タイム』誌とCNNテレビが実施した世論調査で、七五パーセントのアメリカ人が地球温暖化を深刻な問題であると考えていた。だが、その解決のためにガソリン代を二五セント余分に払う用意があると回答したのは、わずか四八パーセントだった。国会議員たちは自分たちの任期終了後のずっと後の世代の利益を考えるよりも、国民に対して今すぐ経済的痛みを与えることを怖れたのである。

クラウセンは、辞職直前のロンドン講演でこの問題に注目した。そして、企業の最高経営責任者は四年（または六年）という政治家の任期をこえた長期的見通しを立てることが可能であるため、政治家よりも地球温暖化問題に取り組むのにより有利な状況にあるはずだと指摘したのである。実際、企業では、何十年と継続していかねばならない投資を行う場合もあるのだった。「政府はこの問題に関して本当に絶望的で、問題の解決は業界にかかっていると思うと私は前にも言いました。このスピーチをした後で、やっぱりそれが正しかったと確信したのです」と彼女は回想した。

それから彼女はピュー公益トラスト〔一九四八年にサン石油社のピュー社長によって創立された、アメリカのNGO〕の財務係を説得し続け、一九九八年前半に世界気候変動センターが発足すると彼女はその所長におさまった。そして、そのセンター内に企業の環境指導者評議会を立ち上げ、それまで悪名高かった汚染企業への働きかけを始めたのである。企業がこの評議会の会員になる時には、ピュー公益トラストが出資する一頁全面を使った美しい広告の中で、彼らの新しい「グリーンな」取り組みの成果を自ら賞賛するという誓約をしなければならない。だが、それだけではなく、彼女は、世界の政府機関の上級官僚の名前がずらりと並んだ彼女の住所録にも彼らが特別にアクセスできるよう取りはからったのである。「アイリーンがいなかったら、私たちは彼女のような人物を『発明』しなければならないところでしたよ。彼女は、企業が気候変動に関われるよう、うまく手をさしのべたのです」とスタンフォード大学の気候変動専門家スティーブン・シュナイダーは語った。

環境指導者評議会に参加しようとする企業の経営陣は、その条件として、世界気候連合のメッセージとはまったく正反対の文言、つまり、気候変動は行動を必要とする深刻な脅威であり、さらに京都議定書が「国際的な合意形成の第一歩である」と宣言する一連の行動指針のリストに署名しなければならなかった。その最後の部分はなまぬるい表現で書かれてはいたが、ごく最近になって、追い詰められた獣の巧妙さとおざなりの誠意をもって議定書への対応をしぶしぶ開始した企業にとっては、それでもかなり高いハードルだった。多くの経営陣はクラウセンの提案を拒絶したが、六週間以内に彼女は十三の大企業の参加を取り付けた。そのうちの何社かは世界気候連合の元のメンバーであった。そして彼らはすぐにこの英断の見返りを手にすることになる。『ワシントン・ポスト』紙が、社説で「一握りの勇気ある会社」という見出しとともに、彼らが「投石を繰り返す暴徒の集団から抜け出る勇気」を持ったことを賞賛したのである。「彼らは、そう呼ばれたことを本当に気に入ったのよ」とクラウセンは言った。

二〇〇一年までに、クラウセンの評議会の参加者は三三人にまで増え、年に四度の会議を開いていた。そして、全員が石炭とガソリンから水素駆動エネルギーへの移行は不可避であると確信するようになり、それに対する準備の必要性を共有するようになった。これは彼女が好んで指摘をした点だが、環境評議会メンバーの年商は合わせて八千億ドル以上を計上し、このグループがもし一つの国家であったなら、そのGNPは世界の第十一位にランクされるほどのものであった。彼女が新聞のインタビューやホワイトハウスの官僚たちとの会談で披露する彼女の持論は、保守的な人々が主張するほど「京都指令」は過酷なものではなく、むしろ「共和党が通常なら拍手喝采するような市場原理と柔軟なアプローチで満たされている」というものである。

クラウセンの展望は確かに遠大なものだったが、類い希なものではなかった。シカゴで、コスタリカのCTO開発を援助した投資家リチャード・サンダーは、賢明な会社こそが地球温暖化に関する政府の方針を変えられると思っていた。そして、それを証明するために、彼自身も同じくらい創意工夫に富んだ道を探し求めていた。二酸化硫黄取引をモデルとして、潤沢なジョイス財団〔一九四八年にシカゴで設立された財団。教育、環境保全、医療などに力を入れている〕からの支援を得て、サンダーは、アメリカ初の温室効果ガスの排出権取引を立案しようと試み始めていた。彼の計画は、世界のほかの国々に対してその戦略の可能性の一端を見せつつ、企業が温室効果ガスの排出削減を図るなかで直接的な経験を得られるよう援助することだった。

元ボードビル歌手の息子であるサンダーは、クラウセンの持つ強い意志と果てしないエネルギーを併せ持っていた。「回転ドアに後から割り込んできて、さっさと先に出てゆくような人間。それがサンダーだよ」と彼のある知人は言った。サンダーは、二〇〇一年末にシカゴ気候取引所〔CCX：アメリカ唯一の自主参加型の、温室効果ガス排出権の取引市場。二〇〇三年に取引が開始され、毎年の削減目標を上回る温室効果ガスの排出削減を達成したメンバーは、余剰の排出枠をCCXを通じて販売し、また逆に目標値を超えて温室効果ガスを排出した場合には不足分を購入する仕組み〕を開設し、二五の企業とNPOから市場設計の段階に参画する約束を取り付けた。それらの会社の中には、フォード社、デュポン社、サンコール・エナジー社、インターナショナル・ペーパー社、PG&Eナショナル・エナジー・グループが入っていた。もしも京都議定書が発効すれば、これらの会社は規制の重みを和らげるために使える高度な専門知識のほかに、炭素クレジットをも得ることになる可能性があった。京都議定書は、もちろん、すぐに発効しそうにはなかったが、サンダーと彼のスタッフは躊躇しなかった。二〇〇四年までに、世界中の企業が政府に働きかけ、彼の取引所で炭素排出権の許可証を売買するようになると予測していたからだ。「民間部門が公共部門をリードして、公共部門は結局民間部門のやり方を追随することになる」とサンダーは言った。

これを聞いて、カトゥーンバとビバリーヒルズで開催されたような会議に参加していた熱心な環境保護論者と企業経営陣は、今後の行動指針を得たという確信をもった。大改革に痛みは付きものだが、参加していたアメリカの企業幹部らは環境の持続性への道を歩む上で、自らの受ける損失を最小限にすることを望んでいた。そして、かつてコスタリカのルイス・ガメスが、コスタリカ政府の環境への無関心さを覆えさせた際に言ったという言葉をもじって、彼らは、次のように自分たちの思いを語ろうと心に決めたのだった。自分たちは、泳ぎ始める前に底に沈んでしまうのが嫌なのです、と。

アメリカから国外に旅行する人々は、自分たちも気候変動対策のルールが整えられた世界を作る準備を始めなければいけないという証拠を、いつも目の当たりにすることになった。イギリスでは二〇〇一年に、企業のエネルギー使用に対するささやかな課税を取り決めた気候変動税が成立しようとしていたし、EUも二〇〇五年までにEU加盟国全体での排出権取引計画を実行することを検討していた。

その一方、アメリカ国内では、温室効果ガス規制と炭素クレジットに関する行動を早期に自発的に起こそうと、非常に多くの気候変動議案が議会で審議されていた。議案がどれも可決されないうちに氷河がすっかり無くなってしまうのではないかと思われるほど審議には時間がかかっていたが、賢明な実業家たちは、変化のスピードが劇的に速められることがあるかもしれないことを知っていた。たった一つの異常気象により、ひと晩で政治の行方が大きく変わり、その結果、延び延びになっていた法的整備に政府が突如奔走することもあり得るのだ。そのように急転する政治の潮流に対して優れた戦略を持たなければ、企業は沈没してしまうのである。

同じ年、ミルケン会議やその他のさまざまな場所で、この点を主張していたのは、まだ設立されたばかりのニューヨークの証券仲買会社イノベスト・ストラテジック・バリュー・アドバイザー社の金融アナリストたちだった。彼らは、二酸化炭素排出税が会社の最終損益に及ぼす影響について、顧客である投資家たちのために予測を開始していた。同社は、そのリスクを「炭素投資リスク」と呼び、そのような税が課されれば会社の利益は最大で三十パーセント減ずるかもしれないと警告した。イノベスト社と他の研究者たちはまた、多くの多国籍企業の経営陣がすでに知っていたことにも投資家らの注意をうながした。つまり、日本とヨーロッパ諸国は気候変動戦略でアメリカのはるか先を行っており、国内企業により高い省エネ化を求め、その結果、より国際競争に強くなってきているということだった。

アメリカの企業経営者たちもまた、環境に注意を払うことが利益につながると認識し始めていた。なぜなら顧客や株主が環境への関心をますます高めていたからである。企業の環境対応がこれまでになく注目を浴びるようになり、消費者が何をもって環境にとってよしとするかの感覚如何で、ブランド名が高まったり、弱まったりするようになってきたのだった。

「社会的に責任のある」投資会社〔「社会的責任投資」という言葉で確立している。一七一ページ参照〕という触れ込みの事業の台頭が目覚ましく、金融アナリストたちはこれらの会社の「三つの収益」について検証を始めた。つまり、金融的な成果だけでなく社会的な成果と環境的な成果の三つである。この分野は、かつて小さなニッチ市場であったが、今や、タバコや銃、そして最近は環境への配慮が足りないと判断される会社などの株を除外するようにふるいにかけた数十億ドルもの投資を行うなど、洗練された主流産業にまで素早い成長を遂げてきた。ウォールデン・アセット・マネジメント社の社長であるギータ・アイヤーはミルケン会議の場で聴衆に向かって、彼女の会社では、投資先のふるい分けどころか、投資先の会社と、エネルギーや水利用から、都市のスプロール化問題への企業としての貢献など、さまざまな問題について直接交渉を行っているのだと語った。「その交渉はとても穏やかな雰囲気の中で行われて、間違ってもプラカードを振る反対行動ではありません。私たちの態度はあくまでも、株を買って、それが値上がるのを見たいというものですから」と彼女は言った。

むろん、他の環境保護主義者は、さらに声を大にして懸念を伝えていた。ミルケン会議に招待された人々は、ザ・ビバリーヒルトン〔ビバリーヒルズのホテル〕のダンスホールで、当時エクソン・モービル社のガソリンスタンドの利用ボイコット運動に参加していたビアンカ・ジャガーやポップスターのアニー・レノックスなどのイギリスの有名人グループと面会した。エクソン・モービル社がボイコットにあったのは、その会社がアメリカのほとんどの電力・エネルギー供給会社とは違って、その時点でまだ政府に対して京都議定書に参加しないようロビー活動を展開しており、地球温暖化の深刻さに疑問を呈する意見を発表していたからだった。ほぼ同じ頃、電力・エネルギーなど公益事業会社経営者にとって、聞くだに背筋が寒くなるような展開が見られた。環境保護団体グリーンピース〔三一ページ参照〕が、地球温暖化の元凶である巨大な温室効果ガス排出事業者に対して、タバコ訴訟〔喫煙によってかかる病気の治療費用を、タバコ業界に支払うよう求めた裁判〕と似たような訴訟を起こす調査を開始したのである。

二一世紀に入って、電力・エネルギー供給会社は地球温暖化に神経質になったが、保険業界の方はもはやそれどころではなく、温暖化に恐怖さえ覚えるようになっていた。保険業界は実際のところ、一番ひどい損失を被る可能性があった。事実、既に異常気象に起因する山のような保険金請求が来ている中で、多くの経営陣は財源が底をつくことを恐れていた。ワールドウォッチ研究所（Worldwatch Institute）〔ワシントンDCに本拠を構える、一九七四年設立の民間非営利の研究機関。環境問題、持続可能な社会システムの実現をめざして、調査研究とその成果の普及を行う〕は、保険会社が一九九〇年代に気象関連の自然災害による損害に対して、全世界で総計九百二十億ドルを支払い、その額は一九八〇年代に比べてほぼ四倍であったことを明らかにした。少なくとも総額が大きかったのは、より多くの資産に対して高額な保険がかけられたことによるものではあったが、ちょうど支払いがあった時期は、歴史上記録された最も温暖化が進んだ十年と一致していた。巨大な再保険会社ミュンヘン・リー社の担当者は、保険業界が破産に向かって進むのではないかとの懸念を公然と表明した。彼らは、高頻度の〔台風などの〕熱帯低気圧、海水面の上昇、そして漁獲量、農業および水資源に及ぶ被害から生じる請求が年間三百億ドルに上ると予測していたのである。

一部の保険会社、とくに世界最大の壊滅的な損失を被った企業として知られる再保険会社のスイス・リー社は、経費を最小限にするためにできることを検討して、この難題に挑戦することを決意した。彼らは絶体絶命の危機にあった。つまり、彼らが損害保険によって保証した資産だけでなく、彼らが生き残りをかけてその長期的な価値に依存しようと世界中で投資した巨大な資産も、危機的な状況にあった。「私たちは、百年先の展望を探らなければならないのです」と、ミルケン会議にやって来たスイス・リー社の、蝶ネクタイをした陽気な重役ウィリアム・ロメロが説明した。そのために、同社では、博士号を持つ六百人の幹部社員が中心になって作成した戦略を頼りにしているのだという。「わが社はある意味変人集団なのです。この幹部たちは知識を崇拝しています」とロメロは自慢げに語った。

だがロメロは、スイス・リー社のこうした「変人」たちを皆動員しても、多くの高額な気候関連の損害請求と地球温暖化とを結びつける動かぬ証拠を発見したわけではないことを認めた。しかし、その関係が明らかになるのは時間の問題と思われた。損害補償の専門家は、気候関連災害の可能性が増加していることを知っていた。気温の上昇は空気中により多くのエネルギーと湿気を貯め込むが、それはどこかで放出されなければならない。「私たちは、気候変動が自然災害の頻度、特に気象関連の災害を増大させると考えているので、これまでも責任をもって先見的に行動し、献身的にやってきたのです」とロメロは言った。

こうした懸念は、最終的に、スイス・リー社がミルケン研究所と協力関係を結んで、共に生態系サービスの価値を探求する試みへと発展した。そして、そうした多くの科学研究から、洪水や干ばつなどの異常気象の際に、撹乱を受けていない生態系が、潜在的な損害を防ぐのに役立っていることが明らかとなったのである。

このことを考慮して、スイス・リー社は、二一世紀の保険料マネジメントがどのようなものであるべきかについて、既成概念にとらわれないで智恵を絞り始めていた。リスク軽減の効果が期待できる生態系サービスに値段を付け、自分の土地の土壌と樹木の世話をした土地所有者にその分だけ安い保険料を設定する方法を模索していたのである。さらにリー社は、二酸化炭素を吸収するためだけに育てられている森のような「カーボン・オフセット事業」を対象とする保険を売り出すことも検討していた。保険会社が、木材の損失を対象とした森林の保険というものをすでに経験済みであることをロメロは指摘した。それゆえ、森林の二酸化炭素貯留の利益を保険対象にすることは、従来の方法をほんの少し先に進めるだけのことなのである。

スイス・リー社はこうして智恵を絞っていたが、他の、より小さなベンチャー企業は、はるかにそれよりも大胆で、新たに生まれた温室効果ガス市場のシェア獲得のために動いていた。京都議定書の下か、はたまた何か別の協約の下で、いずれ世界で通用する炭素クレジットとなるはずのものが、まだ規定もされず採択もされないうちから、活発な炭素取引の市場が世界中で出現し始めていたのである。カントール・フィッツジェラルド社のような歴史のある大手の金融サービス会社も、温室効果ガスの取引に特化した仲買人たちを新たに社内に擁するようになっていた（同社は、あの二〇〇一年九月十一日の世界貿易センターへのテロ攻撃で壊滅的な損失を被った）。また、トウモロコシ農家のアンドリュー・アクムーディーと骨董ストーブのセールスマンであるエド・セメルロスのような野心的な新人も現れた。彼らは、ミシガン州テコンシャという小さな町の間借りしたオフィスで、「カーボンファーミング・ドット・コム」というドメイン名を手に入れてウェブサイトを立ち上げたのである。

ロンドンのルートン空港では、旅行者が、航空機の利用で放出される炭素を相殺するために、四ドル二五セントの料金を払うかどうかを尋ねられるようになった。それは強制ではないが、もし支払われれば森林保護に投資されることになるものである。また、ニューヨークでは、環境証券会社「ナットソース」が、インターネット上で炭素排出削減目的の「証券」を売り出していた。これらの証券は法的な価値を持たないが、学生や活動家が大部分はシンボリックな価値と見なして購入していた。それは、ワシントンDCに拠点を置くCO2OL－USAと呼ばれるグループによって、パナマで持続可能な管理のなされた森林を基にして売り出された「クレジット」であった。その森林は、コスタリカの独立行政機関によって監視されており、森林内の労働者の待遇については厳しいガイドラインが守られている。それが、CO2OL－USAの創設者、キーガン・アイゼンシュタットに、「私たちのクレジットは、さしずめ炭素のロールスロイスですよ〔ロールスロイスは車の王様と称される〕」と自慢げに言わせる根拠なのである。

「カリスマ」、「ロールスロイス」、「一部のアナリストたちが最終的には数十億ドルの価値を持つようになるかもしれないと予測する炭素市場」などという刺激的な謳い文句が躍る中、炭素クレジットについての根深い疑問はまだ多く残されたままだった。そもそも、京都議定書は世界中で炭素取引を可能にする希望の星だったが、近い将来発効するかどうかには未だ大きな疑問があった〔京都議定書はロシア連邦の批准により二〇〇五年二月十六日に発効した〕。主要国のどこも〔本書執筆時の〕二〇〇一年後半まで議定書を批准しておらず、世界の温室効果ガスのほぼ四分の一を排出するアメリカ国内では、この点をめぐる論争が繰り広げられていた。気候変動が深刻な脅威であることを疑問視する批判の数は減っていたが、多くの人は議定書が工業国を対象としており、発展途上国、それも中国のような将来温室効果ガスの大量排出国となる国さえもが対象になっていないことに対して、公平ではないとして抗議していた。そして、京都議定書がまもなく世界的に受け入れられそうだったとしても、どんな種類の炭素隔離がクレジットになるかは、まだこれから決められねばならない状況だった。その時点では、現存の森を伐採から守ることによる炭素排出量の抑制がカウントされるのか、あるいは土壌に炭素を貯留する事業も含まれるのか、誰にもはっきりとはわかっていなかった。

炭素シンクとその取引という考え方に反対して、新世紀への変わり目に激しいロビー活動を繰り広げていたヨーロッパの各国政府は言うまでもなく、シエラクラブ〔ナチュラリストの草分けジョン・ミューアが一八九二年、サンフランシスコで創設した伝統ある自然保護団体〕、グリーンピース、世界野生生物基金〔世界最大の自然環境保護団体。WWFと通称され、スイスのWWFインターナショナルを中心に世界に事務局を持ち、WWFネットワークを形成する。一九八六年に世界自然保護基金と改称した〕といった環境保護団体もそれに強く反発したことによって、さらに多くの疑問が投げかけられた。多くの環境保護主義者は、「汚染許可証」の概念について、汚染する者が許可証の代金を払うほうが有利であると思うかぎり、どんどんと汚染を続けるように仕向けるものだとして忌み嫌っている（しかし、賛成派は、汚染許可証の構想が、許可証の割当の際に汚染の上限を設定することによって確実に汚染レベルを低減させるものであり、また、許可証による汚染の削減は、企業側と消費者側双方のコストをより安上がりにするのに役立つのだと主張する）。

まだ他にも、無数の恐れや疑問があった。それらは大小さまざまで、例えば、一部のアナリストは、「排出権取引」や「シンク（吸収源）」といった考え方は、世界が今すぐにも取りかからなければならない、根深くて、難しい問題から目をそらすことになる危険な行為であり、ロス・ゲルプスパン〔アメリカを代表する環境ジャーナリストで、温暖化についての著書がある〕がかつて言った言葉を借りれば「がん患者にマニキュアを勧めるような」ものだと強く主張した。また、「シンク」を認めることは、土地所有者に遺伝子組み替えを行った樹木を植林するように誘導してしまうのではないかと心配する人々もいた。遺伝子組み換えによってより多くの二酸化炭素を吸収するようになった樹木は、より多くの炭素クレジットを稼ぎだすであろうが、生物多様性を損なうことになってしまうのである。研究者の中には、地球温暖化が進めば、既存の森林も新しい植林地も一様に壊滅させてしまうかもしれないと危惧する者もいる。そして、「シンク」として想定されていた場所は、炭素吸収能力がより低い草地や他の生態系に置き換わり、その過程で大量の二酸化炭素が発生するというのである。

世界情勢が、汚染許可取引市場の拡大を後押しし続ける中、アムステルダムとニューヨークの証券取引所では、混乱の中で大規模な取引が始まった。当初の高まる期待感は、時折くじかれた。低コストで排出量の削減が可能だとして幅広い賞賛を得てきた、汚染許可取引のシンボルである二酸化硫黄市場でさえ、結局のところ、市場の力は強力な政府の規制ほど役には立たないのだという教科書的な例として見なされてしまっている。一九六三年以降、アメリカ北東部で二酸化硫黄排出取引を研究してきた生態系科学者ジーン・ライケンスは、実質的な二酸化硫黄排出量がそれによって安価に削減されてきたのは疑う余地はないが、酸性雨そのものが減少したかどうかについては、「誰もはっきりとはわからないのではないか」と言った。それは、議会が取引を開始するにあたり、二酸化硫黄には排出上限を定めたにもかかわらず、窒素酸化物には同じように強い規制をしなかったためである。窒素酸化物もまた酸性雨の一因である。結局二酸化硫黄の排出規制をかけられた多くの会社は、自然の成り行きとして安上がりにつく低硫黄石炭を買ったが、〔その結果高硫黄石炭よりも総量では多く使えることになったが〕それは高硫黄石炭と単位当たり同じだけの窒素酸化物を出してしまうのである（その上、アメリカ全体で見れば酸性雨の量が純減したかもしれないが、ニューイングランド地方〔北東部〕ではかつてないほど問題は深刻で、そこでは特に敏感な森林が破壊されているという証拠をライケンスは指摘している）。

ＡＥＳ社が先駆的に行ったグアテマラへの炭素投資のなりゆきも、より詳細に見ると、いくぶん期待外れの結果であった。一九八八年の会社の予想では、この事業が四十年間でほぼ二千八百万トンの炭素を隔離するというものであった。しかし、十三年後、その楽天的な予想は大幅に修正された。グアテマラの農家と国際ケア機構〔五九ページ参照〕は、最終的に四千万本の木を植えたが、当初の計画の五千二百万本には届かなかったし、それらのうちの十パーセントは病気や霜や薪目的の伐採によって失われた。

さらに、ＡＥＳ社の最初の予想は京都議定書が成立するずっと前になされており、例えば既存の森林の保護による「排出回避」が最終的にはカーボン・オフセットとして認められると仮定していた。ところが、二〇〇一年の段階では、京都議定書が発表した公式な計画において排出回避はクレジットとして認められなかった。つまるところ、標準的な会計計算によって想定された、プロジェクト初期の十年間で百万トン前後の炭素が吸収できるとする期待値は、大幅に裏切られたのである。しかし、貧困と政情不安という大きな困難にもかかわらず、この実験的なプロジェクトは注目に値する成功を収めた。ＡＥＳ社当局は、植林された樹木の大部分が成長し、アグロフォレストリー〔四四ページ参照〕について教育を受けた農家は森を伐採するのをやめ、少なくとも森林伐採と土地の劣化の悪循環を一時的に停止させたと発表した。ＡＥＳ社は、一九八八年に準備された基金からの収益で、今もこのプロジェクトを支援し続けている。

最終的に、カナダとアイオワ州との間で取り交わされ、大々的に宣伝された炭素シンク取引は、「畑で育つ炭素」を夢見たアメリカの農民たちの希望を打ち砕くかたちで、あっけなくしぼんでしまった。結局、農民たちは「鍬を休める」ことに対して支払われるはずだった報酬を受け取れないことになったのである。計画にあまりに多くの問題が出てきたために、土壌中に貯留される炭素は取引の対象とされなかったのだ。スティーブ・グリフィンが言うには、研究はまだ継続中だが、その計画の科学的な根拠があまりにも「不確かだった」のである。農民たちは、低耕起栽培〔トラクターや耕耘機によってほとんど耕さない新しい農法。土壌の構造を保全し土壌侵食を防ごうとするもので、世界中で普及しつつある〕の構想をあまり信頼したがらなかったし、耕作のすべてのプロセスで取り決めがきちんと遵守されるという保証もなかったのである。結局、その取引は、約百人の養豚業者が廃棄物の保管と処理の方法を改善することによって生じる、五十万トンの温室効果ガス削減分の販売へと縮小された。つまり、養豚農家は今までのやり方、すなわち豚の排泄物をポンプで池に圧送し、水中で酸欠状態にして分解させ、大量のメタン、窒素酸化物および二酸化炭素を排出してしまっていた方法をやめ、そのかわりに、コンクリート汚水槽を購入して、そこに溜めた有機汚水を土に送って土壌に混ぜ込むか、肥料として畑に散布することになったのである〔メタンや、窒素酸化物の一種である一酸化二窒素も、温室効果ガスである。温室効果の程度を表す地球温暖化係数が大きく、例えばメタンは二酸化炭素の約二十倍である〕。このように畜産廃棄物を酸化して分解し、温室効果ガスの排出を削減しようとしたのである。この場合、農家が取り決めを遵守しているかどうかをチェックするのはたやすかった。グリフィンは、外の開放的な池と屋内の閉じた汚水槽で、百五十ポンド〔約六八キログラム〕の豚一頭、一日当たりの排泄物がどれくらいメタンと窒素酸化物になって排出されるのかを正確に算出する計算式を作った。「この『豚トン』指標はなかなかの優れものです。しかも、炭素重量で計算するのと比べて、正確さにおいて決して引けをとりませんよ。面白いのは、豚の糞尿をもとに計算された炭素なんて、森林や植林地の汚れなきイメージの炭素とずいぶんギャップがあることですね」とグリフィンは言った。

デイビッド・ブランドは、生まれたての炭素取引のあれやこれやを目の当たりにして、最良または最悪の意図によって引き起こされる急騰や反落のコストについて心配していた。彼はミルケン会議でいつもの陽気な調子で話を始める前に、「この市場には山師たちがぞくぞくと集まってきて少々混み始めていますね」と珍しく陰鬱な面持ちで心配を口にした。特にシドニー先物取引所で見た若いトレーダーたちの様子がいつまでも頭を離れずにいたのである。最初の株式の公開を祝って、彼らはビールをミルクシェイク用の大きなコップで飲みながら、「さあ、これから火をつけるぞ!」(なんと、本当にしかけ花火に点火しようと言っていたのだ)と、大はしゃぎをしていたのである。彼らは、炭素クレジットが売りに出された森に、果たしてどんな混乱をもたらすのだろうか。

「それは新しい市場で、ありとあらゆる起業家がいるのです。奇妙な人も、すばらしい人も、両方です」とブランドは言った。「自分で何をしているのかがわかっていない人もいますし、この価値ある炭素が貯蔵された森で、もしかすると十年もしないうちに、木が切られてしまうかもしれないという事実について気にかけようともしない人もいます。おっと!誰かが、炭素クレジットを買いましたね。」

それでも、ブランドは世界が全体的には正しい方向に向かっていることを確信していた。森林を組み込まずに世界的な気候変動協定を作るとしたら、それはどんなものになるにせよ無謀な試みだと彼には思えた。世界中で毎年排出される二酸化炭素の二五パーセントもが森林の伐採に由来するものなのだ。炭素シンクという手法は、うまくすれば、気候変動問題だけではなく、森林地や生物多様性の壊滅的な損失に対処できるものである。だが、たとえそううまくはいかなくとも、企業がもっと痛みを伴う変化に適応するまでの時間稼ぎをしてくれる、過渡期に必要な道具であるということは少なくとも言えるだろう。

新しい世紀を迎えてからの二、三年、ブランドは会議から会議へと飛び回っていたが、産業界のリーダーたちが、気候変動や光合成について質問し、さらに炭素クレジットの価値について熱心に議論するのを聞いて、以前にも増して強い確信を持つにいたった。人々は徐々に地球環境が置かれている状況に気づき始めており、地球が切実に必要としている根本的な変革が、すでに動き始めているのは、もはや疑う余地のない事実だとブランドには思えたのである。たしかに地球全体のシステムは、気候変動、水不足、生物多様性の損失、および砂漠化に脅かされていた。オーストラリアのマレー・ダーリング川流域とアフリカのサハラ以南を含む地域の全体が、この数十年で土地の荒廃によって崩壊する可能性があった。もうまもなく、人間は、自然環境こそが私たちの最も貴重な資産であるように振る舞わざるを得なくなるだろう。それは、精神的な意味においてだけではなく、経済的な意味においてもだ。メキシコに侵入した征服者たちは芸術の価値をまったく理解できなかったために、金を得ようとアステカ文明の芸術品を溶かしてしまった。ヨーロッパ人がその芸術に非常に貴重な価値があると見なすようになるまでに、何世代もの時間が必要であった。ブランドは同じような転換が森林についても起こっていることを確信していた。この場合、炭素隔離、生物多様性および他の重要な生態系サービスが「芸術」に相当する。彼は、世界がまだそこに到達していないことをしぶしぶ認めた。だが、あと十年経てば状況は違っているはずだ。

3　ニューヨーク ～清らかな美味しい水の作り方～

私たちは皆、川下で生きている。

——環境主義者たちの座右の銘

アーサー・アシェンドルフの事務助手は、クイーンズ地区の日当りのよい二十階の事務所に、棒グラフが描かれた長い記録紙を二、三日おきに届ける。そのグラフは胃腸薬と下痢止めの売り上げパターンを示すもので、ニューヨーク市内のおよそ四十店でのペプトビスモル〔Pepto-Bismol，胃腸薬〕とイモディウム〔Imodium，下痢止め薬〕の最近の売り上げ動向を、過去四年間のデータから得られたパターンと比較できるようになっている。もしグラフで薬の売り上げ高に急激な増加が見られた場合には、この六十歳の、水道技師でニューヨークの飲料水水質部次長のアシェンドルフがすぐに危険を察知することができるのである。彼は時おり数値の上昇傾向に気づくことがあるが、そんなときには決まって縁なしメガネを通してしっかりと目を凝らすのである。

従来、売り上げ高の急増は、ランダムに発生する食中毒や薬の特売セールで説明できた。しかし、アシェンドルフが警戒しているのは、それとは全く違ったものである。彼が警戒しているのは、ニューヨーク市の上水に乗ってさまようランブル鞭毛虫（*Giardia lamblia*）やクリプトスポリジウム原虫（*Crypto-*

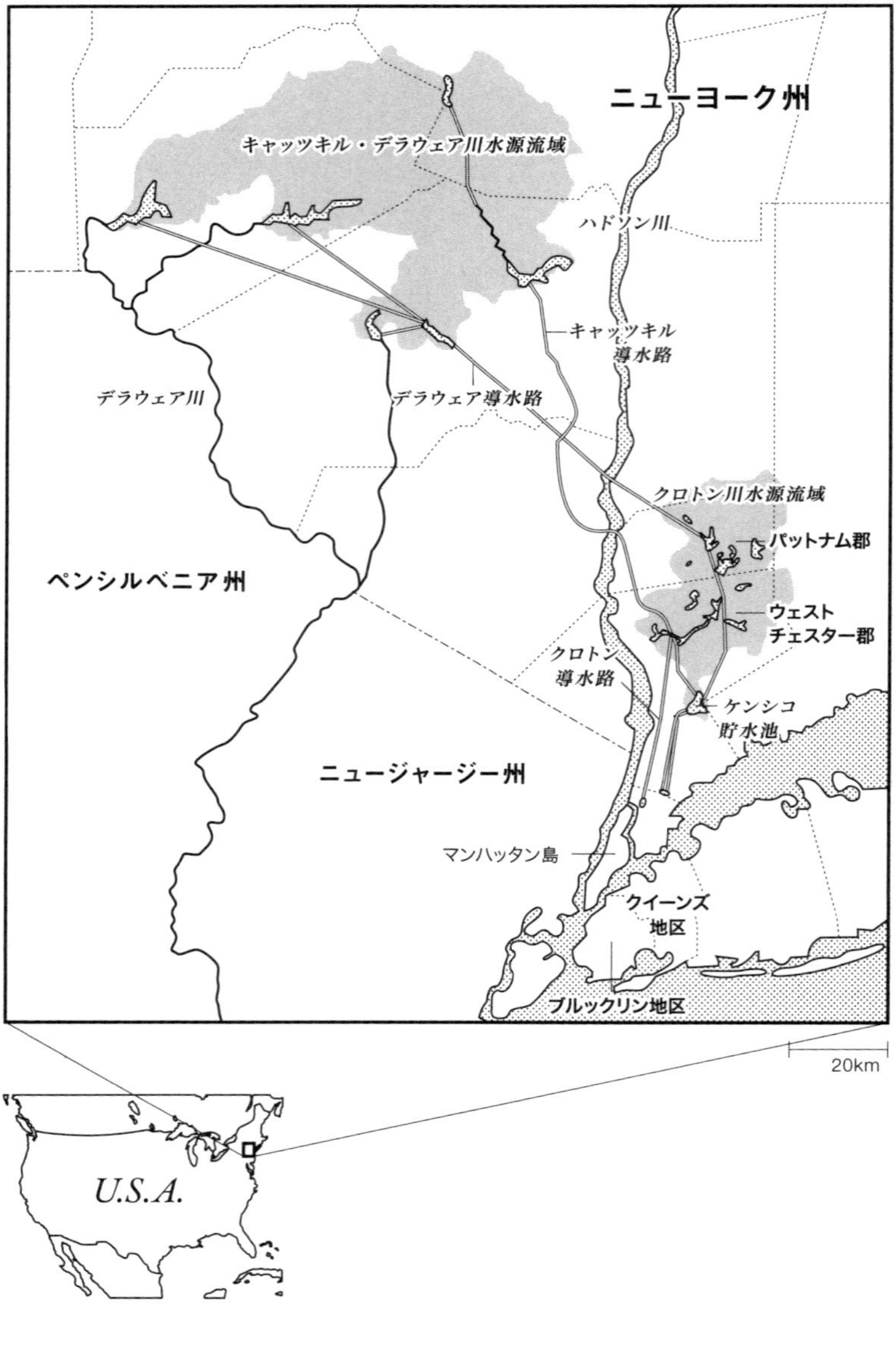
ニューヨーク州
キャッツキル・デラウェア川水源流域
ハドソン川
キャッツキル
導水路
デラウェア川
デラウェア導水路
クロトン川水源流域
パットナム郡
ペンシルベニア州
ウェスト
チェスター郡
クロトン
導水路
ケンシコ
貯水池
ニュージャージー州
マンハッタン島
クイーンズ
地区
ブルックリン地区
20km
U.S.A.

sporidium parvum）など単細胞の寄生虫に起因する病気の発生である。コレラで何千もの住民が死んだ一八三二年以降、ニューヨーク市に水系感染症の大発生は起きていない。しかし、この街の幹部たちには、感染症の発生にことさら神経を使う理由がある。それは、この都市が依存する上水道は、全米最大の表層水による給水システムで、機械的な濾過が行われていないからである。彼らの革新的で国際的に称賛された水源流域保全プログラムによって、ニューヨーク市民は、自然を信頼して水を守る仕事を任せることができる。だが、やみくもにそれを信頼するわけではない。災難は、さまよう微小な原虫の通り過ぎた後に、あまりにも簡単に引き起こされるからだ。

ランブル鞭毛虫とクリプトスポリジウム原虫はともに、野生動物や家畜の腸に由来するもので（ランブル鞭毛虫感染症は、かつてビーバー熱として知られていた）、両者とも、水中を自由に動きまわる。しかし、ランブル鞭毛虫は、せいぜいひどい腹痛を引き起こすだけだが、つい最近発見されたクリプトスポリジウム症による被害は破壊的である。一つのシスト〔シストとは膜を被った構造を指す。クリプトスポリジウム原虫は寄生性の単細胞生物だが、環境中では厚い膜を被ったシストとして存在する〕をのみこむだけで、この病原虫は免疫系の弱い人々にひどい病状、さらには死をもたらすこともある。特に、乳幼児、高齢者、ＨＩＶ（ヒト免疫不全ウイルス）感染者、がん患者などの場合は危険である。一九七六年以前には、クリプトスポリジウム症、または単に「クリプト」と呼ばれる病気は命に関わるものではなかった。しかしその後、消毒に使われる塩素への抵抗性が高まったと見られ、命を奪うものに変異したのである。固い殻を持つシストとして牛の腸から飛び出したクリプトは、長距離の移動が可能である。それはいったん人の腸に寄生すると、殻を破って凄まじい勢いで増殖する。史上最悪となった一九九三年のミルウォーキーでの大発生では、四十万人が発病し、百三人が犠牲となった（クリプトの発生はネバダ州とオレゴン州、ジョージア州でも起きた）。

ミルウォーキーでの発生はたしかに大規模なものだったが、公衆衛生機関の職員たちが遅まきながらも異変に気付いたために、それだけの被害で何とか食い止めることができたのをアシェンドルフは知っている。クリプトのような水に乗って広がる感染症は、正体がわからないまま長い期間が経過しがちである。その主な理由は、感染者のうち医者にかかる者が比較的少ないからである。よほどひどい腹痛の人以外は、市販の医薬品を飲んで治るのを待つことが多い。最終的に医者にかかった人のうち、さらにほんの少しの人たちだけが寄生原虫の検査に応じ、その結果がカルテに残るのである。ミルウォーキーでは、下痢止め薬イモディウムが飛ぶように売れていくことに気付いた一人の注意深い薬剤師のおかげで、市当局は住民に対して水を煮沸するよう警告を出すことができたのだ。この幸運な出来事の噂が、アシェンドルフに下痢薬の売れ行きを見張るというアイデアを思いつかせたのである。

彼が手にする毎週の情報は、ある主要ドラッグ・ストアーチェーンの販売部門幹部との秘密保持契約によって提供されている（なぜなら、販売数は通常秘密情報として扱われるからだ）。店での売り上げ調査が、貯水池で行われる毎日の水質調査という大規模な仕事を補完しているのである。このことについて、アシェンドルフは次のように言うのが好きだ。「これが、ニューヨーク市のやり方なんですよ。私たちは、ベルトとサスペンダーの両方を使うのです。いくら慎重にしてもしすぎるということはありません。」

これは単なる地元自慢ではなく、はるかに大きな問題を示唆している。シャツの襟を巻き上げ、窓いっぱいに広がるマンハッタンのスカイラインを目の前にして、アシェンドルフは机に向かい、まるで堤防の頂上から見張るかのように、起こりうる二重の災難に目を光らせる。クリプトの大発生が起きれば、まちがいなくニューヨーク市とその近郊の人々にとって悲劇となるだろう。そこに居住する九百五十万人はアップステート・ニューヨーク〔ニューヨーク州のうち、ニューヨーク市を除いた北部地域全般を曖昧に指し示す表現。「州北部地域」と一般に訳されるが、特にこの本の事例では、ニューヨーク市のすぐ北に続く一帯を指しており、地理的にはむしろ州南部に相当する（地図参照）。こうした事情から、これ以降「アップステート地域」と表記する〕の三つの水源からの水道水に依存した生活を送っている（もし、ミルウォーキーのような罹患率でこの感染症が広がれば、数百万人が罹病し、そのうちの数百人は死ぬ可能性がある）。それと同時に、そのような感染症の発生は、すでに何十億ドルもの経費をニューヨーク市が節約することを可能にしてきた市の水源流域保全プログラムが、失敗したことになってしまうのである。

十五億ドル以上の経費をかけたニューヨークの水源流域保全プロジェクトは、自然にそれ自身を保全するための資金を自ら稼ぎ出させるという戦略においては、おそらく記録に残る最大の投資であろう。これは自然の森が現代の技術より収益計算で勝っていたことが証明された成果であった。そして、それはまたデイビッド・ブランドが考えた、未来の森は病院のようなものとなるというビジョンが、最もうまく実現された一例でもある。そのビジョンとは、森は一種の総合病院のようなものであり、材木を生産するばかりでなくその他のさまざまな生態系サービスを提供してくれるというものだ。だが、その時点で、炭素クレジットはまだ制度設計の段階にあった。それゆえ、九百人の職員が携わる水源流域保全事業への投資がもたらした市の経費節減〔この保全事業がなければ、市ははるかに高額な濾過施設を新たに建設しなければならないところだった〕が、この時には、この生態系から得られる恩恵の主なものとなっていた。

一九八九年、ニューヨーク市にとって環境保護は非常に魅力的な選択肢となった。なぜなら、ニューヨーク市当局は、六十億〜八十億ドルもかかっていたかもしれない水道水の濾過施設を建設せよとの米国環境保護庁からの命令に直面していたからである。その額は、市の財政を破綻させるようなものだった。そこで、ニューヨーク市の都市計画専門家たちは、水道水の濾過施設を建設する代わりに、その費用のほんの一部にあたる額を、二千平方マイル〔約五千平方キロメートル〕に及ぶアップステート地域の水源流域と自然の資産の保全に賭けるという選択肢を選んだのである。そして、彼らは、水源流域を管理する法的許可を与えられたのだった。ニューヨーク市環境保護部（New York City Department of Environmental Protection）が管理する、水源流域保全プログラムによって、市の住民たちは、彼らの飲み水がどこから来て、その純度を脅かすものは何か、そして水質浄化以外にも、水源一帯を健全に保つことで得られる追加の恩恵、例えば魚や鳥の生息地が保護され、炭素隔離が行われ、気持ちをリフレッシュする景観までもが手に入ることなどについて強く意識するようになった。この実験的試みを開始した時、ニューヨーク市民はただ一つの恩恵に与ることだけを予測していたが、実際にはそれ以上の多くの恩恵を同時に得ることになった。

巨大で、ユニークな都市であるニューヨーク市の水問題は、都市そのものと同じように、やはり大きく他に類のないものだった。だが、この問題に対する市の姿勢と、市がこれまでに実際に取ってきた行動の成功は、同じような水の問題を抱える、世界中の何千もの他の自治体に対して説得力のある妥当性を持っている。アメリカにおいて、人口の約三分の二に相当する一億八千万の人々は、地下水よりも、湖や貯水池などの表層水を利用した上水道に依存している。そうした状況に置かれている大都市のほとんどは、水の濾過施設をすでに建設している。だがそのような場合でさえ、比較的自然な水源流域があれば、さらに安全な飲料水を提供できる手立てが増えることは明らかである。

自然の水浄化サービスの喪失は、ちょうど現在、多くの都市共同体に忍び寄りつつある大問題である。特に、最近まで人がごくわずかしか住んでおらず、人の活動がそれほど破壊的でなかった高地に水源を持つ都市で問題が起きている。都市郊外の無秩序な乱開発がそのような水源の汚染を悪化させてしまい、その結果、下流に生活する人たちは、上流域をできるだけ自然のままにしておくことの価値を改めてしっかりと見直すようになったのである。事実、ミレニアム生態系評価〔エピローグ参照〕の委員で、この分野の専門家であるウォルター・リードは、米国のすべての（州境界が接する四八州のみの）陸地面積の約十二パーセントを、飲料水の水質の確保を主たる目的として保全する（すなわち自然の状態のまま管理する）ことに、経済的正当性があるのではないかと予測している。

カトゥーンバグループが刊行した調査報告によれば、ニューヨーク市が、その水源となる北部高地の水源流域に投資を開始して数年のうちに、百四十以上のアメリカの都市で類似したアプローチが検討され、そのうちいくつかの自治体では独自の実験を開始したという。ボストンでは、市の水道局が、ニューヨーク市の計画に類似した、水源流域周辺の土地獲得、野生生物の維持管理、上流域の開発規制などを含む包括的な水源流域保全プログラムを法制化することによって、環境保護庁から出されていた水の濾過命令を回避した。ニュージャージー州オーシャン郡では、有権者が、水源保全に欠かせないと考えられる土地を買収するために必要な、毎年総額でほぼ四百万ドルに上る新たな固定資産税の徴収に同意した。ミネソタ州ロチェスターでは、市当局が農民に金を支払うことによって、緩衝地帯を設定し、水源として重要な水系沿いの一帯で一切開発が行われないようにしている。さらに、より劇的な展開が、アメリカ以外の国で起こった。二〇〇一年にはEUが、飲料水の品質を確保するために水源流域の保全を正式に開始した。そして、コスタリカでは、環境・エネルギー省が、ニューヨーク市の取り組みから影響を受けて、首都サンホセとその周辺の二万人以上の水道利用者に対して毎月の請求に数セントを上乗せして徴収することを開始した。その上乗せ分を、森を維持管理し保全することに同意した水源流域の農民に支払う対価の原資としたのである。

さらには、大企業の中にも、水源流域の生態系の働きに期待して、その保全に融資を行っているものが少なくとも一つある。フランス北東部にある、水の瓶詰会社ペリエ・ヴィッテルは、ニューヨークの取り組みよりも先行して、一九八〇年代の後半から水源流域の維持管理を行ってきた。この会社幹部たちは、水源地であるライン川とマース川〔フランスではムーズ川〕の水源流域一帯の農場から出る農薬や肥料などの汚染物質が、名水の誉れ高く、高価な彼らの水の品質を危うくしているのではないかとの危惧を抱き始めていた。その恐れは、一九九〇年にペリエの水からガソリンの成分で発がん物質のベンゼンが検出されたため、一時的に店頭から撤去された事件によって、ついに現実のものとなってしまった。その際、経営陣は、他の水会社が過去にしてきたように単に他の水源に移転するのではなく、今までと同じ水源に投資することを選択した。彼らは水源付近の六百エーカー〔約二百四十ヘクタール〕の農地を買うために九百万ドルを投じたのである。さらに、戦略的に重要な四千エーカー〔約千六百ヘクタール〕

の土地で、環境に配慮した農業に切り替えることに同意した農民と十八年から三十年にわたる契約を成立させた。

これらの次々と繰り広げられた新たな実験のただ中にあって、ニューヨーク市のプログラムは、今も水源流域保全によって利益をあげる方法の優れたモデルである。だが、二〇〇〇年十月の秋に、ニューヨーク・アップステート地域で数日にわたって行われた市役所職員、環境活動家、科学者、農民らの会議を皮切りとした対話によって、政治、法律、財政などが複雑に絡み合った厄介な問題が、水源流域保全プロジェクトの存続を脅かしていることが明らかになったのである。

水はいわば「都市の血液」で、都市の生活を支え続け、都市の成長を可能にし続ける。古代ローマは、約五世紀にわたって、地域の井戸や湧水やテベレ川から細々と水を得ていたが、最終的に、奴隷がかの有名な水道建設を行い、遠くの川や湖から水を引くことに成功して初めて帝国としての繁栄が始まったのである。ロサンゼルスは、二〇世紀の初期に、街から二百五十マイル〔約四百キロメートル〕離れたシエラネバダ山脈にあるオーエンズ川の水利権を街の水道会社幹部が密かに交渉して手に入れてから、大都市に発展する軌道に乗った。ニューヨークの場合には、一八三二年のアジア型コレラの大流行という惨事の直後に転機が訪れた。このコレラの流行では、住民の約五十人に一人が亡くなり、人口の半分がニューヨークを逃げ出すありさまであった。このコレラの発生をきっかけとして、ニューヨーク市と州では、アップステート地域に大規模な貯水システムをつくろうという政治的な動きがにわかに活発になった。

この野望は、一六〇〇年代初頭にオランダからの移民がマンハッタン島の南端にニューヨーク市を建設して以来、徐々に進めてきた拡張の歴史の中で、最も劇的なものだった。人口が増大し、都市が拡大する度に、住民たちはきれいな水を確保するために、市の境界をたやすく超えてより遠くまで手を伸ばしてきたのである。当初、ニューヨーク市は、飲み水を、地域の湧水や井戸に依存していた。そして大雨によって時折補充される雨水貯水池の水は、汚水を流して処理するために利用していた。一七七〇年代の後半までに、ニューヨーク市は、ブルックリンから水を引っ張ってくるようになっていたが、しかし、その新たに手に入れた給水システムをもってしても、消火活動には十分ではなく、例えば、一七七六年の火災では、都市の建物の四分の一が失われたのである。一八二〇年代までには、市の幹部たちはすでにクロトン川からの給水を渇望していた。クロトン川は市から四十マイル〔約六四キロメートル〕北方の、現在の行政区分で言えばウェストチェスター郡とパットナム郡にある。一八三二年のコレラの大流行の影響によって、クロトン川給水プロジェクトの開始は、有権者たちから簡単に受け入れられた。そして、四千人の移民の助けを借りてその歴史的大工事は、一八三七年に開始された。

クロトン川の東と西の支流はダムでせき止められ、そして、マンハッタンの中心部に建設された貯水池まで導水路が造られた。一八四二年には、川の水がついにニューヨーク市にたどり着いた。その水道の完成は、噴水ショーと何千人ものボランティア消防士たちや、禁酒協会〔ちょうどこの時代は、二〇世紀前半の禁酒法につながる禁酒運動が盛んとなった時期で、多くの州に禁酒協会が設立されていた〕の会員たちが賑やかに練り歩く前代未聞の派手なパレードで祝賀された。クロトン川に直結した給水栓から淀みなく供給される水は、汚染された井戸水の代わりとなり、ニューヨーク市の不動産価値は急上昇した。「ああ、都市という巨大な独房に閉じ込められて、そのまずい水を飲ませられてきた私たちにだけ、クロトン用水のありがたみがわかる。きれいで、甘美で、ゆたかな水よ！」と、マサチューセッツ生まれの詩人リディア・マリア・チャイルドは高らかに詠った。しかし、ほんの二、三十年も経たないうちに、増加する人口とその水需要の高まりによって、ニューヨーク市はまたもや、給水量を拡大する方法を捜さなければならなくなったのである。

一九〇五年、ニューヨーク州議会は、発展し肥大化する大都市のための新たな給水源を見つけ出し、その水を供給することを任務とするニューヨーク市水道委員会を創設した。その委員たちはまもなく、クロトン水源の二倍ほど遠くにある、キャッツキル山地に注目した。そして、それからほんの二、三年のうちに、早くも労働者たちが岩盤を吹き飛ばしてトンネルを掘り、ハドソン川の支流をダムでせき止めていたが、やがて一九二八年に、キャッツキル貯水池システムはついに完成した。「狂乱の一九二〇年代」〔第一次大戦後のアメリカに見られた、社会構造の激変や芸術と文化の発展を特徴とする活力溢れた時代の呼称〕を通じて、ニューヨーク市は「都市の成長と新たな水源探し」のパターンを繰り返しつつ、デラウェア川の支流域の権利をも主張していた。しかし、新しいダムのすぐ下流にあたるニュージャージー州は、ダムが水の流量を減らすことでニュージャージー州の最も重要な資源の一つである漁業を破壊させる可能性を恐れて、この動きを封じるための訴訟を起こした。だが、一九三一年に、米国最高裁判所は、ニューヨーク市が魚類の保護に十分な水を放出することを条件として、デラウェア川を開発する権利を認めた。新しい貯水池の建設はそれから数十年にわたって続き、その建設過程で、ニューヨーク市民はガーデンステート〔ニュージャージー州の異名〕の住民を怒らせたばかりでなく、何千ものアップステート地域の人々の暮らしをひどく破壊して永遠の恨みを招くことになった。水源としてのダム湖を作るために、アップステート地域の九つの村は水没し、そして約三千人が移住を余儀なくされた。墓地は別の場所に移され、土地は没収され、そして、農場や店は移転を強いられたのである。そして、これらすべてが地元に苦々しい感情を残すことになったのだが、それから数十年後、ニューヨーク市にそのつけが回ってくることになる。

しかし、そうまでして手にした成果は、あまりにも魅力的だった。一九六四年についに完成した「キャッツキル・デラウェア川水源流域」は、今日のニューヨーク市の水のおよそ九十パーセントを供給している。クロトン川水源流域とキャッツキル・デラウェア川水源流域は、合わせて、十九の貯水池と三つの調節可能な湖を擁し、合計五千八百億ガロン〔約二兆二千億リットル〕の水を貯蔵している。約六千マイル〔約九千六百キロメートル〕におよぶ導水路や導水管は（場所によっては内部をバスが通行できるほど大きい）、ニューヨーク市の五つの行政区と、途中にあるアップステート地域の二、三の自治体に水を運んでいる。この給水システムの規模は畏敬の念を覚えるほどに巨大ではあるが、水の処理過程は、ニューヨークほどの洗練された巨大な都市にはそぐわないような、驚くほどローテクなものである。水は完全に重力だけで運搬され、通常は殺菌剤として多少の塩素と虫歯予防のためのフッ化物が添加されるだけで、その他は無処置のままで供給されている。水が通る唯一の濾過装置と言えば、死んだ魚を捕まえるための大きな金網だけである。

この給水システムは、二〇世紀の大部分を通じてすばらしく機能した。その頃、キャッツキル地方の大部分は原生自然のままで、今では市の郊外になってしまった地域にはまだ人口がまばらだった。だが、新しい世紀が近づくにつれて、アップステート地域の山岳部では観光が盛んとなり、新たなスキーリゾートやゴルフコース、ホテルや別荘などの建設が始まり、郊外は爆発的に拡張しつつあった。さらに、一九八〇年代後半までには、肥料や殺虫剤、油、排出微粒子などが、上水道への「忍び寄る累積的な悪影響」と市のある役人が呼ぶものの一因となっていた。一方、ベッドフォードヒルズ下水処理場のような数少ない大きな処理施設から、適切な処理が施されないままの汚水が垂れ流され、そのまま貯水池に流入してしまうような事態も時折起こっていた。

米国連邦議会が米国環境保護庁に、表層水を水源として供給する公共水道システムの水は必ず濾過されなければならないという規制を公布するよう指示を出した頃までに、ニューヨーク市当局は、すでに飲料水の水質について懸念を抱くようになっていた。一九八九年に、環境保護庁は地表水処理規則(Surface Water Treatment Rule)を公布し、それによって、ある条件を満たさなければ、貯水池、湖、中小河川などの水を使うどんな水道システムも濾過施設を建設しなければならないこととなった。その条件とは、もしも水道システムの管理者が水源流域内で「水源水の微生物学的な質に悪影響を及ぼすような」人間活動を十分に制御することができると証明できない場合には、というものであった。

ニューヨーク市は、すぐに小規模なクロトン川水道システムの濾過施設を建設することに同意した。その水は明らかに汚れていたし、濾過施設の建設費も三億ドルを超えると予測されるようなものではなかった。しかし、市当局は、残りの供給水を濾過するのに必要なずっと膨大な出費にはしりごみをした。そして彼らは、濾過施設の建設以外の選択肢を模索し始めたのである。

市当局は水源流域の汚染物質を濾過しなくても処理できることを示して、環境保護庁の用意した逃げ道を是非とも使いたいと考えた。しかし、彼らはこの本で取り上げた他の例に共通する、ある問題にすぐに直面した。自然の資産の保護は、それを自分が所有している場合には簡単である。濾過をしていない表層水給水システムを持つ他の大都市、例えばシアトル、サンフランシスコ、ボストンなどの各市は、水源流域とその周辺を含めた土地のほとんどを所有しているが、ニューヨーク市はそうではなかった。一九九七年以前にニューヨーク市が所有していたのは、水源域百万エーカー〔約四十万ヘクタール〕の内、わずか八万エーカー〔約三万二千ヘクタール〕に過ぎず、しかも、そのほぼ半分は貯水池よりも下流にあった（これに加えて、ニューヨーク州は、さらに二十万エーカー〔約八万ヘクタール〕をキャッツキル森林保護区として所有していた）。

さらに、ニューヨークの水源流域には多くの人々が生活していた。クロトン川流域にはおよそ十六万人、また、キャッツキル・デラウェア川流域には四万五千人がいた。明らかに、市当局は、水源流域住民の行動を規制し、汚染を防ぐための強力な規制の手段を必要としていた。そして、幸運にも、ほぼ一世紀前の州議会の決定のおかげで、彼らはいくつかの法的な規則手段を持っていた。その当時でさえ、都市が飲み水の水質を守る能力に懸念を抱いたニューヨーク州は、すべての水源流域一帯で土地を没収する法的な権限をニューヨーク市に、一九〇五年に与えていた。また、さらにその六年後には、水源流域の開発を規制する権限もこれに加えた。だが、そこには微妙な問題があった。それは、市がどのようにその権限を行使するかであり、すでに敵意を持っていたアップステート地域の人々とどのように協力関係を維持できるかということだった。

一九九一年一月、ニューヨーク州保健局は、飲料水安全法（Safe Drinking Water Act）の施行母体である環境保護庁の指定機関として、キャッツキル・デラウェア川給水システムに濾過施設を建設するようニューヨーク市に命令した。市はその決定を覆すために猛烈なロビー活動を展開し、一年後にようやく、環境保護庁への説得が成功して、命令は一時的に保留された。だが、その場しのぎも早晩時間切れとなることは明らかであった。市が早期決断にむけて動くのを後押しする圧力は二つあった。一つは、環境保護庁から突きつけられた濾過命令によって、キャッツキル地方の自然な浄化機能に金銭的価値が付与されたこと、そしてそれによって保全という選択肢が魅力的になったことだった。もう一つの圧力は、環境保護と消費者運動の活動家たちが、水は水源から保全すべきだとして運動を起こしていたことである。彼らは、キャッツキル・デラウェア川給水システムに濾過施設を建設することに反対で、別の選択肢を模索することを訴えていた。

故ケネディ上院議員の息子であるロバート・F・ケネディ・ジュニアは、水源保全運動の指導者の一人だった。ケネディは、ハドソン川を保護するために一九六六年に結成された「リバーキーパー」という、うるさ型の環境保護団体の弁護士でもあった。キャッツキル給水システムの半分とクロトン川給水システムのすべての水源は、ダムでせき止められたハドソン川の支流である。ケネディは、市が、高額な濾過施設を思い切って作ることを検討しているだけでも由々しきことだとして、「市が目論む無謀な選択の正真正銘のシンボル」と彼が呼ぶものを世に示そうと躍起になっていた。一九八九年に、ケネディは、キャッツキル・デラウェア川水源流域のすべての土地を買収するという代替案について吟味するための調査を求めた。これが、水源保全政策における、ケネディのその後長く続き、注目を集めることになる役割の始まりだった。ボランテイアを買って出た不動産業者の女性は、水源流域の土地購入経費をたった十億ドルと見積もった。その額は、もちろん濾過施設建設の見積もり額よりも、何十億ドルも安上がりとなるものだった。

「経済的にどちらの選択肢が有利かは、はっきりしていて、説得力もあります」とケネディは、彼のオフィスがあるペース大学法学部環境訴訟相談所の外にあるピクニックテーブルに座って話してくれた。それは、二〇〇〇年の秋のことであった。彼は、ワイシャツに赤い魚模様のネクタイ姿で、威厳にあふれた様子で太陽の光に目を細めた。若いアシスタントの数人は、尊敬のまなざしで、ケネディを取り囲んでいた。四七歳のケネディは、十年以上、水源流域についての役人の無関心と闘ってきた。彼は、ハドソン川渓谷の水の浄化機能〔という金銭的価値に置き換え可能なもの〕を保全したかっただけではなく、その美しさや野生生物の生息地、さらにはそれが提供するレクリエーションの機会など〔審美的な、金銭的価値に結びつけにくいもの〕を守ることにも同様に熱心なのが明らかに見て取れた。しかも、この二つは、彼の話の中で、分かちがたく結びついていた。彼は環境保護庁の濾過命令は、ニューヨーク市が水源流域に関心を持つことを余儀なくさせる、いわば「クローゼットの中のゴリラ」〔当面は平穏だが、深刻な事態に発展する可能性のある問題〕として役立てられればよいと確信していた。しかし、水源保護がどのようなものであるべきかについて彼が持っているイメージは、当然ながら市当局の神経をとがらせた。水質の良さを確保するための本当の答えは「開発を止めることだ。それは、誰かがしなければならない。だが誰もそれを言いたがらない」とケネディはかつてあるリポーターに語ったことがあった。

市当局は給水源を保護するためにしなければならない最低限のことさえしていないという自分の意見

を広めるために、ケネディは報道関係の人脈を最大限に活用して、一種のゲリラ戦を闘った。例えば、彼はテレビ関係者をパットナム病院センターの劣悪な排水処理施設に案内した。そこでは、病院の医療廃棄物と汚水が貯水池内に垂れ流されていた。一方、彼の弟、ダグラスは、『ニューヨーク・ポスト』の記者として定期的な暴露記事で市当局との戦いを継続した。一九九四年のそうした暴露記事の典型的なものとして、『ニューヨーク・ポスト』はクロトン貯水池が下水による汚染のために閉鎖されたと報じた。市当局のスポークスマンはその後、クロトン貯水池の閉鎖は下水による汚染のためではなく「有機物」によるものだと主張した。それを受けて、テレビの深夜番組では、ホスト役のデイビッド・レターマンは、この話が「怖すぎて、つい〈有機物〉をもらしちゃった」と皮肉なジョークを飛ばした。

ケネディが、環境保護活動の仲間であるジョン・クローニンとの共著で一九九九年に出版した『リバーキーパーズ』という本の中で、二人は市当局が「化学的、あるいは工学的解決に固執し、集中的な不動産開発に対して甘い役人文化」にどっぷり浸かった状態だと告発した。このスタンスと、しばしばニューヨーク市環境保護部を訴えるケネディの戦術は、当然のことながら、最善を尽くしていると確信している市職員の間で、少なからぬ憎悪をかきたてた。

「彼のアプローチは、私たちのものとは根本的に違います」と、ヒラリー・メルツァーは話した。彼女は長年にわたって、水源流域での規制を監督することに深く関与してきたニューヨーク市法律部の弁護士である。彼女は次のように続けた。「最近、彼の仲間の一人が、昔から〈地獄への道は善意で舗装されている〉〔善意からの行為が悲劇的結果を生んでしまうこともあるという意味〕と言い慣わされているが、そうではなく、むしろ〈地獄への道は舗装されている〉と言うべきだと話しているのを聞きました。舗装をするのは本質的に環境に悪いことだと彼らは考えています。それはたしかに真実かもしれません。しかし、そこにはバランスが必要だというのが私たちの考え方です。私たちは、水源流域ですべての開発を止めることが現実的な選択肢であるとは考えていません。政治的な現実は受け入れねばなりません。そもそも、あらゆる建設を禁止する条例など作れませんし、望んでもいないのです。」

ケネディの対決的な戦略は、水源の管理者たちをずいぶんと苛立たせたが、この問題への世間の注目度を上げることに役立った。かつては誰も注目しない官僚のジレンマにすぎなかった問題が、一躍、新聞の一面ニュース記事へと変わったのである。そして、彼の著名人としての人脈やケネディ家の人脈は、ワシントンDCでの支持を拡大した。彼自身も、ニューヨーク市の行政当局に誠実な対応を続けさせるために必要なことであるとして、複数の訴訟にあたった。自分たちこそがニューヨークの水源保全プログラムの擁護者だと主張する政治家などは、「ことごとく不動産業界のまわし者」だと、彼はペース大学法学部での会話の際に強く主張した。「私たちが連中を告訴しなかったら、彼らは議論の席には決して着かないでしょう。彼らが気に掛けることはただ一つ。訴訟だけなのです。」

一九九〇年代の前半、リバーキーパーは、ニューヨーク市当局が水源流域の保護にもっと真剣に取り組むよう圧力をかけようと、市の水道水の水源が持つ重要性について市を教育することに専心した。そしてケネディは、労働組合やHIV感染者支援グループ、地元の自治会、さらには最悪の水が最も貧しい人々の居住区に送水されることに怒りを募らせていたヒスパニック系、およびアフリカ系活動家たちを結集する連合団体を作る手助けをした。リバーキーパーの活動の中には、裸の男性の下半身に取り付けられた蛇口から、ガラスのコップに黄色い液体が噴出するという衝撃的なポスターを作る取り組みもあった。そのポスターには「ニューヨーク市の水道水の八八パーセントに人間の排泄物が混入している」との説明がつけられていた。

このような活動が繰り広げられていた間、デイビッド・ディンキンズ市長のスタッフとリバーキーパーのメンバーは、濾過施設建設命令のさらなる延期を連邦政府と交渉し続けていた。一九九三年一月には、交渉の成果が実り、環境保護庁の行政官ウィリアム・ライリーが妥協案を発表した。ニューヨーク市は、濾過施設の建設を計画するべきだが、もしも、一年以内に、貯水池を汚染物質から守れることを証明できるなら、水の濾過施設建設命令の見直しもあり得る、とする内容であった。市は同時に、大規模な新しい水質検査プログラムをすぐに開始するよう命じられた。

市当局は、現行法が水源流域を保護するという任務にはひどく不向きなことをよく知っていた。それらの諸規制は一九五三年以来、まともに更新された形跡がなく、最近の地方開発ブームにはそぐわず、ケネディの著書の中の言葉で言えば、「漫画『リルアブナー』に出てくる古き良きドッグパッチ村やアンディ・グリフィス・ショーの平和な田舎町メイベリーに、よりふさわしかった。」〔『リルアブナー』はケンタッキーのドッグパッチ村を舞台として、一九三〇年代半ばから七〇年代後半まで連載された新聞漫画。メイベリーは、俳優アンディ・グリフィスが主演した一九六〇年代の人気ホームコメディ番組の舞台となった、ノースカロライナ州の架空の田舎町〕それらの時代遅れの諸規則は、例えば屋外トイレや鶏糞堆肥置き場の配置については規制していたが、有毒廃棄物や建設現場からの豪雨による汚染物質の流出などについては何の記述もないものであった。さらに、規則違反に対する最大の罰金は二五ドルで、しかも、この四十年間、誰もこの規則によって罰せられていないのだった。

環境保護庁の行政官ライリーが示した妥協案が示される以前に、ディンキンズ市政は、すでに、諸規定の広範囲な見直しという課題に取り掛かっていた。そしてその過程で、改善は容易でないことが明らかとなっていた。その三年前に、規則見直し提案の草稿が回覧された時、ニューヨーク・アップステート地域の住民たちは、野心的な変更が検討されていることを知った。そこには次のような項目が含まれていた。開発に対する厳しい制約、特定の地域での新たな建築物の禁止、新しい下水処理施設の設置制限、土地所有者が雨水を回収して処理することを義務づける命令などである。さらに、あらゆる私有地に舗装可能面積の厳しい上限を設けること、そして、水源流域での農業活動の取締の強化も挙げられていた。この草案は激しい抗議を巻き起こし（アップステート地域の新聞には、ニューヨーク市の職員たちが牛におしめをあてがう漫画が掲載されたこともあった）、やがて水源流域自治体連合（Coalition of Watershed Towns）と呼ばれる反対運動グループが結成された。

一九九三年十一月、ルドルフ・ジュリアーニが市長に当選した。それから数カ月のうちに、前市長ディンキンズの作った規則が修正されたが（ケネディのグループは、これは「修正」などではなく「水に流した」のだと言った）、その後もアップステート地域での抗議運動は鎮まらなかった。この新しく修正された規則は、舗装制限と水源での農業活動制限を撤廃し、水源域における意図的、しかも故意的で悪意のある水の汚染行為だけを禁止した。この修正された規則に関する一連の公聴会で、環境保護主義者たちは内容がなまぬるすぎると非難した。その一方で、水源流域の住民たちは、自分たちがニューヨーク市民の飲料水のコストを背負うことになることへの不満を露わにし、地域の発展が見込めないため、税の基盤さえ失いかねないと述べたのである。大きな訴訟がいくつも始まった。アップステート地域の不動産開発業者は、ニューヨーク市が土地所有権の不当侵害を行っているとしてそれに反対するダイレクトメール・キャンペーンを開始した。重大な局面を迎えた一九九五年の春に、ちょうどその時就任したばかりのジョージ・パタキ州知事はこの件での仲裁役を買って出た。

その後、この交渉は二年間にわたって続いたが、最終的に、ニューヨーク市、ニューヨーク州、環境保護庁、アップステート地域の各自治体、そして三つの主要な環境保護団体が交渉に加わることになった。彼らは百五十回以上の市民集会を通じて議論に議論を重ね、会合が夜遅くまで続くことが度々あった。「その会合はまるで、年にたった一度会うくらいがちょうどいいような親戚たちが集まる感謝祭の夕食会が、延々と続くようなものでした」とニューヨーク公共利益調査グループ（New York Public Interest Research Group）代表のクリス・マイヤーは語った。その長い過程は、皆がそれなりに納得することをめざした妥協で幕を閉じた。重大すぎて手に負えないと思われた問題だったが、それは解決をみたのである。一九九七年に発表された「合意書」（“memorandum of agreement,” 略称ＭＯＡ）として知られる合意は、六十の町、十の村、七つの郡といくつかの主要な環境保護団体からの支持を受けた。アップステート地域の自治体は、係争中だった十余りの訴訟を取り下げること、そして水源流域一帯での成長を制限する新たな規制に協力していくこと、の二点に同意したのである。その見返りとして、ニューヨーク市は、当時の見積額である十五億ドルを費やして、土地の買い取りと新しい雨水渠や下水処理システムの建設、さらに既存の汚水処理施設の設備更新を始めとする多くの事業を行うことを約束した。この金額は、アップステート地域の農民が彼らの汚染を制限するのを援助するためにすでに予算に組まれた、およそ三千五百万ドルに加えての予算措置だった。これらの努力に対して、環境保護庁は濾過施設建設命令の五年の延期と、その期限が切れる二〇〇二年には更なる延長もあり得るとの含みを示して応えたのである。「この合意は、環境保護と経済成長は両立できると確信するニューヨーク市民にとって（私もその一人だが）、偉大な勝利である」と、パタキ知事は言った。しかしこの勝利は、それから先ずっと、ニューヨーク市民が水源流域保全プログラムに取り組み続けなければならないことを確実にしただけである。市が今後も猶予期間の延長を認め続けてもらうためには（そしておそらくその猶予延長は永遠に続くのだが）、市は、その水が環境保護庁の基準を満たすような、沈殿物と大腸菌が低水準に保たれたものであることを示さねばならないのみならず、水が原因となる感染症の大発生を決して引き起こすわけにもいかない。それに加え、市当局は、将来にわたっても、これらの要求を満たせるような水質保全プログラムを保持していることを証明できなければならないのである。

この断固とした冒険的事業のための予算の中で最も大きい項目は、二億六千万ドルで、それは貯水池周辺の土地買収にあてられた。その土地で、未開発の「緩衝地帯」を設けるためである。新しい汚染源の発生を阻止することと併せて、この緩衝地帯は、自然がその働きである水の浄化機能を発揮するためのものとなる。つまり、撹乱を受けないようにした土と植物が、水の汚染物質を吸収し濾過するのである。市は、アップステート地域の地方自治体に対して、購入した水源流域の土地の固定資産税を支払う責任を負うことになる。そして、その額は、二〇〇一年の中頃までには、年間六千八百万ドルにまで上昇していた。

これらすべての支払いを通じて、市はニューヨークで働く人々と住民に、自然できれいな水を提供するためのコストを「内部化」、つまり、費用計算の中に取り込むことになった。その際計上された高額な追加出費の一つで、最も目新しい種類のものは、水源流域内三五の自治体と企業に対して直接支払われる一億四千万ドル以上の額であった。それは、彼らの土地が自然の濾過機能を発揮してくれることに対しての対価であった。それは市の「水の消費者」たちから、新たに彼らの委託を受けて、水源を環境的に有害な開発から守ることを使命として引き受けた「水源の管理人」たちへの、かなりの富の移動であった。予算措置の中には、パットナム郡とウェストチェスター郡にまとめて支払われる六千八百万ドルもあった。それは水質改善と雇用の確保に直接関連するプロジェクトで利用するためのものだ。さらに、六千万ドルが、「キャッツキル未来基金」として確保され、それは地元のビジネスに対して、環境的に健全な開発を行うよう促すことを目的に分配されるものとなった。そして、さらに千三百万ドルが、前述の「合意書」に署名したすべての地方自治体に対して、「近隣支払い金」として公共事業の費用を賄うため配分された。

「このようなお金のすべては、各地元当局の判断で使われることになっています。しかし、現時点での彼らの判断というのは、利息をかせぐためにとりあえず銀行に預けておくというものです。たぶんその現状があるためでしょう。私たちが水源保全のための規則を金で買ったと言う思いやりのない人々がいるのです」と、市の水源流域に関わる科学者キンバリー・ケーンは嘆いた。

その類の人々の中で、最も口うるさい反対者の一人がパットナム郡の開発業者で、極右の共和党系活動家エド・ヒーランであった。ヒーランはブルースター村の郊外に不動産事務所を構えている。二〇〇〇年十月、彼の事務所の壁はパット・ブキャナン〔アメリカの有名な保守主義者〕の大統領選出馬を支持するポスターで飾られていた。ヒーランはその選挙期間中、州の選挙事務長だったのである。彼は、政治的な分断をもたらす目的で、ロバート・ケネディと同じ熱心さで、市当局を突き上げた。その時に話した彼の長い会話によると、彼の懸念は、主に私有財産権の問題であり、彼が見るところでは、その重大な侵害が起きているというのだった。

九万人の住民が住み、ヒーランの事務所もあるパットナム郡は、ウォール街まで約一時間弱の通勤圏にあり、ニューヨーク市が水源域の保護事業に取りかかる以前には空前の不動産ブームに沸いていた。そのブームに乗って、ヒーラン自身も、社長、あるいは共同経営者、コンサルタント、はたまたブローカーなどとしてこの地域の約一万エーカー〔約四千ヘクタール〕の土地の代表代理人を務めていた。しかし、不動産ブームは、水源流域の保全事業の拡張に伴う規制によって抑えられてしまった。そして、交渉の結果の「合意書」も彼の不動産事業には何の利益ももたらさなかった。最近心臓発作を起こして自らの商業活動を縮小しようと決心したにもかかわらず、この六一歳の大物は、市当局を相手取って起こした数多くの訴訟で忙しそうにしていた。そして合意書の成立から三年間、勝訴は全く得られなかったものの、ヒーランは最終的に法廷が同情してくれるのではないかとの望みを抱いていた。

「こんなこと完全に暴挙なんだよ。泥棒だ！」と彼は叫んだ。そして、テーブルをたたき、顔はピンクに紅潮していた。「市当局のやり方を、仮に私やあなたがやれば、収賄と強奪で刑務所入りだ。ひどい言い方かもしれないが、まさにそういう気持ちなんだ。市がしたことは違法だ。市当局は村々を訪ね回って、『皆さん、何十万ドルも用意しました。ほとんど何に使ってもいいんです。税金がかからないように帳尻はうまく合わせてくださいね』と言ったんだ。そして飴をしゃぶらされた自治体は、後々訴える権利を放棄させられた。そして今になって合意書の細則をじっくり読んでいるわけだ。今ごろようやく気付いたのさ。もし開発ができないとなれば、これからどうやって学校を建てていけばいいのかってね。」

ヒーランは開発が不可能になったことにより生ずる「機会費用」〔本来得られるべきであるにも拘らず、不法行為や債務不履行などで得られなかった利益を指す〕として数百万ドルほどを個人的に失ったと計算していた。そして、彼は自分と同じように、所有財産の価値が急落した数人の企業家の名前を列挙した（その土地の大部分はクロトン給水池近隣地域にあり、そこの水は実際には濾過施設で濾過されるものであったが、それでも水源流域保全規制は同じように適用されていた）。この結果、減少した商業活動を補うために、何千人もの住民の税が上がるに違いないとヒーランは予測していた。彼はまた、パットナム郡の土地の評価額が、いまだに水源流域保全規制が施行される以前のレベルのままであるため、「課税評価額を下げろという要求がどっと押し寄せてくるだろう」とも予測した。

「住民は目を覚ましつつあって、この何の役にも立たない土地を持ち続けることなどできないとわかり始めているんだよ」と、ヒーランは窓の方向を手で示しながら言った。だが、彼の言う木々で覆われた丘は、その窓からはまったく見えなかった。ニューヨーク市当局は、水質汚染物質と病原体に対処するための信頼できる濾過技術を採用することも可能だったのだと、彼は断言した。彼の考えでは、それをしないで、水源流域保全の方針一本で行くという決定は、単に財政的な負担を政府が負わずに、納税者に転嫁しただけのことだと言うのである。「市当局とケネディはあまりにも急進的で、ゼロ成長主義だ。私はそんなことは非現実的だし、不合理だし、しかもアメリカらしくないと思う」とヒーランは言った。

実際、ケネディとヒーランのそれぞれの立場は、自然を見る際の、二つの劇的に対立した見方を明示してくれた。そしてニューヨーク市の立場は、どちらつかずの宙ぶらりん状態でいささかぶざまな様相を呈していた。ケネディの見方は、土地所有者というものは、自分の所有地の環境資産の管理人としての役目を果たす義務（その経費を補償してもらうことはあるかもしれないが）を、社会に対して負っているとするものであった。一方、ヒーランの見方からすれば、土地を買うということは、その場所を議論の余地なく汚染してよい権利の購入を伴うものだとするものであった。この論争は、ニューヨークの水源流域の保全をめぐる意見の対立の最重要点である。そして、一九七三年の「絶滅危惧種保護法（Endangered Species Act）」をはじめとする、七〇年代に論争の火種となったいくつかの連邦環境関連法もまたまさにそうであったように、これは、かつて絶対不可侵の権利と考えられていた私有財産権も、公益のためならば再考すべきだとアメリカ人たちがますます考えるようになってきた証である。

右翼からも左翼からも起こされた訴訟で打ちのめされてはいても、ニューヨーク市の水源流域に関係する官僚たちは、究極的には、それよりも病原菌についてもっと心配していた。水源流域という生命維持装置に対して、人類がどのように悪影響を及ぼすかを完全に理解することは難しく、そこには大きな不確実性が潜んでいる。これまで彼らが水源問題で達成してきた前進を台無しにしかねない最大の脅威は、そうした不確実性の中に潜んでいた。一九九〇年代前半には、農民や町などが長期にわたって、環境中に汚染物質を垂れ流し続けていたが、それでも飲料水の水質には特に目立った変化が起きないのを彼らは見てきた。だが、ついに目には見えないある限界を越えた時、ほとんど一夜にして、クリプトスポリジウムのような未知の病原体の壊滅的な大発生が起きたのだ。彼らは、病原菌の大発生が水源流域で起こるか起こらないかは、大きな賭けのようなものだと認識していた。環境保護庁との協定下では、ニューヨーク市内で深刻な水由来の感染症が発生した場合、それは濾過施設建設の猶予期間延長を切り上げ、即刻、濾過施設の建設を命ずる根拠と見なされることになるからである。

もう一つの切迫した科学的な懸念は、人口密集地や農地からの汚水と肥料の継続的な流入による、貯水池でのリンの蓄積であった。過剰なリンは、貯水池の富栄養化を引き起こす。富栄養化は藻類の大量発生と水草の大量繁茂を引き起こし、その結果、水中の酸素を欠乏させ、場合によっては魚を窒息させる。リンを過剰に含む水源からの水は、見た目も、味も、臭いも悪い。その解決策としては塩素を増やすことになるが、塩素は発がん性の高いトリハロメタンのような危険な副産物をつくるので、解決になるどころか病気よりもしまつが悪い。水源流域保全プログラムが、下水処理システムの新設や設備更新に資金を提供する理由は、このようなリンの過剰による危険のためである。その出費は、このプログラムが抱える他の大きな出費と並ぶ巨額なものではあったが、どうしても不可欠であった。ニューヨーク市の計画によれば、水源地域内にある学校や町、マンションなどのために設けられた百以上の廃水処理システムが、迅速に、最新の水準にまでひきあげられねばならなかった。

そしてさらにその先には、もう一つの危険が潜んでいた。ニューヨークのきれいな飲料水を維持する上で決定的に重要な役割を果たす森林そのものが、究極的には、工場の煙突や百マイル〔約百六十キロメートル〕以上も離れた所で走る車やトラックの排気ガスを原因とする酸性雨によって、深刻な被害を受ける可能性があるのである。健康的な森は、何十年もの間、雨に含まれる硫酸と硝酸のほとんどを吸収し、それらが水源に侵入するのを防いできた。二〇〇一年の後半には、上流域の川の硝酸濃度は、まだ環境保護庁の基準値よりも低い値であった。だが、ニューヨーク州ミルブルックにある生態系研究所の森林生態学者キャスリーン・ウェザースは次のように警告した。森は「無限のスポンジではありません。さて、六万四千ドルクイズです。『まだ大丈夫』と『もうだめ』の境目はどこでしょう?水質に影響が出始めるところまでついに行き着いてしまうのは一体いつでしょう?」〔六万四千ドルクイズはアメリカで一九五五年から五八年にかけてヒットしたテレビのクイズ番組で、正解すると多額の賞金が得られるが、間違えたら、即座にすべてを失うことになる。ここでも彼女の問いに正解しなければ、破滅がまっていることが暗示されている〕

資金調達の問題は、市のさまざまな懸念をさらに深刻にしていた。廃水処理設備改修プログラム（一連の水源流域保全プログラムの中で支出制限を設けていない数少ないものの一つ）の当初の見積額は七千五百万ドルだったが、二〇〇一年夏までには、すべての施設を改修するためには、その三倍以上が必要になると予測されていた。しかも、市の改修対策は、予定よりもはるかに遅れていた。市の弁護士メルツァーはこう認めた。「することが多すぎて、とても無理ね」と。だが、都市計画の担当者たちは、環境保護庁の出した二〇〇二年五月の期限までに、最も重要な下水処理施設の改修は済ませられる見込みでいると彼女は言った。

人口が密集するパットナム郡でのニューヨーク市の挑戦は、これ以上の開発を止めて、それによって水源の水質汚染を少しでも減らすことにある。一方、キャッツキル地域はまだ深い森で覆われているため、そこでの使命は第一にきれいな水を生み出してくれるその森やその他の緑を保全することにあった。このことは、その森林地の八十パーセントを所有する地元の住民と密接に協議した上で、水源を守るということを意味する。この地域で、最も手つかずの生態系があり、その生態系サービスが最も効率的に生み出されていて、一番健全と言える場所は、注意深い林材管理者によって維持されている区画である。健全さの度合いで次に続くのは農場だが、その次はもう遙かに及ばぬレベルで分譲地、別荘と続いている。それゆえ、市の職員たちは、農民たちをちゃんと農場に留まらせ、森林労働者たちをちゃんと森に留まらせるよう努力することが、彼らの使命の重要な部分であると感じているのである。

一世紀前、キャッツキル地方の九五パーセントもが、在来のニワトコ、ハナミズキ、カエデ、ブラックチェリー、アカガシワなどの森で覆いつくされていた。現在、本来の原生林は残っていないが、平均でおよそ三十エーカー〔約十二ヘクタール〕の森林を所有する民間の地主たちは、アマチュアの森林労働者として働いており、彼らは二次林から材木を切り出して売ることで八千万ドル規模の産業を形成している。市が資金を出す水源保全プログラムは、これらのビジネスに対し、彼らがそのまま今の土地に留まることができるようにするため、財務管理から持続可能な林業技術についての指導（択伐と適期の植林）に至るまで、ありとあらゆることに関して支援を行っている。ニューヨーク市が後援する水源流域農業協議会（Watershed Agricultural Council）の森林管理官ジョン・シュワルツは次のように言った。「固定資産税が重くのしかかってくることが主な原因で、住民は森林を売り、土地を分割し、分譲してしまうのです。ですから、結局、私たちは経済的な開発支援と並行して、税法上の相談も引き受けざるを得ないことになるのです。」

アップステート地域の農民は、専門家のコンサルティングをいくらでも無料で受けられるばかりでなく、インフラ整備までも無料で提供してもらっている。ニューヨーク市の中心部から百マイル〔約百六十キロメートル〕以上離れたウォールトンという片田舎の小さな町に、家族経営の小規模なホーリー・ヒル農場がある。デイビッド・ホーリーは、子牛を五万ドルもする太陽熱利用型テントの中で飼育している。そのテントはニューヨーク市に住む住民の税金で建てられたものだ。八頭の子牛は、窮屈で湿っぽい納屋から、最新技術の広々とした温室の中に設置した新しい牛舎へ移された。この新しい牛舎によって、子牛の健康は劇的に改善され、その結果、ホーリーの酪農場の経営状況も非常に良くなった。「この二年間、子牛を一頭も失わなかったし、ほとんど獣医の世話にもならなくなりました」と、彼は言う。彼はこの温室のお陰で、ずいぶん金銭的に得をしたが、それだけではない。小川に沿って作られた新しいフェンスのお陰で、牛が水を汚染することもなくなったし、岸辺の岩でつまずくこともなくなったのである。牛乳の販売価格は歴史的に最低レベルにあることから、ホーリーは自己資金だけでこれらの改善のすべてをまかなうことはできなかった。しかし、ニューヨーク市の環境当局は、汚染された水に由来するクリプトのような水系感染症の発生を最小にするためなら、ホーリー・ヒル農場や他の小さな何百もの農場にこのような投資を行う価値があると考えたのである。

そのような恩恵をちらつかせながら、市は当初、友愛精神に訴えることで農民たちを環境保護主義者にしたてようと目論んでいた。一九九〇年に提案され賛否両論を巻き起こしたさまざまな規制の中に、岸辺から二百フィート〔約六十メートル〕の後退を義務づけるというものがあった。それは、森と湿地をそのまま残すことで、汚染物質が分解され除去されるのに十分なだけ水が滞留できることを可能にするためであった。しかし、農民たちは問答無用とばかりにそれに反対したのである。「最も生産性の高い土地は、流れのそばにあるのです。それは強制されるべきものではありません」と、アップステート地域でトウモロコシを作る優秀な農民のデイブ・フルトンは抗議した。すると、すぐにニューヨーク市の特使たちは、農民にとってより有利な提案をひっさげて戻って来た。それは、十五年間の任意契約の提案で、もし彼らが水辺で在来種の植物を育てれば、毎年一エーカーにつき百ドルを支払うというものだった。この方法は、以前の一方的なものよりも好意的に迎えられたものの、多くの農民がトウモロコシでかなりよい稼ぎを上げることができたため、二〇〇〇年の秋までにこの河岸再生保全計画に参加したのは、四百エーカー〔約百六十ヘクタール〕に過ぎなかった。

一方では、大多数の水源流域農民が、無料のコンサルティングと、ホーリー・ヒル農場で役立ったようなフェンスやポンプなど無償のインフラ整備の契約を成立させていた。しかし、こうした投資が実際に地元農民の助けになり、歓迎されたにも関わらず、彼らは、そうした援助をもってしても、牛乳価格の下落など、より大きな経済的な力を翳らせるには十分でないと言う。そしてその力が、最終的に、彼らがこのままこの土地に留まることが出来るか否かを決することになるのだ。「私たちは市を助けているし、私たちも市から恩恵を受けています。しかしそれがいつまでもつのか、何とも言えないのです」とホーリーは言った。

その他の多くのキャッツキル地方の住民たちは、自分たちが地元の水を管理するのは市の援助に対するお返しだという考えを共有しているように思われた。「クリスマスで、ニューヨークに帰った時、親類に『あなたが飲む水はどこから来ているのか知っている』といつも尋ねるのだけれど、彼らは全くわからないと答えるの」と、水源流域農業協議会のアウトリーチワーカー〔地域社会との連携を目的として団体や組織に置かれる職員〕であるカレン・ラウターは言った。ラウターは、一九九〇年代後半に、マンハッタンから、ハルコットという小さな町に移り住んできた。そこは、前述のデイビッド・ホーリーの農場から二、三マイル〔数キロメートル〕しか離れていない。「私だってここに住む前は、水がどこからくるかなんて知らなかったのよ。でも、今ここに住んでみて、この土地を保全して、水を守ることが私たちの責任であると感じているし、そのことに対価を支払うのは市の責任だと思うわ」と言った。

ニューヨーク市の水源流域保全の取り組みにおいて、キャッツキル地方が重要であるのはまちがいないが、その核心は、マンハッタンから北に車でおよそ三十分の距離にあるケンシコ貯水池である。それはウェストチェスター郡にあり、広さ十三平方マイル〔約三三平方キロメートル〕の貯水池である。通常は、キャッツキル・デラウェア川水源流域のすべての水は、このケンシコ貯水池に集まり、その後ここから流れ出る。まさにここが、ニューヨーク市のコンサルタントたちや川上の農民と森林管理者たちの日頃のすべての苦労が、たった一つの出来事によって台無しになってしまうかもしれない場所である。例えば、近くの下水道が破損して汚水が流れ込むかもしれないし、大規模建設プロジェクトから堆積物が流入してくるかもしれない。ニューヨーク市の給水プログラム副本部長であるマイケル・プリンチペが、そのシステムはどのように機能しているのかを説明してくれたとき、貯水池のまわりは、カエデやトネリコなどが秋の朝日の中で見事な赤や黄色に照り映えていた。

水は二本の導水路から三百億ガロン〔約千百億リットル〕の水が貯留可能な貯水池に入り、そこで平均して約二十日間滞留する間に塩素とフッ素の処理が施され、それから三時間ほどをかけてニューヨーク市に到着するのだと彼は説明した。「ここでの最大の敵は誰だと思いますか。なんと鳥なんですよ。一九九〇年代前半には、ガンとカモで大問題が起きていたのです」とプリンチペは笑いながら言った。水鳥の群れが貯水池で用を足すので、水中のバクテリアレベルが劇的に上がったのだそうだ。「私たちは、南の生息地が破壊されて、ここに移動してきた数千羽のカナダガンに焦点を定めて、その対策を考えました。一九九三年に、私たちは『水鳥抑制プログラム』を実行しました。それは、基本的に毎朝毎晩モーターボートで水鳥を追い払うというものです」とプリンチペは言った。市のカナダガン対策部隊は、鳥たちをおどそうとプロパンガスの大砲まで打ってみたが、やがて音がうるさいとの苦情で中止となったそうだ。

湖の科学の専門家である陸水学者のプリンチペは、水源の管理をめぐって火花をちらす政治的な話題よりも、水源流域をどう機能させるかといった基礎的な問題を議論する時のほうが、ずっと和んだ雰囲気だった。彼が話すときの、リラックスした、屈託ない顔を見ていると、ニューヨークの問題は、カナダガンと同じくらい簡単であるかもしれないと思えてしまうのだった。彼は次のように言った。「私はかなり楽観的です。実際、水質はとてもよく、今後ますます良くなっていくはずです。環境保護庁は、私達がもっと多くの土地を買い、廃水処理プログラムをもっと加速すべきだと考えています。でも、環境保護庁は途方もなく野心的な期限を設けたものだと思いますよ。そもそもなぜ私たちが濾過施設を作らなくてはならないのかという合理的な理由が、私にはわからないのです。世界に目を向け、真水の供給がどんな状況にあるのかを見てみてください。それからニューヨーク市にもう一度目を向けてみてください。もちろん私たちも問題を抱えてはいます。ですが、全般的に言えばとても幸運な状況に置かれているのです。」

しかし、ニューヨーク市の運は、そろそろ尽き始めていたのだろうか。同じ日の午前中、今度は、ケネディ事務所の副所長で若い弁護士マーク・ヤッギとニューヨーク公共利益調査グループの活動家キャスリーン・ブリーンと一緒に再びケンシコに出かけた時には、確かにそう思えた。この戦略的に重要な貯水池の周りでは、新しい開発を抑制しようとする市の努力にもかかわらず、ありとあらゆる建物が建設中であることを二人は指摘した。不動産市場では一等地であるこの地域で、緩衝地帯にする土地を市が買おうとする試みは、たしかにかなり難航していた。ニューヨーク市から車で一時間以内のケンシコ貯水池の周辺の土地は、一エーカー当たり三五万ドルという高額で取引されてきていた。それゆえ、多くの地主は市当局の提示額に唖然としたのだった（二〇〇一年までに、市は土地購入のための総予算のおよそ三分の一を、大部分がキャッツキル・デラウェア川水源流域内にある二万七千エーカー〔約百八平方キロメートル〕を買収するために、すでに使い果たしてしまっていたのである）。

一方、開発業者はそれに先んじて、ケンシコ貯水池の周りの土地を買いあさって宅地を造成していた。ある分譲地は、貯水池の水辺からほんの六百フィート〔約百八十メートル〕しか離れていない場所で建設が進んでいた。また別の場所では、この二人の活動家たちが、本来緩衝地帯として使われるべきだと主張する土地に、巨大な分譲地が造られていた。そしてそこは、どんどんと新しくできる「マックマンション」〔周辺環境に配慮なく建てられた豪邸のこと。不動産バブルで豪邸が次々と建てられていく様子を揶揄して、マクドナルドのチェーン店が次々と出店する様子になぞらえた表現〕が占領していた。ある大邸宅の外では、開発業者が家の車庫に続く私道を作るために小川を埋め立ててしまっていた（これについては、リバーキーパーのグループが訴訟を起こして勝訴し、百三十万ドルの改善命令を勝ちとった）。さらに大規模な開発として、IBM社やスイス・リー社などの大企業が入る総合オフィスビルの近くで、貯水池の岸に沿って主要幹線道路の拡張工事が計画されていた。ヤッギはこう言った。「それを聞いて私たちは唖然としました。そこは、とても重要な区域なのです。そこを舗装するなど、最もしてはならないことです。不浸透性の大きな面を持ってしまえば、水は表面を流れていき、汚染物質を運んでしまいます。」彼は、ながら空きの道路で突然Uターンをした。「道路建設の根拠は、渋滞が起きるからというものでした。そうでしょうとも。こういうところを運転していると怖いですよね、こんなに道路が混んでいるのですから」と彼は皮肉った（その午後遅く、リバーキーパーの他、二十の市民団体と環境団体は、ニューヨーク州運輸局との協定をまとめるための協議を行った。その協定で、運輸省は、不浸透性の地面を一切増加させることなしで、交通安全上の改善を行うことになったのである）。

市には水源地域の開発を効果的に制限しようとする政治的な意志がないことを確信したリバーキーパーと他の環境団体は、ニューヨーク市環境保護部が腸の病気の潜在的大発生を監視していたのと同じくらい厳しい目で、市の環境保護部を監視し続けた。ケネディのグループは、市の予算を破綻させることになる濾過施設建設を「クローゼットの中のゴリラ」的な潜在的脅威として有効に利用してきたため、「ゴリラ」が一旦外に出てくることになれば［すなわち濾過施設建設がいよいよ決まってしまえば］、自然保護の戦いが完全な敗北のうちに終わってしまうことを懸念していた。彼らは、濾過施設の完成が二〇〇七年に予定されているクロトン川水源流域周辺では、すでに病原菌発生に対する警戒が緩められてしまっていると非難した。ヤッギは次のように予測した。キャッツキルでは、「濾過が始まることは、開発業者にとって青信号となるでしょう。一旦それが稼働し始めてしまえば、市にはもう水源流域を気にかける理由がないのです。あっと言う間に、水辺に分譲マンションが建ち並び、下水処理槽からは汚水が垂れ流されることになるでしょう。」

しかし、二〇〇一年夏に、市当局は、キャッツキル・デラウェア川給水システムを拡充してきたことを踏まえて、濾過施設の建設命令は、少なくともあと五年間は免れることができると確信していた。「環境保護庁の言い方は、濾過回避計画が将来あるかないかではなく、あることを前提にむしろその条件をどうするのかを検討しているのだ、というようなものでした」と、市の弁護士であるメルツァーは言った。

それでも、濾過に反対する経済的な議論の力は、時間の経過とともに弱まっていた。キャッツキル・デラウェア川濾過施設建設の予想経費が、一九八九年当時のものに比べて、劇的に安くなってきたようなのである。問題が持ち上がってから十一年後、プリンチペの見積もりよりも高い予想額を挙げる市の担当者はいたものの、彼は濾過施設がわずか四十億ドルでできるかもしれないとの見積もりを出した。それとは裏腹に、水源流域保全プログラムの方は、主に廃水処理システムの改修工事費が予想よりも高価であることがわかったため、その経費が二十億ドルに迫ろうとしていた。「水源流域保全プログラムの経費が、高くなればなるほど、このプログラムを支持する経済的な議論は、より明確さを欠いたものになってしまうのです」とメルツァーは悩みを打ち明けた。

それにもかかわらず、少なくともインタビューの中では、市の職員と環境保護論者たちは、最高水準の技術でさえ完全に信頼しきれないとするならば、技術的解決だけに頼れると思い込むことは誤りであるという点で合意していた。環境保護庁は、殺菌剤としての塩素と濾過をうまく組み合わせれば、「九九・九パーセントのランブル鞭毛虫のシストと九九・九パーセントの腸内ウイルスを除去できる」と主張した。しかし、これは濾過設備が完璧に機能するとの仮定に基づいて言えることだ。ミルウォーキーの上水は濾過装置を通されていた。しかし、豪雨時に濾過施設の一つが処理能力を超える負荷を受けた後、それはクリプトの壊滅的な発生を防ぐことができなかったのである。実際、環境保護庁のワークショップで報告された一九九九年のマサチューセッツでの調査によって、次のことがわかった。濾過ありでも水源流域が保護されていない表層水給水システムを持つ町に住む子供たちは、濾過なしでも水源流域が保護されている表層水供給システムを持つ町の子供たちよりも、クリプトにさらされる確率はほぼ二倍だというのだ。しかも、技術的な解決は、水源流域のさまざまな問題には対処しようとしていなかった。つまり、農場からの窒素流出、あるいは、家庭洗剤や塗料、殺虫剤、ガソリン、肥料などから出る有毒物質やホルモン様化学物質〔いわゆる環境ホルモン〕などの問題は、技術的な解決の対象とはならず放置されていたのである。そして最終的に、濾過装置も塩素処理も、あるいは最先端の紫外線による処理でさえも、もし水がまずく、臭いも、見た目も悪い場合には何の役にも立たないのだ。これらのことすべては、水源で水の純度を確保することについての有力な賛成論につながるのである。水源で水の純度を確保するということは、表層水給水システムに関して言えば、健全な水源流域を維持することに他ならない。

確かに、経済的な経費を考慮しなくてよい場合の最も安全な解決策は、濾過施設建設と効果的な水源流域保護の二つを同時に行うことであろう。これは、実際、一九九一年に、環境保護庁がニューヨークのジレンマを検討するために任命した学識経験者による検討会議が出した提言であった。しかしながら、費用のかさむ濾過施設の建設か、より安上がりな水源流域の保全かという二者択一の問題は、少なくとも当面のところ、多くのニューヨーク市民にとって自然のサービスが経済価値を持っていることの明白な証として残ったのである。

ロバート・ケネディは、この教訓がずっと生き続けてくれることを望んでいると言い、こう続けた。「良い経済政策は、常に良い環境政策なのです。人が経済と環境を秤にかけているのを見ると、決まって短期利益だけの議論をしているのです。もしこの地球を、あたかも清算中の会社のように扱うとしたら、キャッシュフローをつくって繁栄しているように見せかけることもできます。しかし、私たちの子供たちが、そういう暴走のつけを払うことになるのです。それはただの赤字財政支出のようなものです。ほんの一握りの人たちを裕福にはしますが、大多数の人たちを貧乏にしてしまう一つの方法です。」

ニューヨークにおいては、連邦政府と地域活動家の関心に対処する中で、自然資産の価値を認め、こうした「赤字財政支出」を減らそうとしたのは自治体であった。一方、アメリカ西海岸では、ある草の根グループが、経済における自然の役割をどのように認めていくかについて、独自のルール作りを主導していた。

4　カリフォルニア州ナパ　～川の自然再生で復興を遂げた町～

どんな川の一生にも歌がある。しかし、ほとんどの場合、その歌は酷使という不協和音によって台無しにされてきた。

――アルド・レオポルド

カリフォルニア州ナパのダウンタウンの南にある牧草地で、クラリネット、フルートとベースギターが「アップ・ア・レイジー・リバー」のジャズバージョンを派手に奏でている。近くの高齢者施設からやってきたやじ馬たちも数えれば、およそ六十人が真夏の太陽のもとに集まっている。すると、長いドレスに身を包んだ二人の若い女性が紙箱を開けて、オレンジ色のオオカバマダラチョウの大群を空に放った。数匹の犬が人々のあいだを歩き回っている。それは、ふつうに見られる米国工兵隊の起工式よりもはるかに穏やかな光景だ。しかし、二〇〇〇年七月下旬のこの朝の雰囲気は意気軒昂としていた。ブルーカラー人口が多く、沈滞した雰囲気に喘いでいたこの町がワシントンDCと闘い、そして勝利したのだ。将来の町の姿を決める力を得て、自らの闘いを選択する権利を宣言し、いま厳かに前途有望な休戦協定を祝っていた。

沈滞した〔ナパ郡〕郡庁所在地ナパは、その町と同じ名で呼ばれる、ブドウ畑の続く魅惑的な渓谷に

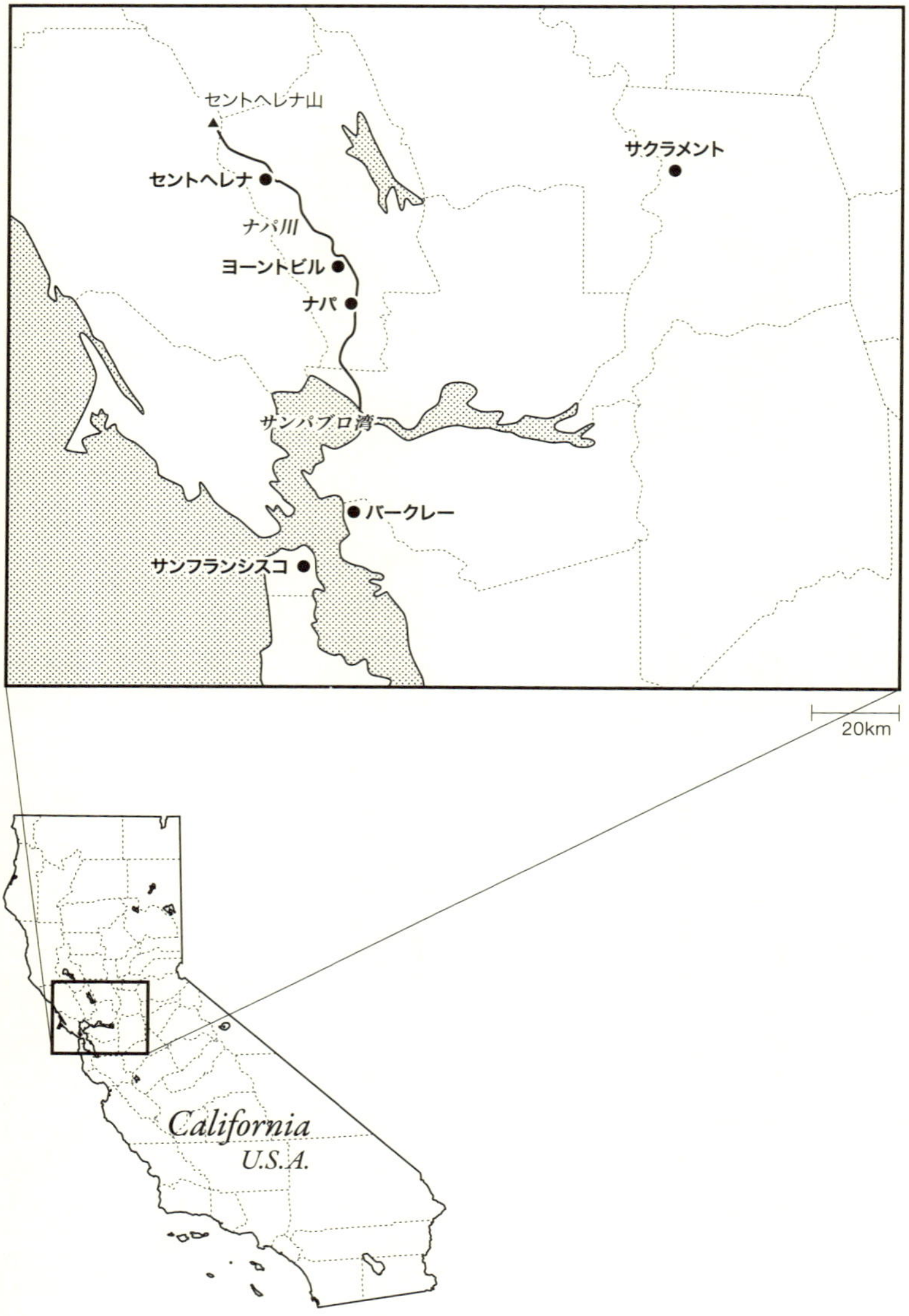

セントヘレナ山
セントヘレナ
ナパ川
ヨーントビル
ナパ
サクラメント
サンパブロ湾
バークレー
サンフランシスコ
20km
California
U.S.A.

あり、この数十年間、町を貫流する川と闘い続けてきた。全長五五マイル〔約八八キロメートル〕のナパ川は、セントヘレナ山の高原のアメリカスギの森を源として、ブドウ畑と湿原を蛇行しながら、サンフランシスコ近くのサンパブロ湾に注ぐ。水位が高くなるとその流れは、土の堤防と水面近くを跨ぐコンクリートの橋とに挟まれ、あるいは絞り出され、邪魔されている。その姿は、町に住むある母親の言葉によれば、まるでかつて港を彷徨っていたビクトリア朝時代のコルセットを身につけさせられていた女性のようだった。しかし、ナパ川は決して女性的ではなかった。大雨のたびに爆発し、洪水を引き起こし、多額の財産を喪失させ、災害援助金の増大を招いていた。

アメリカで洪水制御を担当する中心的な組織である陸軍工兵隊は、ある解決案を提案することとなった。その計画は、町を真っ直ぐに貫く深いコンクリートの水路を作り、川をそこに押し込めようというものだった。岸の法面は段々のコンクリートで覆い、ごつごつした捨て石を入れて流れを制御しようというのである。さらに、毎年川底の土砂を浚渫することで水の流れを速くし、人の背丈ほどの高さの堤防を造って、断続的に暴れる川を遮断しようとするものだった。川沿いの湿地は引き剥がされることになるが、そのダメージについては、いわゆる「緩和措置」を行って、どこか別の場所で相当分の湿地を復元することも提案された。

だが、問題が一つだけあった。それは、ナパ市民が、法律の定めるところによって、その工事代金のなんと半分も負担しなければならないことだった。そして彼らは、工兵隊の強引に河川を抑え込もうとする計画に難色を示した。そこで、その計画の代わりに、市民たちは数年の歳月を掛け、数百万ドルにも及ぶ費用を費やして行った調査を基に、ある代替案を示したのだった。それは、川と友好的な停戦協定を結ぶことでその猛威を封じ込めつつ、良好な状態で保全しようとする計画だった。市民たちはこれを「生きている川」計画と呼んだ。そして、この計画は沈滞した町の経済を回復させるという希望の光を点すことになったのである。

提案に賛成した多くの人々は、自然を抑え込むのではなく、自然と共に生きようと言い出した。ナパ川を川らしくあるがままにさせようとしたのだ。水路とその周辺地域は大昔にそうであったような姿に戻っていくだろう。立案者らは、氾濫原上に建設されてきた住宅、商業施設および鉄道の線路をも移動させ、そこでの将来の開発行為を禁じることにした。これに呼応して、驚くべきことに工兵隊は当初の計画を撤回し、堤防を壊し、橋は撤去するか、もしくは水面からもっと高い位置で川を跨ぐように再建することにしたのだった。六百五十エーカー〔約二百六十ヘクタール〕以上の湿原が、ダウンタウンのど真ん中の、石油の貯蔵施設跡地に復元されることになり、大地は過去数世紀そうであったように、一定周期で起こる洪水を吸い取ってくれることが期待された。

この試みが始まった一九九〇年代半ばには、こうした考え方は必ずしもまったく独創的とは言えなかったが、先駆的なものではあった。すでに、その十年ほど前の一九八四年、オクラホマ州タルサは、壊滅的な洪水が発生した後、およそ千もの建造物を氾濫原から立ち退かせて遊水池とすることで、それまでの伝統的な洪水対策に反旗を翻していた。しかしながら、ナパ市民たちが採用した計画は、それよりもはるかに包括的だった。ナパの試み以降、川と休戦する考えはサウスダコタ州ラピッドシティー、ケンタッキー州ルイスビルにはじまり、アルゼンチン、オーストラリア、中国などの洪水被害が大きい地域や国々にまで及んだ。そのやり方は、人類が太古から常に直面してきた問題の解決に向けられていたため、将来にわたってこれが模倣される意味はきわめて大きいと言える。これまで全世界で、人類は氾濫原と湿地を埋め立てて、そこに無分別に群がってきた。しかし、同時に数年おきに洪水を起こす川から、犠牲の大きい教訓を何度も突きつけられながら、川に怯えて暮らしてきた。

それとは対照的に、ナパとそれに続いた地域や国々は、生態系の果たす役割を正式に尊重する「新しい自然の経済学」の樹立に向けて目を見張るような発展を遂げている。ナパ郡住民たちが新事業に協力するために自らの税金を引き上げることを票決した後、一九九八年に計画は図面から離れ実行段階に入った。それは、ニューヨーク市が水源流域保全に関する実験を開始したわずか一年後のことで、二つの出来事には、時期が同じという以上の共通点があった。それは双方のケースで、地元自治体が地域の生態系を資産として扱い、生態系保全に対して大きな投資をしたことだ。もし、その資産が賢く運用されれば、確実な利益を生むはずだった。ただ、ニューヨークのケースでは主要な目標が財政支出の削減であったのに対して（濾過施設建設よりも生態系の保全のほうが安価だった）、ナパ市民たちは経済性のみならず、精神的にも豊かになることを目論んだのだった。

少なくとも開始時には、工兵隊が当初に立案した計画に比べると、ナパの新しい計画は、納税者とアメリカ合衆国連邦政府にとってずっと負担が大きいものになるはずだった。しかし、地元の環境保全を求める人々も、都市の活性化を求める人々も、異口同音に、単純な洪水防止だけではなく多くの付加価値を望んだ。つまり、死んだ川を蘇らせることが、痛めつけられた都市景観を復興させ、町に新しい、すばらしい自然環境をもたらし、地域産業や観光事業をも促進することにつながることを望んだのだった。彼らは、最終的には、計画のもたらす実質的な利益が工兵隊の当初の提案を凌ぐものになることを願うようになっていた。牧草地で開かれた起工式は、ナパに住む「緑の金鉱」の探鉱者たちの夢が、ただの見果てぬ夢だったのかどうかを試す、遠大な実験の始まりだったのだ。

十二人の地元のリーダーたちが、あらかじめ土を掘り起こしてあった小区画と十二本の金塗りのシャベルの前にやってきた。そして中でも、二人の女性がひときわ人目を引いていた。この記念すべき日を導いた長い運動の中で見せた情熱的な努力が際立っていたのと同じように。モイラ・ジョンストン・ブロックは、もちろん、どこにいても目立っていたことだろう。ボブカットの白髪とライムグリーンの絹のジャケットという優雅な出で立ちの彼女は、晴れやかな微笑を浮かべてキスと祝福を交換していた。八冊の本の著者でもあるブロックは、雄弁を駆使して、ナパ市民と郡や州や連邦政府の有力な政治家たちに、川を保全することは、運動を引っ張ってきた自分たちの利益だけでなく、より幅広い一般市民の利益にも奉仕することになるのだと確信させてきた。

会場の反対側では、即席の演台に向かって大またで歩くカレン・リッピーが、歓声を上げる支持者たちの一団に囲まれていた。元溶接工でトラック運転手でもあったリッピーの後ろでおだんごに束ねられた髪は、彼女のスカンジナビア人特有のアゴの形を強調していた。リッピーは、四年間の政治闘争を通して計画の合意形成に骨を折ってきた戦士だった。手紙を書き、電話を掛け、行政当局者らに詰めより、五十回近い地域集会を開催した。そこから得た教訓は、「本当に声の大きな大衆がいる限り、大衆は自分たちで未来を決めることができる」というものだった、と彼女は述懐している。

冬の雨の恐ろしさが身にしみている住民の誰もがわかっていたように、ナパでの闘いの争点は、当初から、単に環境保全の理想だけではありえなかった。そこには、住民たちの財産と収入と人命の保護もまた掛かっていたのである。洪水は世界のあらゆる地域でもっともよく起こる自然災害である。アメリカ国内だけでも、平均的な年で、数十人の命が洪水によって失われ、四十億ドル以上の保険金と災害援助金が支払われている。こうしたコストがどんどんとかさむようになっているのは、より多くの人々が保険を掛けるようになったためではあるが、同時に異常な天候のせいでもある。再保険会社大手のミュンヘン・リー社が行った、一九九九年と二〇〇〇年の二年間に世界中で起きた洪水の被害分析では、三万七千七百人以上の死者と二百九十億ドル近い経済損失が出たことが明らかになった。気候変動によって嵐の強さと頻度が増すにつれて、洪水による損失は二一世紀にもさらに加速度的に増大していくことが予想されている。

経済損失と死傷者数が増大しているにもかかわらず、過去百年ほどの間ずっと、洪水の防止は可能であり、堤防さえ十分に高ければ、洪水氾濫域にも人は安全に住めるのだと考えられてきた。この間に、北米では、母なる自然はテクノロジーをもって征服できるとする強い信念を持った米国陸軍工兵隊によって、世界で最も広範囲に行われるようになる洪水防止の方法の一つが開発された（米国上院議員ダン・クウェイル〔ジョージ・H・W・ブッシュ政権下（一九八九〜一九九三）では副大統領を務めた〕でさえ、工兵隊には「ビーバー的思考」があると述べたことがあった）。そこには、制度的な問題もあった。つまり、長い間思うがままに予算を配分できる裁量を持ち、やる気満々の土木技師たちが切り回してきた工兵隊において、その主流派が、より自然に優しいアプローチに切り替えようという気持ちを持つことは本質的にむずかしかったのである。

しかしながら、二〇世紀の終わりごろに全米各地で繰り返し堤防が決壊し、工兵隊の戦術は広範な支持を失うようになってきた。環境ジャーナリストであるトム・ホートンが著した『ベイ・カントリー』にリッピーのお気に入りの一節がある。そこには、「二地点間に直線を引けば最短距離となり、移動するにはそれがいちばん良い方法だと思ってしまう。私たちはそう言い聞かされて育ってきた」とある。「しかし、川は道理をわきまえている。つまり、どのようにして最も効率的に流れの力を分散させるのか、また、その湾曲部では堆積した土砂がどのように湿地やぬかるんだ小島に変わり、ありとあらゆる興味深い生物に隠れ場所を提供しながら、川全体に魅力と気品を与えているのかといったようなことに関してである。地球上で、自ら真っ直ぐに流れることを好む川を見つけられるものなら見つけてみるがいい。もっとも、工兵隊によって川がそう教えられていなければの話だが。」

ホートンによるこの一節は、東海岸にあるチェサピーク湾について書かれたものである。だが、ナパ川のように原生自然が活き活きと美しく保たれ、豊かな湿原が広がる水辺にシマスズキの生息場があり、アオサギやアカオノスリが悠然と上空を舞う川について、まさにそのまま当てはまる。

産業革命期以前、川の有用性は、その美しさと同じぐらい歴然としていた。ワッポインディアンたちは、天然痘によって全滅させられるまでの間、ナパ川の岸辺で漁をして暮らしていた。その後、スペイン人の入植者たちはサンフランシスコに毛皮や羊脂を輸送するためにナパ川を使った。河川貿易は一九世紀の間じゅう続き、流域のブドウ園と農場から物資を運ぶスクーナー型帆船がナパ川河口の埠頭を賑わわせていた。

この間ずっと河川生態系は、人の目にはそれほど明瞭でないものの、劣らず活力に満ちて働いていた。

流域の土地の多くが農場や宅地として開発されるまでの間、木々や草は大雨が降ってもスポンジのように吸収して洪水の勢いを和らげ、その影響を断ち切ってくれていた。それでも河川から水があふれ出た時には湿地と平野がその勢いを削ぎ、吸収してくれたのだ。川からあふれ出たシルト〔泥の中で粘土よりも粒が粗いもの〕は土を肥やし、そのおかげで魚と水鳥たちが栄え、生き物たちは、やってきては去っていく洪水に長い期間を経て適応してきた。

しかし、ナパ川と周辺住民の、相互に利益をもたらす関係は過去数十年の間に失われてしまった。ナパの人口は七万人に達し、自動車やトラック、列車などが、川の輸送上の価値を小さくしてしまった。工場からは有毒な化学物質が川に垂れ流され、川岸に建てられる建物はそんな川に向かって窓を取り付けなくなった。そして、ナパ川は数年おきに茶色く濁った「敵」として押し寄せるようになり、一九六〇年から二〇〇〇年までの間に起こった洪水によって、三人の命が失われ、損失額の総計は五億四千二百万ドルにも達した。

けれども、川が時折ある方向に向かって何が何でも進んでいこうとするように、熱意を持った町というのも時折そういう動きをするものだ。そして一九九〇年代半ばに、川と町の意志は、偶然一致した。その頃のナパは腕にカンフル剤注射を必要としていた。ナパ・バレーにあるブドウ園や泥風呂〔ナパ・バレー北部に位置するカリストーガの温泉での名物〕、しゃれた宿、グルメ向きのレストランなどには多くの観光客が集まっていたが、ナパ市街にある数百戸のビクトリア朝の家々や流行遅れの食堂、マーヴィンズ・デパート〔いわば二流デパートで、経営不振が続きこの本が書かれた後、二〇〇八年にはすべての店舗が閉鎖された〕が幅をきかせる小さなショッピングモールでは閑古鳥が鳴いていた。同様に、二、三年おきに夕方のニュースで報じられる、洪水がナパの町の街路を襲う光景は、観光客を引きつけるはずもなかった。地元ブドウ園の「帝王」ロバート・モンダヴィは、ダウンタウンをモルグ〔死体置き場〕になぞらえたことすらあった。

モイラ・ジョンストン・ブロックはカナダ人で、三十年以上もニューヨークとサンフランシスコに住んだ後でナパにやってきた。だが、彼女がこの第二の故郷に対して最初に抱いた印象は、上記のものとまったく異なっていた。ジョンストンは、川と不協和音を奏でる町ではなく、川とともに生きる町を理想として思い浮かべていた。目を閉じると海岸線の公園や遊歩道が浮かんで見えた。材木置き場だった川べりの土地は緑豊かな湿地に生まれ変わり、その上をアオサギが舞うのである。彼女は、その様子を眺める観光客で一杯の屋外レストランに思いをめぐらした。

ジョンストンがナパに落ち着いたのは、地元の医師と結婚して苗字に「ブロック」が加わった、一九九〇年のことである。二人は、川の感潮域〔河川下流域で潮の干満によって水深が変化する場所〕にある運河沿いにドック付きのコンドミニアム〔高級分譲マンション〕を購入し、ボートで川をクルージングしたものだった。そして、川の野生美を楽しんだあとで、うち捨てられた自動車や古い工場跡地が並ぶ岸沿いを通過しては憂うつな気分になった。ジョンストン・ブロックは、川が救いを必要としていて、それがひいては町の救いにもなると確信するようになった。一九九三年、彼女は地方紙に広告を出して、同じような思いを抱くボランティアを募集して数十人を家に招待した。そこで、「ナパ川友の会」が設立されたのである。

カレン・リッピーは、ジョンストン・ブロックの家の居間で開かれたその最初の集会に参加し、その後もほぼ欠かさず集会に出た。遠慮のない物言いをする地元出身の彼女は、子どもが六人の一家で育ち、牧場を営む実家で今も暮らしていた。そして、ジョンストン・ブロックと同じように、町と川のより良い未来を予見する卓越した力を持っていた。彼女はまた、地域が直面していた困難を克服することに魅力を感じており、米国陸軍工兵隊の無神経な命令に対して立ち向かうことを決意した。数年間ブルーカラーの労働者として働いた後で、リッピーはカリフォルニア大学バークレー校に入学し、そこで後に建築学と地域計画学の二つの修士号を取得することになる。『環境、工兵隊、そしてナパ川』と題する地域計画学の修士論文の中で、彼女は工兵隊の洪水制御事業について、「私たちと川との関係や、川の所有者としての感情、そして地域の水路が持つ意味についての私たちの理解を劇的に変えてしまった」として痛烈に批判した。そうは言っても、リッピーは、工兵隊がナパにとって唯一の希望であり、水から町を救うための資金と命令権を持つ、自分たちに手の届く唯一の政府機関であることを早い時期から認識していた。

ジョンストン・ブロックの河川保護活動のルーツは、ナパとは離れた別のところにあった。子供時代にすでに彼女は母親が書いた数冊の本から、太平洋岸北西部の先住民たちが自然に対して持つ倫理観を学んでいた。その後、一九六〇年代には、グリニッジビレッジやニューヨークの黒人スラム街で都市の環境問題に取り組み、地域公園の造成に関わったことがあった。こうした経験を経て、「ナパ川友の会」が設立された一九九三年までに、彼女は誰かの誕生祝いを口実にした、とある面白い視察旅行の計画を思いついていた。それは、ナパの地元で後に「川ネズミ隊」として知られることになる小さな活動家グループと、市と郡の行政で働く、志を共にする数人とで連れだって、テキサス州サンアントニオへ飛び、仕事を兼ねた週末を楽しもうというアイデアだった。サンアントニオは、川の助けを借りてめざましい復興を遂げたことで有名な町である。一九三九年に始まったプロジェクトでは、事業者たちは町の中心部を囲むように川を馬蹄形に巡らせ、二マイル半〔約四キロメートル〕におよぶリバー・ウォークと呼ばれる川沿いの石畳の小道を作った。店や劇場で賑わうようになった新しいエリアは、主要な観光名所となり、数々の都市計画賞を勝ち取るまでになった。けれども、ジョンストン・ブロックは現地を見て驚いた。サンアントニオが、ささやかなせせらぎ一つで、このような驚異を成し遂げたのに対して、ナパには本格的な川があり本物の魅力に満ちた渓谷に囲まれているではないか。さらに、サンアントニオの事業にはナパのグループが考えていたような環境的な性格が欠けていた。つまり、テキサスの市民らは、水をただセメント製の水路に流し込んだだけだったのである。彼らの事業には、自然を再生しようという探求が持つ崇高さがなかった。ナパ市民たちはインスピレーションを得てテキサスの旅から戻ると、工兵隊に対して、実用的であり、かつ美しさをもたらす洪水制御事業を計画するように働きかけようと、以前にも増して固く決意していた。このことは事態に重要な進展をもたらした。それまで長い間ナパ市民と対立していた工兵隊が、ついに、本気で解決策を見出そうと決意した強力な草の根の市民グループを見出したからである。

工兵隊は一九三九年にナパの洪水問題に関心を示し始めていたが、アメリカ合衆国議会は、一九六五年までそれに対してアクションを起こす権限を与えなかった。だがようやく工兵隊側のコートにボールが投げ入れられたものの、そのまま、相手方にボールを返す様子もなく、官僚的な仕事は遅々として進まなかった。その結果、工兵隊が住民投票による事業認可を得るために計画を提示するまでに、それからさらに十一年もかかることになった。その間に、連邦政府はよりいっそう環境問題に対して神経質になっていったし、当時の新大統領ジミー・カーターを含む多くの当局者らは、工兵隊に古い洪水対策を捨てて出直すように指示していた。しかし、一九七六年に最初のナパ計画が示された時、そこには環境配慮の視点が抜け落ちており、ジョンストン・ブロックの言葉でいうところの「典型的な川の拷問」の様相を見て取ることができた。つまり、高さ十二フィート〔約三・六メートル〕の堤防に、頻繁な川底の浚渫工事、そして町中に張り巡らされるコンクリート製の排水路といった具合だった。有権者たちは、そんな計画の実現のために高い税金を支払うことには断固反対した。そして、同じ計画が翌年再び提案されたときにも彼らは、「ノー」を繰り返した。

しかし、一九八六年にナパ市民の姿勢は変わった。特にすさまじい洪水によって三人の市民が犠牲となり、五千人が避難を余儀なくされ、土地家屋の被害は一億ドルにも達したのである。ナパ郡洪水制御・水域保全委員会は、公式に工兵隊に再度計画の作成を懇願した。これを受けて、工兵隊は新しい計画を、より美しさを重視したものとするよう努力することに同意したが、その完成にはさらに九年の歳月を要することになった。

その頃までに、自然に配慮せよとの工兵隊に対する圧力は、とてつもなく大きなものになっていた。湿地と絶滅危惧種を救うための画期的な法律がどっさりとでき、議会を通過していた。自然保護は、もはや工兵隊の正式な義務の一部となっていた。そして一九八〇年代までに、工兵隊も自ら変化してもよいという意志をいくらかは示していた。例えば、ボストン周辺のチャールズ川をダムで堰止める代わりに、八千五百エーカー〔約三四平方キロメートル〕の氾濫原の開発権を買い、そのままにしておくことで宅地と商業地への開発を防いだのである。工兵隊の技師たちは、氾濫原に水を「貯蔵しておく」ことがダム建設と同じくらい効果的であり、費用面ではおよそ十分の一になるとはじき出した。けれども、工兵隊の真の方向転換は一九九三年になされた。それまで好んで使ってきた高い堤防と深い浚渫が、ミシシッピ川で発生したとてつもない洪水に対して役に立たなかったことが証明されたのだった。翌年以降、連邦政府は氾濫原を復元させるために、何千という川岸の土地家屋と商業地を買収し、これらを取り壊すのに何億ドルをも費やした。つまり、洪水と闘うことが勝ち目のない計画であることを暗黙の内に認めたのだった。

この間ずっと、工兵隊の技師たちは新しいナパ計画の立案に取り組み、「ナパ川友の会」を含めて、住民リーダーたちから定期的に意見を聞いていた。そして、ついに工兵隊はすべての作業の総決算を提示する準備を整えた。一九九五年のはじめに、技師たちがジョンストン・ブロック、リッピー、それに数名の友の会メンバーを伴って町を視察した。そして、洪水に見舞われる恐れのある標高と場所を確認するために、予め付けられた目印を見て回った。「その目印ときたら、まるで犯罪現場で使われるような細い黄色いテープみたいだったわ。計画をよく見て、私たちにはとても耐え難いものだとわかったわ」とジョンストン・ブロックは思い出す。「新しい工兵隊の計画は、以前の彼らの計画のどれと比べても同じぐらい自然に残酷で、無味乾燥で醜くて、川を殺すようなものだったのよ。工兵隊の技師たちは、市民と川の間にコンクリートの障壁を作って、このダウンタウンを永久に殺そうとしていたの。」

それにもかかわらず、計画は郡の洪水制御当局者に支持されていた。なぜなら、郡当局は、もし反対し続ければ工兵隊をきっぱりと遠ざけてしまい、洪水制御に対する政府の補助金を得ようという希望が断ち切れてしまうと心配したからだった。

リッピー、ジョンストン・ブロック、それに「友の会」もそのことについては憂慮した。けれども、工兵隊と行った視察で、彼らはナパ川と町に対する工兵隊の考えがわかって、いっそう恐怖を覚えた。リッピーは、とりわけ裏切られたように感じていた。そして次のように言った。「何の疑いの気持ちも無しに視察に参加してしまったのよ。工兵隊の連中が私たちの言うことに耳を傾けてくれていて、計画を変更するだろうと信じこんでいたのね。それがそうじゃないとわかって、ショックだったわ。だから、『そうはさせないわよ』と言ってやったの。」

リッピーは、ナパ郡の郡政執行官と結婚したおかげで、地方政治について詳しくなっていた。彼女は、「友の会」がその時最も必要としていたのは、「町の外にいる」同盟者だと悟った。彼女と他のメンバーは、バークレー在住で川の復元を願う市民向けのガイドブックの著者として知られる、都市河川計画の専門家アン・ライレーを探し当てた。「役所が市民のために働くことはあっても、市民が役所のために働くなんてことはしてはだめよ。もし自分の地域に渡された河川計画が気に入らなければ、声を大にして計画がどうあるべきかを明確にしめさなければだめよ。」ライレーは、その時グループにこう話したのだと後に回想している。

特にライレーは、「友の会」に対して、工兵隊の計画がいずれ了承を受けなければならない、州と連邦の政府機関に支援を求めることを提案した。そして、「そんなことは無理だと思い込んではだめなの」とも言った。リッピーは助言を受け入れて、カリフォルニア州漁猟局、サンフランシスコ湾地域水質制御委員会、連邦政府の環境保護庁を含む、思いつく限りすべての政府機関に電話をかけた。「私たちは、

『計画を変更して頂きたいのですが、何かして頂けますか。助けて頂けますか』と要請したのよ」と彼女は思い出す。すると、連絡を取った機関の職員たちは皆、自然保護の視点を欠いた計画には、いかなるものでも反対することを約束してくれたのである。

ライレーは、同じく「友の会」に対して、地元出身の国会議員らにもっと川にやさしい計画を進めるための新法制定を支援するよう嘆願することを助言した。グループは小さかったが、この川の活動家たちは、うまくいけば、首都ワシントンにある新しい「グリーン」な意識に訴えて彼らを味方につけ、地方自治体当局と工兵隊の心を変えさせることに成功するかもしれなかった。「友の会」は、連邦と州のすべての政治家たちに手紙を送った。そして、唯一、バーバラ・ボクサー上院議員から返信をもらった。ボクサー議員は賛成の意向を表明する手紙をくれて、貴重な同盟者であることを証明した。ジョンストン・ブロックによれば、上院議員の手紙はナパ郡の洪水当局者をまさに「恐怖に陥れた。」なぜなら、当局者らはナパの計画が国会という議論の場に持ち込まれれば、工兵隊が提案している洪水制御計画が失効するかもしれないと心配したからだった。こうして、郡当局は妥協点を求めて地域と協働していくことに同意したのである。

郡は、ベテラン職員のデイブ・ディクソンを地域の交渉役に任命した。彼は難しい仕事を巧みにこなしたので、最終的には称賛を得ることになったのだが、当初リッピーは、彼が工兵隊の計画に対してあまりにも同情的であることを心配したものだ。それで、頻繁に家に電話をかけて容赦なくロビー活動をしかけた。当時を振り返って、「少々気の毒には思ったわ。でも、彼にこの件から目を背けさせることはできなかったのよ」と彼女は言った。リッピーが苦闘を強いられている間に、ジョンストン・ブロックは、影響力のある当局者を口説く社会的な特使の役割を演じていた。自身のクルージング・ボートに工兵隊と郡当局のお偉方と種々の州議会議員を招いて、ワインとチーズまで振る舞うランチ・クルーズを開いていた。ジョンストン・ブロックは、リッピーの対決姿勢についてあまり好ましく感じていなかった。それよりも、彼女は食べ物と飲み物の持つ、人を人らしくしてくれる力を信じていた。よく晴れた日の午後に著名な河川専門家を船に乗せ、川の流れを感じながら洗練された食事を共にしつつ彼らの説得力に満ちた話に耳を傾けてもらうことで、もっとも難しい核心部分を乗り越えることができると確信していたのだ。

郡の洪水制御担当者らは、どんな新しい計画でも、それが一旦できてしまえば承認して支払い手続きを取ってしまうため、こういった新手の攻撃の標的として重要だった。「友の会」は、ジョンストン・ブロックのボートで彼らを口説いたが、もっと重要な仕事もした。一九九五年八月のある日、「友の会」は郡当局者、工兵隊の代表者、それにリッピーが相談をもちかけていた政府機関の事務官らが参加する公開集会を開き、そこで巧みに勝利を収めた。郡と工兵隊の当局者以外の参加者らが、徹底的に工兵隊の計画を酷評したのだった。カリフォルニア州土地利用局のある担当者は聴衆に向かって、今回の洪水制御は非現実的で時代遅れの方法だと語りかけた。また、カリフォルニア州漁猟局の特使は、工兵隊の計画ではナパ川が市内に入ると流れが淀むことになるためにバスタブのような温水環境になり、すでに絶滅しかけているスティールヘッド・トラウト〔冷たい水を好むサケマス類〕をいっそう危機に陥れる可能性があることを詳細に説明した。ワシントンDCでは、ボクサー議員が計画改善のためにロビー活動をして工兵隊の手法の問題点をさらけ出そうとしていた。この結果、工兵隊の技師たちは洪水事業がいっそう環境配慮型でない限り生き残れないという新しい現実に直面させられていったのだ。

郡当局者もまた、工兵隊と河川保全論者の歩み寄りへの模索を支援せざるを得ないことを認めるようになった。ナパ郡洪水制御・水域保全委員会は、ナパ川洪水管理計画地域連盟と呼ばれる傘下団体を立ち上げ、その最初の集会を一九九六年一月に開いた。「友の会」と地元の貿易商会、それに郡の経済開発法人をスポンサーとして、「連盟」には、環境保護活動家や地元のブドウ酒商と農家、実業家、アメリカ先住民、トレーラーハウスの居住者、漁師などを含む二十数名のメンバーが揃った。その他にも、工兵隊をはじめ、連邦政府と州のさまざまな自然資源関係機関の代表者、建造物のデザインの見直しをする建築家と技師、それにナパ・バレーにある五市すべての市長が参加した。ナパ川洪水制御予算は州の税制改正によって徐々に減額され、もう百万ドルしか残っていなかったため、「連盟」の設立は洪水制御を担う当局者にとって背水の陣を敷いての試みだった。計画の成否が、地元企業の倒産を招くか、それとも経済成長を遂げるかのどちらに帰結するかが、当局の延命に影響することは明白だった。

郡の予算を使って、「連盟」はプロの立案者と水文学者を雇い、「友の会」リーダーたちは「生きている川」とは何かについて最初の正式な定義付けを行った。その中で、適正な水質基準、水温、それに川の蛇行度合いの目安を特定した。ナパ川の健康と自然美が復元され、維持されて初めてナパ川が町にとって価値あるものになるのだと強調した。

「連盟」は、それから六カ月に及ぶ、いささか面倒な二重路線を維持しながら事業計画の策定に取り組んだ。というのも、工兵隊当局者たちは、この計画の仲間に加わっていたにもかかわらず、万一地元の代替案が最終的に実行不能であることがわかった場合に備えて、自分たちの以前の計画の洗練も同時に図っていたのである。リッピーは、このような二股をかけるようなやり方の張本人は、工兵隊の事業課長であるポール・バウワーズだとして、自身の修士論文の中で、彼を妨害者として扱い、「ただ政策目標を満たすだけの彼の信念が私たちの邪魔をしている」と非難した。バウワーズは、当然のことながら、まったく見解を異にしていた。彼は、後にその六カ月間を互いの自然な理解と真の歩み寄りが開花した時期として振り返り、次のように述べた。「私たちがこの地域に来て、膝をつき合わせて住民の皆さんとお付き合いを始めたとき、すべてが変化したのです。住民の皆さんは、私たちがサクラメントに居座っているただの古いタイプの技師集団ではなかったことに気づいてくれましたよ。若くて熱心な市民が大勢一緒に動いてくれましたし、そうして、私たちみんなが実行可能な最良の解決策を出すことに関心を持っていましたからね。」

その頃までには、バウワーズはこの件について何らかの解決策を導き出したことについて、個人的にかなり奮闘してきたと考えていた。なにしろ、工兵隊はすでに準備のために数年間で一千万ドルを費やしていたので、七年間課長を務めたバウワーズは単なる紙の山のために一千万ドルを使った男として名を残したくはなかったのだ。そこで、この六カ月間というもの、少なくとも彼の記憶では「連盟」のメンバーの良い面を引き出すために一生懸命働いたのだった。そして、実際に、取り組みの当初は二重だった路線は次第に一つに合流し始めたのだった。その結果、バウワーズにとっては気の毒なことだったが、工兵隊が得意にしていたコンクリート製の階段は姿を消すことになった。何しろ、彼は当初それを美しい構造物と呼び、「ヨーロッパ中のいたる所にありますよ」とまで語っていたのだから。

「そのこと〔コンクリート階段の賞賛〕は、単に彼がまだ何もわかっていないということを意味していただけよ」とリッピーは言い、たいていのナパ市民はコンクリート製階段を「惨めなほど醜い」と考えていたのだと強調した。けれども、ジョンストン・ブロックは、バウワーズを、「工兵隊が市民から強いられた大規模な計画変更のいわば象徴であり、当初は基本方針に沿って計画を進めたものの、二年間のプロセスを通じて目覚め、変貌を遂げた技師」と描写することを選び、それほどこっぴどくバウワーズを非難しようとはしなかった。

いずれにしても、最終的に出されたナパ計画は、もともとの工兵隊の計画とは似ても似つかないものに変貌していた。もしうまく計画が支持されることになれば、ナパとその周辺環境は注目に値する生態系資本投資の対象になると考えられた。ナパの河川環境の劣化と喪失は、一世紀にわたって続いたが、ついに川と氾濫原という自然の資産が復元され、洪水から人を守ってくれる生態系サービスを再び提供してくれるようになるだろう。さらに、魚、鳥、それに他の野生生物の生息場所、それにアウトドア・レクリエーションに加えて、観光事業に必要な景観美も提供してくれるだろう。これらの生態系サービスは少なくとも、必要な予算投資の根拠を示す新しい収入源として希望の持てるものだった。ただ、その予算は当初から高額だったものが、ますます大きくなっていった。

「連盟」が出した見積もりでは、並外れて人気の高い不動産を買収するための経費が予想外にかさみ、以前の工兵隊案よりも四千四百万ドル高い、一億九千四百万ドルに跳ね上がっていた。工兵隊はまた、川の拡幅、湿地と氾濫原の復元のために、複数のひな壇状の土地から百万立方ヤード〔約七六万立方メートル〕の土砂を動かさなければならなかった。本流から分流した支川はダウンタウンを横切って、中心部の広い区域を帯状に流れ、乾季にはレクリエーション公園として、そして雨季には川からあふれた水

郵便はがき

料金受取人払郵便

千種支店
承認

299

差出有効期間
平成23年12月
31日まで

464-8790

092

名古屋市千種区不老町名古屋大学構内

財団法人 名古屋大学出版会 行

ご注文書

書名	冊数

ご購入方法は下記の二つの方法からお選び下さい

A. 直送	B. 書店
「代金引換えの宅急便」でお届けいたします 代金＝定価（税込）＋手数料200円 ※手数料は何冊ご注文いただいても200円です	書店経由をご希望の場合は下記にご記入下さい ＿＿＿＿＿＿市区町村 ＿＿＿＿＿＿書店

読者カード

(本書をお買い上げいただきまして誠にありがとうございました。
このハガキをお返しいただいた方には図書目録をお送りします。)

本書のタイトル

ご住所　〒

TEL (　　) —

お名前 (フリガナ)　　　年齢

歳

勤務先または在学学校名

関心のある分野　　　所属学会など

Eメールアドレス　　　@

※Eメールアドレスをご記入いただいた方には、「新刊案内」をメールで配信いたします。

本書ご購入の契機 (いくつでも○印をおつけ下さい)

A 店頭で　B 新聞・雑誌広告 (　　　)　C 小会目録

D 書評 (　　　)　E 人にすすめられた　F テキスト・参考書

G 小会ホームページ　H メール配信　I その他 (　　　)

ご購入書店名　　都道府県　　市区町村　　書店

本書並びに小会の刊行物に関するご意見・ご感想

を通す放水路としての役割を果たすものと考えられた。

計画では、多くの住宅と商業施設も立ち退かされることになり、住民は移転のための支援金を受け取ることになっていた。九つの橋が撤去され、そのうち五つは今よりももっと高い位置に置き換えられることになっていた。ただし、良いニュースもあった。ナパ市民が支払う金額は、総額の半分よりはるかに少なくなりそうだった。多くの寄付金のおかげだが、そのなかでもボクサー上院議員がたぐり寄せた交通補助金は九百万ドル近い額で、橋一つを付け換えるに十分なものだった。さらに、カリフォルニア・コースタル・コンサーバンシーなどの環境保護団体から助成金を得るためのデイブ・ディクソンの懸命なロビー活動が功を奏したこともあり、結果的に、州政府より地元の納税者に対して数百万ドル以上の税金が還付されることになりそうだった。

何年かすれば、政府当局者たちは、ナパ方式を革新的で先駆的な、アメリカを代表するモデル的な取り組みと呼び、賛辞を惜しみなく降り注いでいることだろう。起工式でホワイトハウス環境諮問委員会天然資源部門のビル・レアリー副長官はこう述べた。「私たちはずっと環境汚染の防止に努めてきました。しかし、今ここでは自然の再生に取り組もうとしています。自然再生は、『きっとできるよ』と軽口を叩きながら進める楽観主義が基本ではないでしょうか。家族でぶらぶらできる散歩道や、子供たちの遊び場になる緑地を作りましょう。それによって、ほかの誰かを楽しませるだけではなくて、みんなが行動して、自らが景観を照らし出す光になりましょう。」

しかし、「ナパ川友の会」は、メンバーたちがこれまでに払ってきた犠牲の大きさを忘れるわけにはいかなかった。起工式では、ワシントンDCや州政府からやってきた数人の高官の挨拶の後で、カレン・リッピーに順番が回って来た。彼女は、計画の勝利に貢献した大勢の地元の市民たちのうち、少なくとも重要な働きをした人たちだけには、是が非でも謝辞を捧げる覚悟だったので、高官たちに当てつけがましく、市民たちの名前をずらずらと読み上げていった。また式典の終わりには、マスコミのカメラの前で金塗りのシャベルを使って土をすくい上げるシーンが予定されていた。ところが、周りのお偉方の誰も地面にかがんでそれをしようとしなかったことに腹を立て、リッピーは「あなた方、いい加減にしなさいよ！」と怒鳴ったのだった。

一九九六年六月、洪水制御計画は完成した。それだけでも手強い仕事だったが、まださらに手強い仕事が待っていた。つまり、ナパ郡にそれを理解させ、予算を付けさせるための住民投票に持って行くという作業だった。地元の分担金として、それ以後二十年間にわたって消費税〇・五パーセントの増税が求められていた。それは郡の歴史上もっとも大きな増税となるはずで、三分の二以上の賛成票が得られなければ承認されないことになっていた。

ナパ郡住民を説得するためのキャンペーンは、「私の日常になったわ」とリッピーは思い出して言う。「大学にも通っていたのに、時に週に四十時間もキャンペーンに取り組んでいたの。」キャンペーンの委員長として、彼女は数十回もの地域集会を手配するための地元ボランティアグループをまとめあげた。特に画期的だったのは、ナパ郡のすべての住民が、自分の家の周囲十ブロック以内に住む誰かが書いた、洪水制御計画に賛同するよう促す手紙を受け取ったことだった。リッピーが、それを徹底させていたのである。宣伝のために大きなカラー冊子も作成したが、こういった一連の努力が報われるように、別立てで支援金集めの委員会が動き、ワイン製造会社や裕福な地元住民から合計四十万ドルをかき集めた。『「私には一体どんな得があるの」』という論点。それは、連盟が世間に向かって声を大にして問うた争点となったのよ」とジョンストン・ブロックは回顧する。「ナパ郡に住む皆に対して、それが誰であっても、川を見たことがあってもなくても、お金のことは二の次にして、賛成票を投じるべき理由があることを明確にしたかったのよ。自分たちにどういう利益が還元されるのかが複雑でわかりにくかったから、それを有権者にわかりやすくする必要があったのね。ただ、そのときに個人の利益というものに思いをめぐらすことが、とても重要だと気づいたわ。住民たちが正義感をもって立ち上がることを期待するのはとても良いことだけど、いつもそうなるわけじゃないのよ。だから、ただ生きている川の美しさだけを売り文句にしていたら、うまくはいかなかったの。つまりね、みんなが、『これで商売をやめなくても済むな。仕事は元のままだし、子供たちには通える学校があるな。ワイナリーは観光客で賑わうな。夕方のテレビニュースで取り上げられて気の毒な町だと思われることもなくなるだろう』というふうに思ってくれることが重要だったのよ。」

連盟のパンフレットには、ナパにとってのみならず、近隣の小さな町セントヘレナやヨーントビルにもどんな金銭的利益がもたらされるかを掲載した。それらの町でも二、三年後に独自の洪水制御計画が予定されていたのである。ナパ郡の住民には、年間三百九十万ドルに達するであろう消費税納税額の七分の一が還付されること、これまでに毎年支払ってきた水害対策費二千二百万ドルを支出せずに済むようになること、「環境改善」が図られるだけではなく、さらに洪水対策の保険掛け金、洪水後の清掃代金、それに緊急災害援助補助金などの経費が縮減できることで四百万ドルの利益が得られると推定されることなどが掲載された。パンフレットには、新しい計画で作られる予定の湿地と同等のものをもしもどこか別の場所に作っていたら、どれくらいのコストがかかっていたかも明記したし、新しい川沿いの散策道を作ることでハイカーとバードウォッチャーを呼び込めるので、年間三十万ドル程度の利益が出るとする試算の結果も掲載した。それに加えて、洪水が防止されるだけでなく、川辺の景観が魅力的になることで、不動産の資産価値も上がるだろうという予測については、明確に記されてはいなかった。だが、投票所に足を運んだ多くのナパ住民は、これも念頭に置いていた。

一九九八年三月三日、エルニーニョ現象によって勢力を増した嵐のさなかに、ナパ川自然再生事業をめぐる住民投票が行われた。そして、六八パーセントの賛成票が投じられ、計画はどうにか無事支持されたのだった。ディクソンはこう言った。「反対派は、ナパのような小さな自治体がこんな贅沢な事業を実施する余裕はないはずだと言って、鼻先であしらっていたんです。誰も三分の二の票を得るなんて思いもしなかったんですよ。私たちは彼らの疑念を打ち負かしたのです。」

工兵隊の事業課長ポール・バウワーズは投票日の夕方、早めにサクラメントにある職場を後にしてナパへと車を走らせた。そして、ちょうど一時間後、ナパのダウンタウンに乗り入れたころにラジオで投票結果を知った。それからすぐに、ジョンストン・ブロックとリッピーをふくむ「友の会」の一群がパブに向かって歩く姿を見つけた。バウワーズはジョンストン・ブロックの抱擁を受けると、祝杯を交わすために一緒にその場を後にした。

ナパ計画承認のニュースは全米を駆け巡り、工兵隊の当局者も誇らしくその騒ぎを受け入れた。工兵隊報道官ジェイソン・ファンセローは次のように記者団に語った。「ナパで成し遂げようとしていることは、工兵隊がこれまでにやってきたどんな仕事とも根本的に異なっています。今回のことで、今後の私たちの事業のやり方は一変するでしょう。」

その熱狂はやがて、確実に、時間とともに静まっていった。しかし、計画実施に要するコストは、地価の急上昇とともに増大し続けた。起工式の後一年で、見積もり事業費用は二億三千八百万ドル以上に膨らんでいた。二〇〇一年の夏、デイブ・ディクソンは「無節操で、人を非難してばかりの弁護士ならそこら中にいますよ」とインタビューに答えて言った。予算超過については、郡が消費税収入を大幅に過小評価していたので、それで埋め合わせがきくということで、それまでさほど問題になっていなかった。けれども、ディクソンは事実を認めざるを得なかった。そして、コストがこのまま増大し続ければ、郡が消費税の引き上げ期間を延長するか、もっと悪いことには事業計画を失速させるのではないかと、不安で眠れなくなってしまっていた。

これに加えて、住宅や商業施設を引き払わなければならない三百人以上の個人的な犠牲の痛みもあった。住民のなかには、町の歴史的な建造物が取り壊されることをひどく残念がっている人たちもいた。一八六二年に建造されたダウンタウンの石橋も、ラフライダー・ビルディングと呼ばれる一九三〇年代に建てられた洋服工場も取り壊されることになっていた。一般家庭も影響を受けた。ある家族は、計画が承認される以前に、洪水による浸水を防ぐために宅地を六フィート〔約一・八メートル〕かさ上げしようと低金利住宅ローンを借りたばかりだった。その時、所有者は得意げにノアの箱舟を描写したのぼりを飾っていたが、取り壊しが決まった今、不動産を売り払い引っ越さねばならなかった。家は取り壊されてしまうのである。

起工式のあった牧草地は、洪水制御事業によって湿地に作り変えられることが決まっていた。そこはナパ・バレーでほぼ一世紀にわたり続いてきたジスレッタ家が所有してきたが、同家は快くそれを諦めていたわけではなかった。ジョー・ジスレッタ三世は、野球帽のつばに手をやって、深く日焼けした顔をのぞかせてこう言った。「もし断れば、土地収用権を行使されて取り上げられるのがオチさ。多分、みんなのためにはそれが一番良いだろうさ。でも、計画はもしかするとうまくいかないかもしれないね。洪水の専門家はリスクがあると言っていたよ。復元される湿原が洪水対策として機能することを願うばかりだよ。」

カリフォルニア大学デイビス校で地質学科長を務めるジェフリー・マウントは洪水制御に関する著名な研究者で、ジスレッタ三世の発言に理解を示した。マウントは、洪水制御の成否に関する当局側の検討が不十分で、彼が指摘した計画上の欠陥がいつか現実のものになってしまうのではないかと警告していた。すなわち、ナパの当局者らが百年に一度起こるとする一般的な洪水の基準で対策を立てたことに、問題があると言うのだった。マウントは、統計値が集められた時代以降に、気候変動が実際に進行してしまったために、そうした計算値はもはや通用しないのだと指摘した。「今の気候は一九五〇年代とまったく違うのです。五十年後には、きっと責任のなすりつけ合いが起きていることでしょう。」しかし、一方で、気候変動の影響の過小評価は、何も今回のナパ計画特有の欠陥ではなく、世界中の洪水対策が同様に古いデータを基準に立てられているという。マウントは、このことを除けば、すべての意味で、ナパは正しい選択をしたと信じていると強調した。「氾濫原の上で建物が密集する都市では、どこでもまともな土木技術的な対策はほとんど講じられていません。言ってみれば、ほんのしばらくの間、居間に水が侵入してこないようにしているという程度です。その意味では、ナパの計画は世界中のどこよりもはるかに良いと言えるでしょう」と彼は語った。

マウントは、実際のところ、洪水の防止よりも、むしろ氾濫原に自由に水を溢れさせる手法に関する研究の専門家である。「『川の湾曲部にある景色のすばらしい土地』という宣伝文句で売りに出されているような土地は、決して買ってはいけません」と助言することがあるくらいだ。ナパの計画がコスト高であることは確かだが、それでも、明らかに市と米国政府の双方に利益のあるものだと彼は言う。なぜなら、自然から生み出される価値を元手にしているために、貸借対照表は必要ないからだ。そして自然の価値を高めれば高めるほど、持続可能な事業となっていくのである。「世の中には二種類の堤防があるのではないでしょうか。一つは失敗した堤防、そしてもう一つは失敗するであろう堤防です」とマウントは言う。「鉄壁の守りを備えた堤防を作るのは、とてもお金がかかるのです。仮にそれができたとしても、そうすることで最終的にはどこか下流で川に負担をかけることになるのです。工兵隊の事業のおかしなところは、河川改修工事に資金の七十〜九十パーセントを使ってしまって、その後は何もしないというところです。少なくとも事業が、目的の達成に失敗したら、戻ってきて何かをすべきだというのが私の主張です。もう一つの問題は、堤防というものは、付近に開発を誘発してしまうことです。堤防は安全だという錯覚を与えるので、多くの人々が氾濫原に移り住んできます。そうなると、堤防が決壊したときには大変な損害をもたらしてしまうのです。」

マウントは続けて、ナパの「よりソフトな」手法には他にも多くの価値があるのだと言って例を挙げた。たとえば、絶滅危惧種を守るための法律によって、近年ますますコスト高になりつつある野生生物の生息場所の創出や保全がなされたことである。あるいは、ニューヨーク州の水源流域保全の取り組みで見られたように、湿地の浄化能力を利用した水質改善が期待できることなどである。「こういった戦略によって生態系サービスの力がより高められるのを見るたびに驚かされます」とマウントは言った。「ニューヨーク州では、湿地を守った結果、空気まできれいになったという証拠も出てきているのですよ」とも。

人々の不安や憶測をよそに、その計画が実施された最初の年には、早くもナパ市民たちは、その計画がもたらす恩恵が確かにあることの根拠をふんだんに手にすることになった。二〇〇〇年七月の起工式後の数カ月間で得られた経済効果は、モイラ・ジョンストン・ブロックの期待した数字を大きく上回った。洪水安全対策が最終的に確認されるや、商業地の不動産価格は二十パーセント近くも上昇し、反対に、洪水被害にかかる保険料率は二〇〇一年までに二十パーセント減少した。主要な産業は、新しくできた有望なウォーターフロントに移転してひと儲けしようと競いあっていた。ナパ・バレーのオペラハウスでは入念なリフォーム工事も進行していた。新しいホテルの建設が何軒か計画されていたし、なにより新しい町がもう安全であることへの信頼を雄弁に物語るのは、ダウンタウン近くの川のU字形湾曲部に巨大な博物館兼教育センターの建設が進んでいることだった。それは、総工費七千万ドルの、コピア・アメリカンセンター・フォー・ワイン・フード&アーツという「コピアとはラテン語で「自然の恵みの豊かさ」を意味する」、まさに自然の恵み豊かなナパ・バレーの快楽主義的な生活スタイルを象徴する記念碑的な施設だった。それは、来るべき住民投票の成功に賭けて、一帯の土地を一九九六年に買っていたロバート・モンダヴィが作ったもので、施設は全体で十二エーカー〔約四・八ヘクタール〕の広さがあり、有機野菜園、五千席を備えた屋外円形劇場の他、ブドウのつるを絡ませた駐車スペースも作られる予定で、年間約三十万人の観光客を見込んで、二〇〇一年秋にオープンする運びになっていた。

ナパの実験が世界中できわめて肯定的に報道されたのを受けて、郡当局と「友の会」事務所には、中国、アルゼンチン、それにオーストラリアから視察団が大勢やってくるようになった。皆、ナパがどのようにして洪水から町を守りながら、同時に川を救ったのかについて関心を抱いていた。同じようにアメリカ国内でも洪水制御計画を策定するにあたり、ナパが苦心の末に成し遂げたのと同じ手法に挑戦しようとする町がいくつも出てきた。たとえば、ワシントン州キング郡では、氾濫原での開発行為を郡の技術者が危険であると判断すれば、禁止されることになったのである。

一方、洪水制御事業は、通常非常にコスト高であるため、その手法が「グリーン」であるか否かを問わず、連邦政府の予算措置は必要不可欠だった。それでも、自分たち自身も「生きている川」事業を採り入れたいと熱望する町のために、新しい資金援助が出る明るい兆しは出ていた。ネイチャー・コンサーバンシー〔四四ページ参照〕は、カリフォルニア州とネバダ州の洪水被害が多い地域で、土地買収に必要な資金援助をして工兵隊を助けようとしていた。そして、前述のように保険会社は母なる自然との徹底的な対決を避けた地域では、保険料の値下げを検討していた。

全米で氾濫原活用型の治水に対する人気がなおいっそう高くなった結果、ナパ川で最も信頼のできる活動家二人が、その分野でキャリアを切り開いていくことになった。郡の交渉役として活躍したデイビッド・ディクソンは、ネバダ州リノ、カリフォルニア州モントレー地域で同様に市民の力で洪水計画を考案しようとする団体で、常勤の顧問となった。そして、断固として工兵隊の技師たちと闘ってきたカレン・リッピーは、工兵隊との取り組みの長い経験を買われて、一転、彼らに雇われたのだった。彼女の言い分としては、工兵隊がいっそう環境に配慮するようになったことを悟ったことに加えて、自然再生のために大規模な土地の改変が必要だとすれば、工兵隊で働くことが彼女にとって唯一の選択肢だと気づいたのだという。新しい同僚たちは、より変節したのはリッピーか、それとも工兵隊かよくわからないと冗談を飛ばしていた。しかし、一人の技術者は「彼女はまだ非常に環境寄りだよ。でも、私たちはともに少し真ん中に歩み寄ったと思うね」と語っていた。

リッピーは、その仕事に就いたことで利害の対立を生まないように、「ナパ川友の会」を辞めざるを得なかった。そして、ジョンストン・ブロックはその様子を惜しみながら見つめていた。リッピーの闘争的なエネルギーが「友の会」から失われたことは痛手だった。「友の会」は、ナパのリバーフロントを過度の開発から守るために不寝番を続けながらも、流域内の他の地域にも活動を拡大していたからだ。洪水から守られているという有望性に駆られて、開発業者たちが川岸を大きなホテルで埋め尽くすことに熱心になっていたのだ。それはそうとしても、ナパでの事業における一つの大きな成功は、開発許可申請をする前に開発業者らが決まって「友の会」に電話をかけてくるようになったことだ、とジョンストン・ブロックは言う。ナパの「生きている川」ビジョンから生まれたガイドラインには産業とオープンスペースのバランスを生かすことが謳われており、業者らはそれを自らの頭に叩き込んでいたのだ。

「本物の金は、ひったくるようにしては得られず、川の周辺環境が持続可能な形で再生されることから生み出されるものだということを、彼らも学んだのよ」と彼女は語った。

そんなジョンストン・ブロックの言葉にもかかわらず、「生きている川」戦略に対する連邦政府の数年にわたる大規模な財政支援が終わると、二〇〇一年夏には工兵隊に若干の後退の兆しが見え始めた。ミズーリ州の南部では六千万ドルをかけて、工兵隊がミシシッピ川下流に残っていた最後の自然放水路の一つを閉鎖してしまい、代わりに堤防を築く事業が物議を醸していた。この間に、ジョージ・W・ブッシュ政権は、洪水が起こりやすい土地を買い上げて単なるオープンスペースに改変することを義務化する事業に対する政府予算の二五パーセント削減を計画していた。

それにもかかわらず、リッピーと工兵隊の同僚の多くは、ナパの成功は世界の他の地域で模倣できそうな方法を指し示したものと考えていた。洪水制御のレベルが気候変動の現実を考慮するまでに至っていなかった点、それにナパの予算問題を考慮しても、当面得られた結果は新しい自然の経済性〔生態系サービス〕への歩みを奨励するのに十分だった。大勢の人々が参加したナパ計画の集会でも、カトゥーンバグループのいっそう観念的な論議でも、ゴールは同じだった。つまり、自然を征服しようとすることから、自然と人の和平を確実に利益化しつつ、自然との共存に向けて舵取りすることだった。

5　バンクーバー島 〜プロジェクト・スナーク〜

我々は、何カ月も、何週間も航海をしてきた。
（四週間はひと月だ、いいね）
だが、いまだに
（聞け、話しているのは、君たちの船長だぞ）
スナークは影も形も見えないままだ！

——ルイス・キャロル

二〇〇〇年十月五日午前八時過ぎ、リンダ・コーディは、カトゥーンバグループが初めて再会する会合の冒頭で、アダム・デイビスが挨拶に立つのを座って見ていた。青い目で短い赤毛のぶっきらぼうにものを言うこの女性は、まだこのグループに参加したばかりで、前日に始まった会議の始めからずっと感じていた欲求不満を押し殺そうとしていた。大手木材会社ウェアハウザー社の環境事業部副部長という並外れた肩書きを持つ彼女は、〔カナダ〕ブリティッシュ・コロンビア州バンクーバー島の、ログキャビンが肩を寄せ合う「タイナマラリゾートホテル・会議センター」での二日間にわたるワークショップを共同主催するよう、自分の会社を説得してきていた。はっきり言えば、ここに来た以上、彼女として

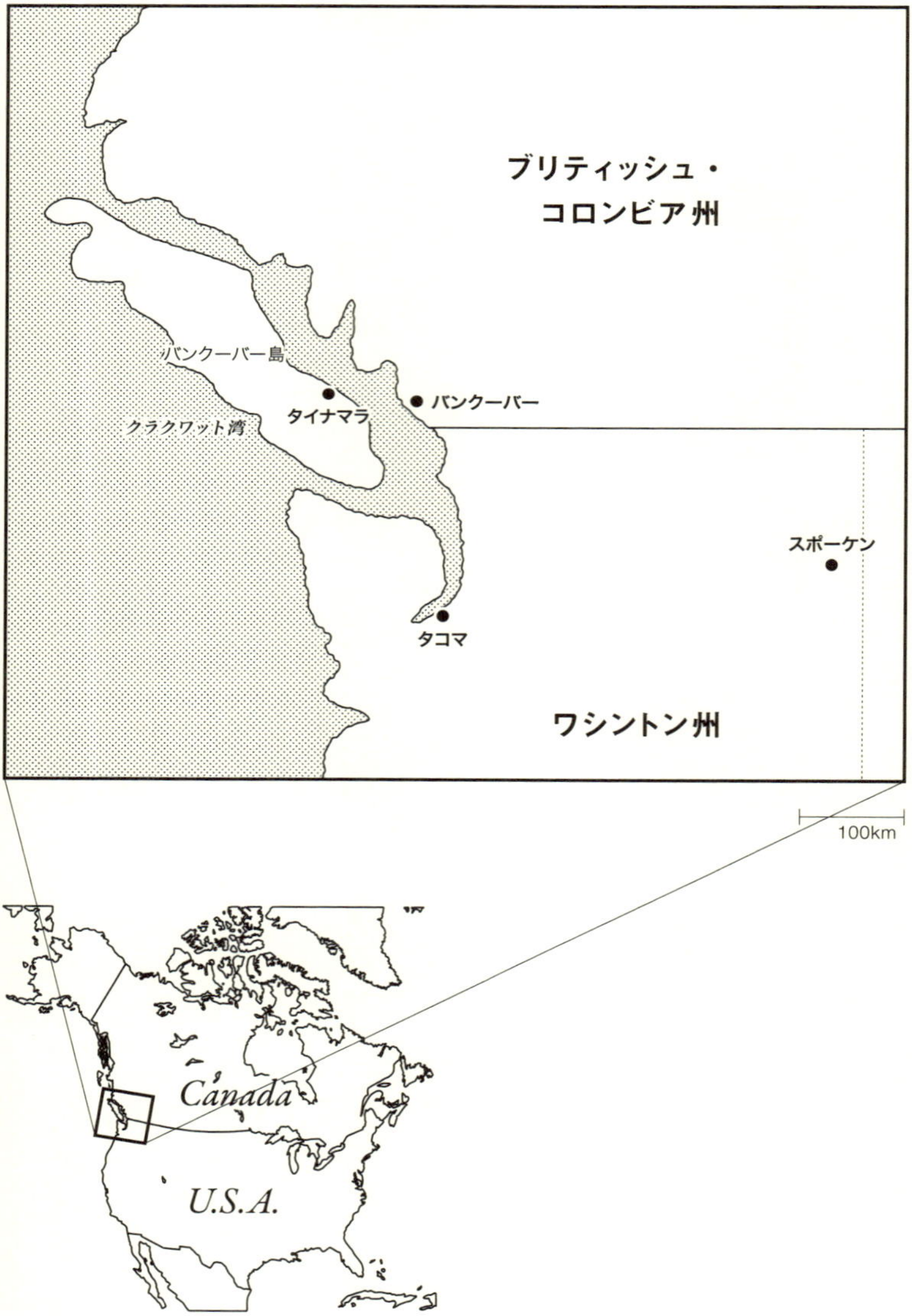
ブリティッシュ・
コロンビア州
バンクーバー島
タイナマラ
バンクーバー
クラクワット湾
スポーケン
タコマ
ワシントン州
100km
Canada
U.S.A.

は小エビのオードブルや野心むき出しのヤッピーたちの政治オタク的なおしゃべり以上の何かを期待していた。コーディは協力者を必要としていたのだ。

実際のところ、収益の大部分をいまだに森林の皆伐から得ているような会社の中で、環境的に持続可能な森林経営を訴えて孤軍奮闘する彼女のような人物に助けの手を差しのべるため、カトゥーンバグループは結成されていた。年間売り上げで、百二十億ドルのウェアハウザー社は、ワシントン州タコマに本拠地を置く世界の三大木材会社の一つである。そういう存在として、会社は、環境保護主義者から厳しいスポットライトを浴びせられていた。けれども今やその経営者たちは、自分たちにも良心があることを示そうとしていた。タイナマラから数百マイル離れた、バンクーバー島西岸にあるクロクワット湾原生林での、物議を醸している取引に関しては特にそうだった。

ウェアハウザー社には、国連教育科学文化機関（ユネスコ）の生物圏保護区に指定されている古代からのモミ、ツガ、スギなどの森林が残るクロクワット湾原生林において、「グリーンな」理想を受け入れようとする強力な理由があった。クロクワット湾の約三千人の先住民やアッセンブリー・オブ・ファースト・ネイションズ〔カナダの先住民文化・権利などを守る団体。これ以降、「ファースト・ネイションズ」〕のメンバーたちを含めて、世界中の環境保護主義者らが、この地域を地球上で最も美しく、また最も危機に瀕した場所であるとして重要視していたのである。すでにブリティッシュ・コロンビア州沿岸の温帯林の多くは皆伐され、後にははげ山や土砂で埋まった川が残されているような状況だった。そして、地元自治体が一九九三年に湾の三分の二の木の伐採許可を与える計画を発表すると、それはカナダの歴史上最大の抗議デモを引き起こし、八百人が逮捕されていた。

一九九九年にウェアハウザー社によって買収されるまで、ブリティッシュ・コロンビア州最大の木材会社であったマックミラン・ブローデル（ＭＢ）社が、反対派の主なターゲットだった。その役員たちは、最終的に、現地での操業を停止すると同時に百五十人の解雇を余儀なくされた。クロクワット湾で起こった大規模な反撃に、ＭＢ社は、自然を無限の商品として取り扱うことに対する、社会的あるいは政治的コストがすでにあまりにも増大してしまっていることを思い知らされた。会社は、森林生態系を長期資本資産と見なすような、劇的に新しいアプローチを取って前進した。ＭＢ社は、それまで行ってきた木材の伐採の方法と関わる外部性（すなわち、会社の活動が社会に強いるコスト）の内部化を、その後の数年で、徐々に進めて行った〔経済の外部性と内部性については一一ページ参照〕。その会社は、より環境的に持続可能な会社として生まれ変わるために、操業方法を再構築し、その過程で、「エコ・フレンドリー」ラベルを掲げて材木を売ることができる認証を得たのだった。その他にもさまざまな改革を断行したが、その中には、皆伐の段階的廃止、原生林の保全、他の森林生息地と水系を維持するための択伐、そして科学者に操業を評価するよう求めることなどが含まれていた。

このアプローチは、リンダ・コーディもメンバーであるチームによって開発され、「森林プロジェクト」として知られるようになった。だが、仲間内では、自分たちの仕事が全くの徒労に終わるかもしれないことへの不安の表明として、この計画を「プロジェクト・スナーク」と呼んでいた。その名前は、ルイス・キャロルの詩『スナーク狩り』に由来していた。それは、乗組員の誰も見たことがなく、どんなものか聞いたことすらない正体不明の生き物を捕まえるのが目的の、海での探検についての詩である。船出してずいぶん経ったあとで、乗組員たちは大いなる危険について知ることになる。それは、スナークの中にも、時折ブージャムという種類があり、もし出会ったのがそれなら、見た者は皆「突然静かに消え失せて、二度と再び見つからない」という代物である。

「森林プロジェクト」を生み出したのと全く同じ勇敢な精神こそが、一九九七年に発表された、MB社とファースト・ネイションズによるすばらしい合弁事業を導き出した力でもあった。その最終目的は、「グリーンな」方法であることに細心の注意を払いながら、クロクワット湾での木材伐採を再開することだった。森林プロジェクトと並んで、（MB社を買収した）ウェアハウザー社が引き継いだこの計画は、「イーサーク森林資源（Isaak Forest Resources）」と呼ばれ（イーサークとは、島の先住民であるヌチャヌルス族の言葉で「敬意」を意味する）、同じくMB社からやってきたリンダ・コーディがその責任の一端を担っていた。イーサーク森林資源は、森林プロジェクトよりもさらに先を行くもので、観光事業や林産品、さらには炭素隔離や生物多様性保持のような環境サービスなど、非木材関連事業を新たな財源にしようとしていた。これは、皆伐をやめたことによって失われた収入と、より持続可能な伐採方法への転換に伴う余分な出費の穴埋めの助けとなるものだった。その転換のための出費は巨額にならざるを得なかったのである。

クロクワット湾での伐採は、カトゥーンバグループ会議のほんの数カ月前に再開していた。ファースト・ネイションズ、ウェアハウザー社、そしていくつかの環境保護団体の間で合意が成立した唯一のアプローチは、苦しいほどに細心の注意を必要とするものだった。原生林地区に新しい道路を通すことを避けるために、イーサーク森林資源は長さ二百五十フィート〔約七五メートル〕の引っ掛け鉤を使って、ヘリコプターによる一本ずつの集材を始めていた。結果として、材木の収量は、MB社が一九九三年以前に集めていた量のほんの一部しか上がらなくなっており、その一方で経費は急騰していた。イーサークは、一立方メートル当たりおよそ七七米ドルで売る材木を得るために、九五米ドルを支払っていたのである。もしもイーサーク森林資源が、「グリーン」ラベルをつけて木材を市場に出す認可を森林管理協議会（Forest Stewardship Council）から受けることができれば、販売価格は確実に上がるであろう〔この管理協議会の基準に則った木材の「FSC認証」は日本でも普及が進んでいる〕。だが、コーディは、仮に認証を得たとしても、利益を生むほどの高値にはならないのではないかと考えていた。消費者たちが、（少なくともその時にはまだ）認証を受けた木材を買うために余分な額を支払うような状況では決してなかったのである。そして彼女も、炭素隔離や生物多様性保全といった生態系サービスに対して、喜んで金を支払おうとする人間がいることにまだ気付いてはいなかった。また、彼女には試行錯誤に費やす時間ももうそれほど長くは残されていなかった。もしイーサーク森林資源が非木材商品の開発に失敗すれば、環境への負荷を抑えたこの伐採事業もせいぜいもって一、二年で、ウェアハウザー社が環境配慮型ビジネスの実験から手を引いてあっけなく幕切れとなることを、彼女は懸念していた。

たくさんのことが、この事業の成果如何にかかっていた。もしウェアハウザー社が、カナダのように経済的に豊かな国の温帯林地帯で、持続可能な森林経営を成功させられなければ、それは一体、世界の森林にどんな未来を暗示することになるだろう。危機に瀕した熱帯林はと言えば、ほとんどが政情不安定な国にあり、土地の所有権もしっかりしたものではなく、不法占拠者による侵害などの違法行為も多い厳しい条件下にあり、その見通しはもっとずっと多難なものである。

そうした広い視野から見た時、コーディは自分の計画に多くのプラスファクターがあることを知っていた。そもそも彼女は、グラフやチャートが満載された二五ページにもおよぶ美しい事業計画書を携えて、ラリー・ベアードという名のヌチャヌルス族の長を伴ってバンクーバーに来ていた。しかも、その事業計画はすでにグリーンピース〔三一ページ参照〕やシエラクラブ〔八一ページ参照〕、そしてナチュラル・リソーシズ・ディフェンス・カウンシル〔ニューヨークに本部を置く米国有数の環境系NPO。有害化学物質問題や大気汚染問題などで大企業や政府を訴え、勝訴で得た賠償金などを資金に弁護士や科学者などを多数擁し社会性の高い活動を繰り広げる。俳優のレオナルド・デカプリオなど著名人も会員に取り込み影響力を強めている〕から承認されたものだった。けれどもそんな彼女が痛々しいほど必要としていたのは、類似したプログラムの実施例であった。経験に基づいて彼女に具体的なアドバイスを与えることができる人間なら誰でもよいし、彼女のプロジェクトが最終的には利益を生むことができるといういかなる保証でもよかった。

会議テーブルの周りには、何人かの新しいメンバーの他、中国社会科学院研究センターの所長、おしゃれな家具ショップ・イケアのスウェーデン代表、ブラジルの経済人と起業家たちの派遣団員など、カトゥーンバ会議以来のなじみの顔が多く見られた。カトゥーンバの時と同じように高級なゼリービーンズがまた出されていたが、今回はさらにもう一つの贅沢があった。それは外の道沿いにカエデの並木が赤や金色に色づいているのが見える窓だった。心ここにあらずといった状態のコーディには、自分以外は全員、アダム・デイビスのスピーチに真剣に集中しているように感じられた。彼は、短いスピーチのまとめに入るところだった。「皆さん全員、オーストラリアで土地を相続したところだと想像してみて下さい。さて、これから二十年にわたってその土地をどうするのか、あなたが決めなければなりません」と彼は切り出した。

コーディは頬杖をついていた。会議の準備に深く関わって来た彼女には、次に何が起こるのかわかっていたが、それほど興味を感じてはいなかった。グループの初会合から六カ月が過ぎ、生態系サービスを新しい市場で売買する環境保全取引所をウェブ上に開設するというデイビスの夢は、すでに複雑なロールプレイング方式の演習ゲームへと姿を変えてしまっていた。フォレスト・トレンズの理事長であり、カトゥーンバグループの創設者でもあるマイケル・ジェンキンズとの約束を守るため、彼は、自分の会社の運営と、妻や二人の幼い娘たち家族と過ごす時間を犠牲にして、毎日二、三時間を捻出してはその仕事に勤しんできた。デイビッド・ブランドを含め、グループの何人かがデイビスに協力してはいたものの、彼らも忙しく、まとまった時間を共有する余裕が一度もないまま、すでに会議が始まろうとしているのに、まだそれぞれ自分たちのノートパソコンに取り付いて、ルールの検討を続けている有様なのだった。

ロールプレイング方式の演習ゲームというアイデアは、カトゥーンバグループで議論した環境保全への誘因というものが、現実の世界ではどのように展開しうるかを明示しようというものだった。それは、さまざまな決定がもたらす思いがけない結果について、マネジメント専門家たちの間では組織を教育する際に広く使われている手法だった。タイナマラでの目的は、まず、炭素クレジットや生物多様性クレジット、あるいはそれに類するものが、人々の意思決定や、ひいては環境品質の評価にちゃんと影響を与えるのかを見極めることであった。仮にそれが確認できれば、次に出てくる問いは、次のようなものであろう。この仕組みにおいては、特定の自然を保全するためにそれとは別の自然の貴重な資産が清算されることになる。その際、市場のプレーヤーたちによる盲目的な利益追求が、意図に反した悲劇へと世界を導くのだろうか、それとも反対に、期待通りのより大きな幸福へと導くのだろうか。どんな類の規則が社会的に有益な成果を達成するために必要なのだろう。デイビスのゲームは、実験室でのテストを通じて、自然を適正に評価する新たな経済システムという壮大なビジョンを見きわめようとするものだった。

ゲームでは、参加者たちが「オーストラリアのパンかご」と呼ばれるマレー・ダーリング川流域の農民の役割を演じ、どのようにしたらその土地から利益を上げられるかを考える。前の会議の際、彼らはこうした土地の塩分で悩まされている農民についてすでに学んでいた。彼らは、五つの地主チームに分けられ、それぞれのチームは、灌漑された地域、乾燥地帯、牧草地の三つのゾーンからなる一万二千エーカー〔約四千八百ヘクタール〕を与えられた。チームは一エーカー当たりの収益と、ある一つの用途から別の用途に土地を転用するにはどのような投資が必要になるのかについての詳細な情報を受け取った。ゲームには四ラウンドまであって、それぞれのラウンドで、農民は五年間の契約をしなければならないのがルールだった。新しいラウンドが始まる度に、デイビスらゲームマスターたちは、市場の変動を反映させるために、さいころを転がして世界的な商品価格の変動を決めることになっていた。

どのチームでも、エコノミストや起業家、あるいはシンクタンクのメンバーたちが、何をすべきかについて合意を得ようと、配付資料に目をやっていた。第一ラウンドは、ほとんどの人たちが、情報を待って様子見をしているうちに、もとのゾーンの土地をそのまま持って終了した。転機は午後の早い時間に起きた。ゲームマスターたちが、安雑貨屋の帽子を詰め込んだ大きな段ボール箱を持ち込んだのである。色が異なる三種類の帽子は、森林生態系サービスをめぐる三つのバイヤー集団を新たに創ることを宣言するものだった。その三つとは、炭素クレジットに興味を持つ大きな公益事業会社（黒帽子）、浄水権を求めている地方自治体（赤帽子）、そして生物多様性クレジットを求めている自然保護論者（当然、白帽子〔英語で「正義の味方」を意味する〕）だった。

農民役のグループは、このリゾートの素朴な造りの食堂のテーブルのあちらこちらに陣取って、新たな選択について議論を戦わせた。ヒツジを育て続けるか、あるいはそこに木を植えるのか。そしてもし木を植えるとすれば、単植の植林地と、生物多様性クレジットを獲得できるかもしれない多様な野生種を栽培するのとでは、どちらがより多くの利益を上げることができるのだろうか。農民役のこうした動きの一方、新しくできたバイヤー役のグループは、取引を進めようと各テーブルを巡回していた。廊下でコーディとすれ違ったジェンキンズは、彼女に警告した。「保護論者と企業の連中の板ばさみになってはだめだ。引き裂かれてしまうことになるよ。」「それがまさに私の人生よ」と彼女はすかさず返した。

おどけた息抜きも必要だった。カトゥーンバでの会議ではまだ新奇なアイデアに誰もが興奮気味だったが、この会議の雰囲気は以前より全体的にずっと落ち着いていた。理論を重視する方針や、ことの進行が現実ではなくバーチャルなものでしかないことに不満を覚えていたのは、コーディ一人だけではなかった。「このような奨励制度が環境保護のためにどれほど重要であるかを理解し、それを強化するのに、いったいいまだ何をためらっているのでしょうか。」世界資源研究所〔ワシントンDCにある、環境と開発問題に関する政策研究と技術的支援を行う国際機関。国連環境計画（UNEP）、国連開発計画（UNDP）、世界銀行などの共編で、二年毎に『世界の資源と環境（*World Resources*）』を出版〕のアナリストであるネルス・ジョンソンは、ある時点でグループにそう問いかけた。

この居心地の良い会議室から遠く離れたところで起きている事態は、切迫感を増していた。アメリカ大統領選挙がほんの一カ月先に迫っていたのである。その週の前半、ジョージ・W・ブッシュがアル・ゴアとの一回目のテレビ討論で、予期せぬ優勢をおさめたのをグループの何人かは見ていた。もしブッシュが勝てば、環境全般にとって不運な出来事となろうが、ことに京都議定書に関しては、彼が断固として条約の草案に反対したことを踏まえれば、なおさら不運な事態が予想されていた。

一層悪いことに、カトゥーンバ会議以来、現実的な進展が何もないという無力感が漂っていた。実際には、進展どころか後退の局面さえ見られた。シドニー先物取引所は、世界初の炭素取引を開始するという長い間宣伝してきた計画を、すでに放棄していた。六カ月前の会議で、威勢よくその詳細について発表をしていた、神経の図太い若いオーストラリア人ブローカー、スチュアート・ベイルは、新しい上司との仲違いから仕事を辞めてしまっていた。だが彼は、炭素市場に失望してしまったわけではなかった。その後、彼は炭素クレジットを売買するために、自分でユニバーサル・カーボン・エクスチェンジという会社を立ち上げていた。そしてこのカナダでの仲間たちとの再会で、彼は相変わらず威勢のよい会話を続けようと努力していた。彼は、シドニー先物取引所の退却を「道路の減速用バンプ」と呼び、もっと重要な問題は、オランダのハーグでこれから何が起きるのかだと言った。ハーグでは、二酸化炭素の排出削減について、京都議定書の締約国が規則を確定するために、その年の十一月に結集することになっていた。カトゥーンバグループの全てのメンバーの心に希望をもたらしたのは、ビル・クリントン政権が、このハーグでの会議に出席して、炭素を隔離する森林と土壌の「シンク（吸収源）」をクレジット化する構想のため、そこでロビー活動を強力に進める計画を持っていたことだった。企業に、化石燃料を排出してもその埋め合わせ（オフセット）を可能にするこうした柔軟な措置は、将来どんな上限措置が取られてもその影響を緩和できるように意図されていた。もしもこの戦術が他の国々の支持を得て、炭素シンクを指定しそれを管理するための明快な規則ができることになれば、新たな森林のために何十億ドルもの金が動き始める、とベイルは言った。

ベイルと彼の同僚たちの多くにとって、カトゥーンバグループがすでに一種の頼みの綱になっていることは、その頃までには明白となっていた。自分たちの研究やフィールドワークを中断して、まずオーストラリア・カトゥーンバに集い、その後このカナダで再会した彼らは、自分たちの確信がただの夢想以上のものであり、最終的には自分たちの仕事が歴史の一コマを創るという信念を共有し、それを楽しんでいた。「林業会社と先住民たちが協力して、Biodiversity. com（生物多様性ドット・コム）という新しい会社でもつくれば、その時やっとあなたたちは、森の新経済に私たちがもう突入していることに気がつくでしょう」とコーディは、ある時大胆にグループに言い放った。

だが気を取り直す理由も確かにあった。再会の初日、中核メンバーたちが、ワークショップのためにバンクーバー島へ向かう前に、バンクーバーでは一般公開の会合が行われた。そのメインイベントは、ワシントンDCに本拠を置くソーシャル・インベストメント・フォーラム代表デイビッド・バージの感動的なスピーチだった。アメリカには「グリーンな」投資にすでに巨大な需要があるのだと語ったのである。一九九九年の時点で、アメリカの市民が「社会的責任投資」のファンドに、約二・一六兆ドルを投資していたとバージは言った。これらのファンドに対しての投資は、一九九七年以来、驚くべきことに八二パーセントも増加し、他のどのようなファンドへの投資よりもずっと急成長していた。だがこれらの富の全てが、まったくの善意から生じていたわけでもなかった。「社会的責任投資」のファンドは、同等の通常ファンドに比べて、およそ二倍の営業成績を上げていた。

社会的責任投資は、南アフリカの企業や核兵器、タバコ産業などをボイコットするための草の根的なキャンペーンの一部として、すでに一九七〇年代に始まっていた。通常の方法としては、投資家が自身のポートフォリオ〔四三ページ参照〕の中に好ましくないやり方を対象とした支援が含まれていれば、それを除外するというものだった。投資された二・一六兆ドルのほぼ八十パーセントが、訴訟や行政による制裁措置の有無に基づいて、環境に害を及ぼしていると認められた企業を除外するようにふるいに掛けられてきたのだ、とバージはグループに言った。しかし、さらに喜ばしいことに、投資家たちは、実際に何か環境に良いことをしている企業を探し求めることをファンド・マネージャーに要求するという、次の段階に進み始めたのだった。「私の知っている活発な投資家たちは、皆、あなた方がここでしている仕事に間違いなく興味を持つはずです」と、バージはグループに言った。

バージのスピーチが終わると盛大な拍手がわき起こり、リンダ・コーディもそれに加わった。ついに議論は、彼らの展望を世界に向けて明確に示すための、具体的で、実用的なアイデアに収斂していった。新しい変化をもたらすための資金調達において、政府も産業界も進んで重要な役割を果たさなかったことは、たぶんそれほど重要なことではなかっただろう。第三の方法がたぶん実際にあったのだ。

三日間の協議の間、他の発言者たちは、環境サービスの需要が実際にはカトゥーンバグループが思っている以上に大きく、彼らが供給しようとしている商品を買いたいという潜在的なバイヤー集団が現実にいくつもあるのだという点を、徹底的に説いた。こうしたバイヤーの中には、社会的責任投資を行う会社だけではなく、行政機関や、そして今後はますます、新たな方法で水質維持を図り、自然環境災害の脅威を軽減しようとする裕福な環境保護系慈善団体なども含まれることになるのだった。経済を、生態系資産の価値を組み込んだ新しいものに再編する手助けをする上で、それら全てが強力なプレーヤーであり得た。

発表者は、ほとんど生物学者や経済学者たちで、配付資料の図表や自分のノートパソコンから出力したパワーポイントのスライドショーを駆使して、細かな事項について解説した。ある者は、森林保全のための市場ベースの手法を検証しながら、いくつかの世界銀行プロジェクトを分析し、またある者は、ブラジルにおける実験的なエコロジー付加価値税の仕組みを説明した。それに続いて、シアトルとその周辺地域を統括するキング郡の郡知事ロン・シムズが、メモも持たずに席を立つとスピーチに向かった。

彼のスピーチの題は「革新的な政策と生物多様性保全のための誘因」であった。だが、この背の高い筋骨たくましい政治家は、自分の郡の成長管理施策についてほんの少し話したところで、突然、スポーケン〔ワシントン州東部、人口約二十万人弱の小都市〕で説教師をしていたという最近亡くなった自分の父親についての物語を披露し始めた。「ある日、彼は私を浜辺に連れて行ってくれました。そして、こう言ったのです。『なあ、お前、知っているかい。波には三つの種類があるのだよ。まず、浜辺に何の痕跡も残さない種類の波。そして、ただ穏やかに浜辺をやさしくなでる波もある。そしてさらに、浜辺の様相を一変させる種類の波もあるのだ。お前は、どの種類の波になりたいと思うのだろうね』と。」シムズはこう聴衆に語った。

こうした回想の合間に、シムズは、森林地の開発権を買い上げるプロジェクトや、下水処理された水をリサイクルして肥料にするプロジェクト、そして何万という木を植えるためにボランティアを組織化するプロジェクトなど、キング郡の行っているプロジェクトの要点を紹介した。けれどもその後、彼は突如また方向転換をして、高校時代のガールフレンドについて話し始めた。彼は、まるで持ち時間が無限にあるかのように、彼女について、とても親密に打ち明け話をするような調子で語りだした。「初めての恋愛とは愚かなものです。だがとってもみずみずしい」と彼は言い、自分の求愛について詳しく語った。スモーキー・ロビンソン〔アメリカ黒人音楽界の大御所〕の音楽テープ、そして彼女が焼いてくれたパウンドケーキ、だがなんと砂糖が入っていなかった（「僕に必要な砂糖は君だけだ」と彼は言ったそうだ）。何人かの科学者たちは、椅子の上で姿勢をさかんに変えながらいらいらした様子だった。だがシムズは、制限時間をはるかに過ぎてもそんな調子で話し続けた。そして彼女が後に教師となり、やがて病に倒れたことに話は及んだ。「ばかね、私の時間はもう尽きたけれど、あなたにはまだ足跡をちゃんと残すための時間が残されているじゃない。」枕元で泣く彼に、彼女はそんなふうに言ったと言うのだ。

彼は、今や静まりかえって心を奪われた様子の聴衆を眺めた。そして、意味ありげに一呼吸ついて、窓とその外に広がる森林の方を頷きながら見やった。「あとまだ一日あるのです。私たちは、この貴重な贈り物を手にしているのです」と彼は言った。「私はあなた方が、この場所を救うのだという思いを共有できるようになることを望んでいます。この場所を救ってください。浜辺の様相を一変させるのに、まだあと一日残されているのです。」

科学者たちや経営者たちはシムズにスタンディングオベーションをおくり、そして退場しようとする彼のもとに押し寄せて名刺を渡した。彼の言葉は聴衆の心とその最高の善意と、彼らのほとんどがそもそもこの会議にやってきた理由に訴えかけ、それが通じたのだった。馬車を駆って馬たちを戦場に導くように、彼は聴衆に、分析には所詮限界があるということを思い出させた。行動を起こす時が来ていた。

実際、カトゥーンバグループのメンバーの一人は、すでにロッカールームを立ち去っていた。シムズがまだ話を終える前から、デイビッド・ブランドは、廊下を行ったり来たりして、「ニュー・フォレスト・ファンド」と彼が呼ぶ何か新しい企てを人々に宣伝していた。彼の説明を聞くと、そのプロジェクトは、まるでアダム・デイビスの取引ゲームの一部をそのまま実現したようなものだった。しかしこれは、潜在的に巨額の資金が絡むことになる現実のものだった。

この数カ月前に、ブランドは、ステートフォレスト・オブ・ニューサウスウェールズ・オーストラリアからハンコック・ナチュラル・リソース・グループに引き抜かれていた。それはボストンを本拠地とする企業グループで、巨大なジョン・ハンコック・フィナンシャル・サービスの一部門であり、機関投資家のための森林投資に関しては世界有数の幹事会社〔証券・株の発行手続きをする会社〕だった。数十億ドルの資金を持つこの会社は、ブランドが自ら時間を掛けて開発してきた構想を実際に試してみる機会を与えたのだった。それからまもなく彼は、オーストラリアとアメリカで新たに植林された森林から得られる二種類の収入を基にした前代未聞のファンドを売り出すよう、ジョン・ハンコック社の経営陣たちを説得した。投資家たちは、持続可能な森林経営で得られる将来の収穫に基づいて、株式を受け取るとともに、炭素クレジットを配当として受け取ることになるのである。クレジットの価値は不確定であったが、おそらくゼロではなかった。それは、気候変動についての国際的な合意の進展と、それに連動する炭素市場の成り行きにかかっていた。ブランドは、オーストラリアで以前行った実験を踏まえて、最終的には、森林の生物多様性権をも大規模な環境保護団体に販売することを望んでいた。その追加所得が得られるかもしれないという見込みは、炭素貯留能力の高さから選ばれる単一種の植林地よりも、多様性のある土地本来の森林を育成する方向に向かわせる誘因を提供することができるだろう。

「すでに市場調査をしたので、これがちゃんとうまくいくことはわかっている」と、彼はバンクーバー島で仲間たちに言った。「私は、五十以上の会社に聞き取り調査もした。あなた方が考えているよりもはるかに多くの人たちが興味を持っている。」彼の思いはすでにどんどんと先へと進んでいて、もう自分がこれから植える森林のことを想像していた。ミシシッピ川沿いで失敗したダイズ栽培に代えて土地本来のオークやヒッコリーを植えよう、五大湖地方でポプラの森を再生させよう、ハワイのサトウキビ畑に土地本来の広葉樹を再び植え直そう、などという調子だった。

会議が終わった次の週のブランドの目標は、材木搬出トラックで働いたことのある男〔第2章参照〕にとって、浮き浮きするようなものだった。バンクーバー島を立って三日後には、ボストンに飛び、ジョン・ハンコック社の役員会で自分の事業計画についてプレゼンテーションを行うことになっていた（そこでは、その事業計画が満場一致で承認されることになる）。その次の日には、シカゴから飛行機でやって来る環境保護系の起業家リチャード・サンダーと会い、提携の可能性を探ることになっていた。さらにその翌日には、ネイチャー・コンサーバンシーやその他の大きな自然保護団体の代表者たちと会い、彼らに生物多様性クレジットを買う気があるのかどうかを探ることになっていた。そして一カ月後に、ブランドは、オランダ・ハーグで行われた気候変動に関する条約交渉のレセプションである華やかなカクテルパーティーで、ニュー・フォレスト・ファンドの販売開始を宣言することになる。

あまりにも早い炭素市場への参入ではあった。だがブランドとジョン・ハンコック社は、それがやがて功を奏するという見込みから、計算済みのリスクを負おうとしていた。とは言え、それが莫大なリスクであることに変わりはなかった。その時点では、アメリカ合衆国が強力に支持している炭素シンクがハーグでの議論の主流となるだろうという予想はあったものの、誰もオランダで何が起きるかについて予測することはできなかった。結局のところ、条約の条件交渉を行っている他国の政治的指導者たちは、アメリカが参加しないかぎり大した効果が期待できないということを承知していて、それゆえ、アメリカ政府を交渉の場に引き留めるために、彼らは一層の譲歩をするだろうと思われた。「かなり見通しは明るいと思うよ」とブランドは言った。最悪のシナリオが現実となり、もしブッシュが大統領になって議定書が反故にされてしまったら、ニュー・フォレスト・ファンドはオーストラリアで売ればいいのだ、とブランドは言った。そこではすでに電力会社に対して、温室効果ガスの排出を抑制するよう行政命令が下されていた。けれどもブランドは、(たとえ誰がホワイトハウスに収まることになろうと、)アメリカ政府が似たような規制を作らねばならなくなるのは時間の問題だという確信を持っていた。最終的には、地球温暖化による気象災害が次から次へと起きてくるうちに、アメリカは、一人よがりから抜け出さざるを得なくなるだろうと彼は判断していた。

ブランドの計画が噂になると、タイナマラに集まったカトゥーンバグループの意気は上がった。まだ発売されてもおらず、そして実績もないニュー・フォレスト・ファンドだったが、ジョン・ハンコック社のような大企業がそれを真剣に検討しているというだけでも、彼らにはすでに成功だと思われたのである。プレゼンテーションとロールプレイング式のゲームは、延々と続いた。しかし、科学者たちも投資家たちも、休憩時間になると、また気力も新たに、ダイニングホールで、あるいは自分のログキャビンへの道すがら、適正市場価格や水質浄化などという話題について興奮しながら話をしていた。彼らはまた、アダム・デイビスのゲームにおける自分たちの役割を快く受け入れた。「保護論者」役の人々は、自分たちの仲間うちだけで議論をして、大した達成を見ることがなかった。また、ある農民組合の中には、炭素のバイヤーになるという決定を表明するものや、合併を宣言するものが現れた。

結局、勝ったチームは、戦略的に生態系サービスを売りながら、多収穫栽培用の潅漑された耕作地の八十パーセントを森林に転換していた。この結果は、すばらしい立証に思われた。だが、同じほど悲痛な事も予期せずして起こっていた。五つのチームが、最終ラウンドで森林を皆伐して、現金化していたのである。それは、このゲームのルールに従えば、完全に論理にかなった振る舞いであり、たとえ最善の意図も容易に歪められることを示していた。しかし、グループの多くの人々は、ゲームがちぐはぐな状態で終わったように感じていた。だがアダム・デイビスだけは間違いなく例外だった。

ことのほか機嫌良く、デイビスはゲームの結果に「信じられないほど満足している」と言明したのである。「私たちの疑問は、これらの新しい資金源から得る現金が、需要に影響を与えることがあるか否かでした。明らかに影響を与えていました。これが、ゲームをただの学問的な空想の世界から、現実の私利私欲の世界に導いたのです」と彼は言った。プレーヤーたちは明らかにたくさんの教訓を得たのだと彼は言った。ただ、次のラウンドを始める前に、ゲームマスターたちがもういちど設計をやり直さなければならないことも明らかだった。初回に作られたルールには、数知れず問題があった。そのうちのいくつかには、現実の世界を反映するように、例えば、高い不確定性が含まれていること、あるいは生態系サービスの販売を計画するにあたって、その市場情報へのアクセスがほとんどないこと、そして、潜在的な売り手と買い手の間の取引コストが高いことなどがあった。それでもデイビスはこう主張した。「わかったという感覚を皆が持ち帰ってくれたと思う。つまり彼らは、森林の役割を商品の供給源から（それは甚だしく時代遅れの感覚だが）、サービスの供給源へとどのように変えていくべきかを理解してくれた」のだと。彼は、カトゥーンバ会議の後のように、やる気一杯で、彼の考案した環境保全取引所がいつの日にか世界的な取引の一勢力となることを、かつてないほど確信しているのだと語った。実際、彼はすでにインターネットドメイン名を買っていた。

それと同時に、デイビスは、取引の演習ゲームを教育用のコンピュータゲームとして市場に出すことについて、以前にも増して興味を持つようになっていた。単純に主な環境保護団体のメンバーを計算しただけでも八百万人の潜在的購入者がある上、さらに世界のさまざまな地域のプレーヤーに合わせれば、「膨大な数のバージョン」があり得るかもしれないと彼は付け加えた。「ちょうどビーニーベイビー〔一九九三年に発売された多種多様な動物のぬいぐるみビーニーベイビーシリーズは、大ヒット商品となり九〇年代後半に社会現象とまでなった〕のようにね！」デイビスは大喜びで、早くそれに取り掛かりたくてうずうずしていた。あまりに良いアイデアだと思い、他にもきっと誰か同じようにそれを市場に出そうとするにちがいないと、彼は思っていた。

リンダ・コーディはバンクーバー島で成し遂げられたことについて、それほど肯定的にはなれなかった。彼女は、持続可能な林業から利益を絞り出そうとすることについてのざらざらとした現実にあまりにも巻き込まれ、消費者を教育する新しい方法に興奮するにはほど遠く、到着した時と同じくらい苦悩したままそこを去ることになるのだった。マックミラン・ブローデル社で働いていた頃、彼女は個人的にクロクワット湾での「環境戦争」に関わっていた。最も激しい攻防のあったとある町で、彼女は環境保護主義者に屈服したとして責められ、怒った木こりとその家族に自分のわら人形が燃やされるというような事態（それはテレビニュースで放映された）に発展するほどだった。彼女は確かに古代の原生林を大切に思っていた。だが、同時に、伐採が中止されたために稼ぎ頭が職を失ったすべての家族の苦渋をも理解していた。「イーサーク森林資源」と「森林プロジェクト」が、企業の一つの逃げ道として、耐え難い緊張を緩和するために生まれたことは誰の目にも明らかで、彼女にもそれは明確にわかっていた。それでも彼女は、長くは続かず本物の収入も生まない、ただの宣伝工作的な計画には満足はできないのだと主張した。コーディはもうとうの昔に、プロジェクト・スナークの観点からもの事を考えるのはやめていた。未来へ続く道筋として、あるいは国際的なモデルとして、そして殊に森林と言えば材木か公園しか思いつかないカナダ人に劇的な観念の変更を迫るものとして、彼女は生態系サービスのための市場という概念を想像することができた。だが、イーサーク森林資源について彼女が希望に満ちた展望を持っていても、それが森を守るのに間に合うように実現するか否かは、全くの別問題だった。イーサークは、「カナダでの環境をめぐる対立を母親として生まれた子供なのです。でもその子がティーンエージャーになるまで育つかどうかは誰にもわかりません」と彼女は仲間に向かって言った。

五十人ほどのカトゥーンバグループのメンバーは、その夜には飛行機に乗り、次の朝には中国やブラジル、オーストラリア、スウェーデン、アメリカなどそれぞれの家に戻るべく、バンクーバー市に向かうフェリーに乗った。次の三月にはブラジルで再会することを彼らはもう決めていた。

およそ一カ月後、気候変動に関する国際連合枠組条約の第六回締約国会議（COP6と呼ばれる）がハーグで開幕するほんの数日前、デイビッド・ブランドは、日頃のカナダ人らしい慎み深さをまったく感じさせないようなEメールを送った。「この二、三週間、この国際的な炭素市場に生きているのは本当に奇妙な感じだ。そしてこういう風にプレCOP6に向けての熱狂は高まりつつある。株式市場で働いたことのある私の友人のような感じなんだろうね（一度話を聞いたんだが）。彼が言うには、穴の中の古株たちは、何かが起きる時には、すかさずそれを関知するのだという。あまりにもたくさんの取引や提携、共同事業のチャンス、ウェブ上の電子取引ベンチャーなどが、私のところに投げつけられてきている。皆が取引をしたがっていて、私たちのハーグでのレセプションパーティーは、会場が満員でパンクしてしまいそうな勢いだ。その上、僕たちの弁護士や税理士もたくさんいるからね。競合するようなファンドがでっち上げられたという噂もある！今朝起きると、一夜にして四十通もEメールが届いているという状況だ。こういう無鉄砲な連中は何と言ってきたかって？『さあ、いよいよやるぞ！』ってね」と彼は書いた。

しかしながら、COP6会議前の興奮は、その後にやってきた失望をいっそう過酷なものにした。EUの国々は、クリントン政権が提案した炭素取引やシンク（吸収源）など柔軟性のある手段で温室効果ガスの影響を緩和しようという計画を、容赦なく拒絶したのである。炭素クレジットやシンクなどは一種の詐欺だという、無礼をいささか通り越した発言も少なからずあった。「ドイツ社会には、強力な利益団体がたくさんある」とドイツの環境大臣ユルゲン・トリッテンは、かなり批判的なコメントの中で言った。「もしアメリカが、森林に〔火災で二酸化炭素が放出されるのを防ぐために〕消防活動用道路を作り、その上に飛行機を飛ばして、それを二酸化炭素排出規制プロジェクトだと言うなら、私は彼らになんと申し開きができるというのでしょうか。愚かだと言われるだけです。」会議は合意に至らず決裂したのである。

ＣＯＰ６が暗礁に乗り上げてから数週間後、ブランドは、また皆にメモを送信した。今回のものは、前回よりもずっと落ち着いた、しかしまだ楽天的なものだった。今度の失敗は「人間の弱さとヨーロッパ諸国にまとまりがなく、中心となる強力な交渉能力が欠けていた」ことが原因だと彼は言った。だが、彼はまだ、ＣＯＰ６が再開し六月には合意に至るかもしれないことに期待しているのだと言った。それは、もしもアル・ゴアが次期アメリカ合衆国大統領になったら、あり得るかもしれないという考えのシナリオだった。「結局のところ、私たちは、環境的にも社会的にも信任を受けられる最良の商品を、いつでも用意できるのです。それを売るのは、ＣＯＰ６がハーグで成功していた場合よりは多少難しいかもしれません。でも、企業や投資家は、込められたメッセージを読み取っていると確信しています」と彼は締めくくった。

一カ月後、アメリカ合衆国史上最もきわどい接戦となった選挙戦とその後のフロリダでの票の数え直しによる保留の後、合衆国最高裁判所の物議を醸した裁定によってジョージ・Ｗ・ブッシュが大統領の職を与えられた。当時ブッシュの国家安全保障担当大統領補佐官候補だったコンドリーザ・ライスは、早くもブッシュ政権が、京都議定書の「多国間協調路線」に反対するだろうと警告していた。気候変動枠組条約交渉によって、何十億ドルという自然のサービスを売買する市場が生まれるというカトゥーンバグループの浮き立った夢が、この時ほど、本当に「スナーク」のようだと感じられたことはなかった。

6　ワシントン州キング郡 〜巧みな交渉術〜

無垢の自然がなければ、この世界は監獄のようなものだ。
——デイビッド・ブラウアー

ロン・シムズは、大きな整った顔をにっこりとほころばせながら、TPCスノクワルミー・リッジゴルフ場〔全米プロゴルフ協会ツアーに加盟するゴルフ場〕のバーに、のんびりと歩いて入っていく。人口百七十万のワシントン州キング郡の知事である彼は、自分の仕事を愛し、その結果報われることも期待している〔ビル・〕クリントン風の魅力を持った政治家である。今夜の彼は機嫌がいい。

スノクワルミー市の市長R・ファジー・フレッチャーは、さっきからずっとドアの方を気にしている。シムズは予定よりもう一時間近く遅れている。シアトルにある郡庁舎から、東へ三十マイル〔約四八キロメートル〕の道のりに彼が車を走らせ始めたのは、すでに予定時刻を過ぎてからだ。そしてフレッチャーは、彼と一緒に食べるはずだった夕食をもう半分ほど食べ終わってしまっている。けれどもシムズが到着して、「やあ、市長さん！あなたに平和と繁栄あれ！」とゆったりと声を掛けながら、彼をしっかり抱きしめようと身をかがめて来ると、彼は苛立った様子も見せず椅子から立ち上がる。

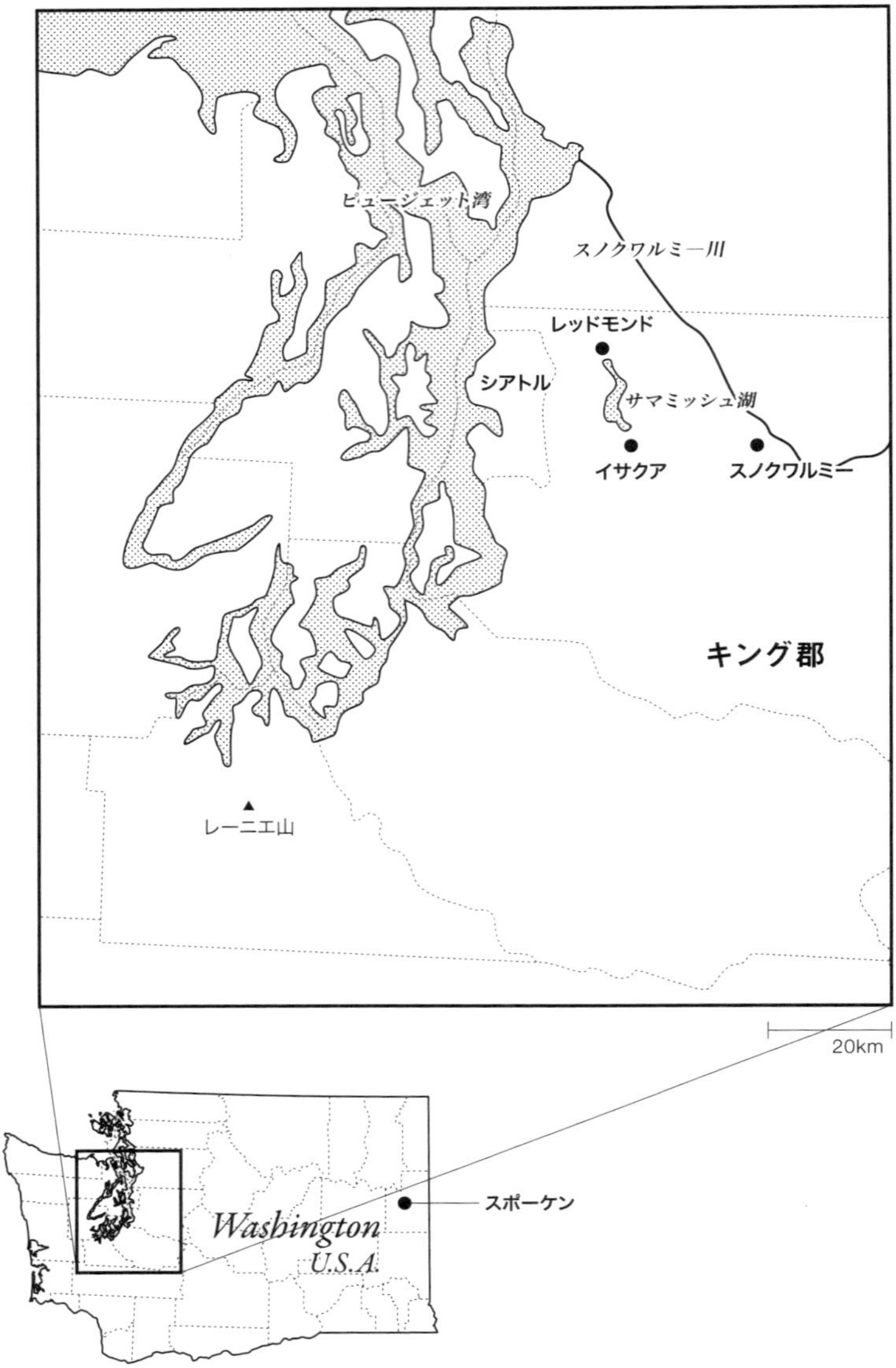
ピュージェット湾
スノクワルミー川
レッドモンド
シアトル
サマミッシュ湖
イサクア
スノクワルミー
キング郡
レーニエ山
20km
スポーケン
Washington
U.S.A.

フレッチャーとシムズは、人物の好対照を示すには格好の組み合わせだ。市長（日中は機械工の仕事を持つ）の方は、ポニーテールで、四インチ〔約十センチメートル〕ほどの長い髭を生やし、手首にはハーレー・ダビッドソンのロゴマークの入れ墨がある。一方、キング郡知事の方は、きれいに髭を剃って、ブルーのシャツに絹のネクタイという出で立ちだ。フレッチャーの服装は、彼が反抗者であることを物語っているが、彼の振る舞いには、明らかにシムズの、強大な権力を伴う地位への敬意が窺われる。その地位というのは、公共交通機関や廃水処理、あるいは自治体に組み入れられていない地域の土地利用など、郡全体におよぶ公共サービスを統括し、結果として、シムズをすべての市の市長のような存在にしているものである。シムズはシムズで、彼独特の愛想の良い振る舞いの中にも自らの権力を明らかに意識しているところがあって、フレッチャーが、「ここにお迎えできて光栄です」と切り出した時、さもありなんとばかりに嬉しそうである。

シムズがバンクーバーでカトゥーンバグループの会議の席上、スタンディングオベーションの喝采を浴びてからおよそ七カ月後のこの晩春の夕べに、この二人が喜びを分かち合っているのには訳があった。シムズは、ある画期的な協定策定に決着をつけるため、スノクワルミーにやってきたのだった。その成功は、この地域の環境保全に貢献するばかりか、二人の政治家としてのキャリアをも後押しすることになるはずのものだった。その協定がもたらす主な成果は、高さ二百七十フィート〔約八一メートル〕のスノクワルミー滝の滝口周辺に広がる約百五十エーカー〔約六十ヘクタール〕の森林景観を保全することである。そこは、主要な観光名所であり、また地域の先住民にとっては聖地でもある。ワシントン州では、レーニエ山に次ぐ観光地として多くの人々が訪れるその地域は、その土地を所有し、そこに住宅や店舗を建設しようと目論むピュージェット・ウェスタン社によって今しも開発されようとしていた。「滝を見上げればチャック・E・チーズ〔全米に展開する子供向けエンターテイメント・ピザショップ〕が目に入ることになるのですよ」と地元のある環境保護主義者は嘆き悲しんでいた。だがそうはならずに、ある複雑な歩み寄りが功を奏して、滝の原初の背景は救われたのである。

森林を救った協約は、五里霧中の中、シムズが中心となって三カ月にわたって行われた入念な交渉が功を奏して、環境保護主義者と地元政治家、そして強大なウェアハウザー社という三者間の合意が得られたことによって成立した。今夕、スノクワルミー市議会によって、それが承認されることは間違いない。それが終われば、シムズは、ごく内輪のスタッフや友好的なウェアハウザー社の役員たちとともにゴルフ場のバーに戻って、祝宴となるのである。またしても、シムズと進取の精神に溢れる彼の協力者たちは、三方得の勝利を引き出したのである。

世界中で、都市の無秩序な膨張が人々の生活の質を脅かすようになるにつれ、巧みな交渉術というものが、（それは常に政治家にとっては重要な技能の一つなのだが）かつてないほどの重要性を帯びてきている。大気と水の汚染や、緑地がどんどん減ってきていることについて、自分の選挙民たちからますますたくさんの苦情が寄せられるにも関わらず、そうした問題の原因も、そしてしばしばその解決策も、自分の権限が正式には及ばない管轄区域外に存在することが彼らにはわかっている。そこで、代わりにものをいうのは、駆け引きやごり押しの才や、あるいは都市と田舎の人々双方に彼らの利害は互いにつながっていることを示せるような宣伝活動の手腕である。

こうした才能をフルに活用しているのは、シムズだけではない。アイダホ州ボイジーでは、二〇〇一年に、共和党の市長ブレント・コールズが、市の内外に広がる丘陵地帯の緑地を保全すべく、土地や土地の開発権を買うために、二年間で一千万ドルの固定資産税を集めるというキャンペーンの陣頭指揮にあたってそれを勝利に導いた。この取り組みは、市と州と郡と連邦の役人たちの力が結集された、この丘陵地帯の異例な管理計画に基づいていた。同じ年に、ジョージア州ディカルブ郡では、新たに郡知事に選ばれたヴァーノン・ジョーンズが、緑地の保護・保全と公園の修復を目的とした一億二千五百万ドルの公債発行の是非について、住民投票の実施を提案した。投票結果は、二対一でそれを是とするものだった。アメリカ中でどんどんと増えているこうしたケースと同様に、この二つのケースにおいても、健全な環境と経済的な利益との間には、直接的な関係があるという結論を地元自治体の職員たちが出したのである。つまり、緑溢れる眺めやきれいな空気の価値を賞賛することで、（そして、少なくともボイジーにおいては、野生生物の生息地や川のほとりの植生による水質浄化作用というような、さほど目立たない自然の恵みですら）富をもたらす新たなビジネスを引き寄せることになるのである。シムズのように、多くの人物が、通常は互いに非協力的なグループの間に革新的な合意を作り上げることによって、こうした環境目標を達成してきたのである。

髪はアフロでダシキ〔アフリカの民族シャツ〕に身を包み、ベトナム戦争に反対してデモ行進をし、入学許可方針をめぐってセントラルワシントン大学を封鎖しようとしていた一九七〇年には、妥協というものはシムズの得意技ではなかった。シアトルのサウスサイド地区で診療所や公園の設置を求めて戦う地域の活動家からやがて郡議会議員になった彼は、最初から環境問題に関心を寄せたわけでもなかった。「最初のうち、彼は土地利用の問題が嫌いで、その話題には全くつまらなそうにしていたものです」とシムズの首席補佐官代理のイーサン・ラウプが言う。

けれども、現在シムズは五二歳で、三人の息子の父親であり、都市部の豊かな緑ゆえにエメラルドシティと呼ばれるシアトルを郡庁所在地とする、豊かな森林に覆われた郡の知事である。そして彼は、環境危機の時代における新たな政治的実践主義の一つの型を洗練することに貢献してきた。彼は同時に、地元の有力企業や環境保護運動家、地元や国の政治家などのニーズに耳を傾け、彼ら全てを結集して、彼らが自然のサービスの具体的な利益を高く評価し、それに見合う対価を支払うように働きかけている。「あなた方は、ご自分の利益にかなうように市場を動かさなければなりません。なぜなら、政府には、買われる必要があるものをすべて買い上げる資金など持ち合わせてはいないからです」と彼は言う。

シムズは概念先行のカトゥーンバグループのメンバーたちとは違って、理論を議論することに時間を費やすことはほとんどなく、また、京都議定書のような国際的な政策が、彼の選択肢を広げることになるというような期待も抱いてはいない。その代わり、彼は人口増加や土地の劣化というような苦難とリアルタイムで渡り合っており、環境への誠心誠意の献身と政治家としての慎重さのバランスを保ちながら、その場その場に即して解決策を編み出しているのである。一日十六時間、彼は説得や駆け引きに明け暮れながら市場を動かしている。彼のファンたちに言わせれば、まるで守護神のようなカリスマ性が彼の手際をさらに強力にしているという。非営利の自然保護団体カスケード・ランド・コンサーバンシー〔一九八九年に設立された、シアトルに本拠を構える有力な自然保護団体〕の長であるジーン・デュベルノアは、シムズの環境への献身ぶりと実効性について、「私は二十年も郡の行政官たちを見てきたが、彼に匹敵する者は誰一人いない」と言う。

シムズは牧師の息子で、彼独特の雄弁さを持っている。彼が太平洋岸北西部の環境のために遊説する際のトレードマークは、自分の家族について、ほのぼのと、また時に面白可笑しく、そして常に最後には心に響くように語ることである。彼の話はほとんどいつも時間オーバーで、聴衆はすっかり心を奪われることになる。そして最後には公共サービス、特に森林地帯の維持管理が緊急に必要だという呼びかけとなるのである。例えば一番下の息子アーロンの臍の緒を切った時の思い出を延々と散漫にしゃべった後(今十三歳になったアーロンが生まれた時は、「驚きだった。すばらしい驚きだった。アーロンの後にはもう驚きなどないだろう」と語るのである)、そしておもむろに一息ついて、彼は宣言する。「私は自分の子供たちをとても愛しているのです。そして私は、彼らにこの世界をもっといい場所にしてみせると約束したのです。私は今から百年後の人たちに、『いったい森はどこへ行ってしまったのか』などと尋ねられたくはないのです。彼らは、ロン・シムズだかなんだかは知りもしないでしょう。でも誰かがきちんとものを考えていたということは理解してくれるでしょう。」

環境的価値は、ある水準の快適さに到達したごく限られた社会によって追求される贅沢に過ぎないのだと言う人もいるが、もしそれが本当だとしたら、キング郡は、グリーンな選挙ブロックとしてのあらゆる要件を満たしている。二千百平方マイル〔約五千四百平方キロメートル〕の中に、三九の都市を擁するキング郡は、一九九〇年代にニューエコノミー〔三一ページ参照〕のいわばショーケースの様相を呈し、新たな雇用を生み出すことにおいて、全米八位にランクされたのである。地元企業のマイクロソフト・コーポレーション社、アマゾン・ドット・コム社、そしてリアル・ネットワークス社などは、この時期に劇的な成長を遂げ、平均賃金は五八パーセントも上昇したのである。

そうした大量の資産や多くの新しい雇用は、当然新たな人の流入を促した。一九八〇年から一九九八年までの間に、キング郡の人口は五十万人以上、すなわち四四パーセントの増加を見たのである。それはほとんど、シアトルもう一つ分に匹敵する増加である。住宅価格は、実質賃金とともに急上昇し、それに伴って、より郊外に開発を進めようとする需要も高まったのである。

だがその成長は、特にシアトルにおいて強い反動を生みだした。というのも、シアトルは環境意識が際だって高く、二〇〇一年には市議会が、地域の二酸化炭素排出量を京都で設定されたアメリカ合衆国の目標以上に削減することを誓約したほどの都市なのである。「一九八〇年代の終わりまでには、キング郡がロサンゼルスのようになりつつあると、人々はパニック状態になっていた」とシムズの首席補佐官代理であるイーサン・ラウプは言う。シアトルのあらゆる環境保護団体や市民グループが同盟を結成し、急進的な反成長イニシアティブを打ち出した。だがその反対運動は、オレゴン州で先に制定された法に倣って、ワシントン州がより保守的で緩やかな法律を制定したことによって無効なものとなってしまった（ラウプの言によれば、より上位の州法に取り込まれてしまう結果となった）。（シアトル・イニシアティブは、その後有権者の賛同を勝ち取ることができなかった。）

新しいワシントン州法は、田園地域または森林地域と指定された地域へ新参者が入り込むのを許さないことを目的として、都市域拡大制限を設けた。その制限は、都市開発をキング郡の西端から二十パーセント以内に限定し、その東へと続く次の二十パーセントには、農場や林間地のような低密度の田園型の宅地開発のみを許すものである。そのさらに東にある残りの地域およそ八十万エーカー〔約三二万ヘクタール」は、「森林生産地区」として知られており、永久森林地の指定を受けている。そのうちの三分の一は、自然保護区や公園、自治体の水源地に充てられ、別の三分の一は、州や連邦が管理する森林で、活発な木材生産が行われている。そして残りの三分の一の大部分は、個人所有の森林地である。最も危機的状態にあるのは、この最後の三分の一であり、それがまさに、シムズが都市部からの裕福な移住者たちによる個人的な開発から守ろうと努力しているものである。彼らは、自然を満喫するためにと自分の邸宅用に広大な森林地をどんどん買っていくのである。「彼らは車で乗り付けて来て、『この景色に、私の五十万ドルの邸宅を建てたらさぞやすばらしいだろうね』と言うんだ。私たちの懸念は、そういう恵まれた境遇の人たちがここにはたくさんいるということなんですよ」とシムズは語る。

一旦森林地が住宅や農場やその他さまざまな用途に小さく切り分けられてしまうと、取り替え不能な何かが失われてしまうことを、シムズと彼のスタッフは知っている。舗装された道路や下水処理施設、そして人間が住むためのその他のあらゆる基盤整備は、生態系の調和を破壊し、生態系が野生生物に生息地を提供する能力や、水の浄化、大気汚染を軽減するなど人間にとって有用なさまざまなサービスを行う能力を危うくしてしまう。そうしたサービスは、もし別のもので代わりをさせようとすれば、どれも莫大な資金を必要とするものである。

州の指針では、指定地域別の制限が適用され、永久森林地域においてはいかなる開発も認めないことになっている。だが、多くの土地所有者たちは、新しい州法が適用される以前に認められていた開発権を行使しないまま、現在も保持し続けている。それは、自分の夢の家を建てるために彼らが自らの法的権利を行使してしまうことのないよう説得して回るという苦労を、シムズと彼のスタッフたちに強いている。特に財産権に敏感なこの州において、その苦労は並大抵ではない。同様に彼は、州や地方の政治において強力な発言力を持つ企業の、選択の自由を制限しようとしている。

無論のこと、彼の思い通りにうまくいかないことも時にはあった。開発禁止区域のすぐ外側では、新しい贅沢な分譲地を宣伝する看板が花盛りである。開発地「ルネッサンス・リッジ」の「眺望の家」(「すべてを見下ろそう！」)、そして洒落たトゥリーモント団地の宣伝などだ。ラウプは、郡所有の四輪駆動車を運転し、大きな新築住宅の前を通り過ぎる。それは、レッドモンド市にあるマイクロソフト社の本社まで通勤するのに約十五分という場所の、ヒマラヤスギとモミの森のただ中にある。巨大な石の暖炉が見え、外には馬上のカウボーイをかたどった高さ二十フィート〔約六メートル〕の巨大彫刻が立っている。「ここには下水道もないし、上水もない。だから井戸を掘るのですよ」とラウプは首を振りながら言う。「こうして彼らが地価をあまりにも高く押し上げてしまうので、周りの家の所有者たちは、自分の家をそのまま維持するより小さな宅地に分割して売ろうとするのです。」

郡の首長として、シムズには、バス路線から薬物乱用プログラムに至るまで、解決しなければならない問題が山のようにある。しかし、これ以上の宅地開発を許さないということが、彼の旗印となっており、彼は、自分の選挙区の有権者たちの心を掴むことを計算に入れ、彼の懸念について語るのである。「私たちの目標は、単純です。キング郡の三分の二が現在森林に覆われています。今から二百年後も、キング郡の三分の二が森林に覆われたままにしておきたいのです」と彼は言う。

同時に、シムズはあまりにも自分が環境保護主義的過ぎて、時折、自分の選挙区の有権者たちの先を行きすぎているのではないかとさえ思うことがある。彼は、例えばカエルについて、思わず知らず雄弁になってしまう。「両生類は、私たちがちゃんと注意を払わなければならないほどの速さで、どんどんと死滅しているのです。彼らは、生態系が健全であることを示すとても優れたバロメーターです。私たちに、空気と水系がちゃんと機能していることを知らせてくれるのです。私たちは彼らを綿密に観察しています。しかし、私があちらこちらでカエルを救いたいのだと触れ回るわけにも行きません。それはできないのです。もしそんなことをしたら、厳しい批判にさらされることになるでしょう。ですから、その代わりにきれいな空気やきれいな水について語るのです」と彼は語る。しかし、彼はそれを逸脱し、まるで聴衆のレベルを試すかのように、太平洋岸北西部の風景を描写しつつ、それらが都市生活者にもたらしているありとあらゆる重要なサービスについて語ることもしばしばある。森林が、どのように嵐から都市を防護し、気候を安定させ、洪水に対する防御手段さえも提供してくれるのかについて詳しく語るのである。

シムズがこうした世界観を持つようになったのは、ここ数年のことで、彼は自分を転向させたのは、妻であるビジネスコンサルタントのカヤン・トパチオだと言っている。それはまだ彼がキング郡の議員だった頃、妻はボンヌビル電力事業団〔連邦政府のダムから卸で電力を売る米国エネルギー省の一機関〕で地域との調整担当者を務めており、環境問題の重要性にちょうど目覚めようとしていた。けれども決定的な契機は一九九九年三月、連邦政府が、一九七三年制定の絶滅危惧種保護法（ＥＳＡ）の下で、かつては豊富に獲れたピュージェット湾のチヌークサケ（キングサーモン）を絶滅危惧種リストに加えたことだった。以来彼は、自然のサービスの金銭的価値という観点からものを考えるように駆り立てられることになったのである。

「こういう局面でこそ、森林が本当に役に立つのです。水が暖かすぎるとサケは死んでしまいますが、森林の覆いのおかげで水は冷たい状態に保たれるのです。私たちには、そんなことを可能にするシステムを人為的に作り出すことなど、もとよりできはしないのです。川の流れに冷却コイルを入れることなどできません。けれども森林がその機能を果たしてくれます。だから、野生生物の生息地を確保するために、森林に投資することが、私たちのできうる最も賢明なことの一つなのです」と彼は語る。

この絶滅危惧種保護法へのリストアップによって、健全なサケ生息地は二通りの金銭的価値を持つことになった。まず一つ目のものとして、サケの生息地を管轄地区内に持つ自治体は、もし魚の生息地を守ることに失敗すれば、連邦政府からの制裁、あるいは環境保護団体による訴訟を覚悟せねばならないということである。二つ目のものとして、部分的にはシムズの駆け引き（大統領任期中のビル・クリントンと会見をするために東部へ飛び、あるいは三郡合同の対応チームを編成するなど）の成果でもあるのだが、キング郡は現在、植林と無条件の土地買収を含めて、生息地保全のために毎年約千六百万ドルの連邦資金を得ているのである。「私たちはリストアップされることに反対はせず、むしろそれを好機として受け入れたのです」と彼は述懐する。こうしたアプローチの鍵となるのは、都市開発の管理である。そしてシムズは、一九九五年以来、郡内で起きた全ての開発のうち、自然の残る地域で行われた開発はほんの五パーセントしかないという自身の実績を、誇りに感じているという。

それが成功したのは、環境保全に対して金銭的な利益をもたらす一連の革新的な企画によるところが大きい。そしてその大部分は、以前の郡政下で準備が整えられてはいたが、その後シムズが精力的に推し進めてきたものである。一九八五年以来ずっと「寝ぼけた官僚」と仕事をしてきたというマーク・ソリットは、シムズの政治が始まってからの様子を熱心に語る。「仕事に来るといつでも、まるで一九六〇年代のＮＡＳＡに仕事に来ているような感じなのですよ。『何か今までやったことがないことをしてみよう！』という雰囲気がここにはあるのです。」

公益格付制度と呼ばれるそうした新企画の一つでは、野生生物のために健全な生息地を維持することに同意した土地所有者を対象とした、九十パーセントにも及ぶ固定資産税の減免が含まれている。現在、およそ四千七百エーカー〔約十九平方キロメートル〕がこのプログラムに登録されている。またもう一つの例では、ウェアハウザー社とワシントン州が所有する小麦畑や森林にまく肥料として使用するため、「バイオソリッド」と洒落た名を付けられた、人のし尿を衛生的にリサイクルした肥料の生産も行われている。そして、このプログラムからの収益は、さらに多くの森林地を買い上げて森林のまま残すために活用されているのである。

シムズと彼の部下たちは、さらにもう一つのプログラムに大きな期待を寄せている。それは、譲渡可能な開発権（ＴＤＲと略称される）を売買する市場を創出しようというものである。従来のプログラムで汚染許可が売買されたのと同様に、人口圧の交換が行われるのである。この場合、キング郡は、田舎での土地造成権を売りたいと考える不動産所有者と、都市部の開発において面積当たりの開発密度を高めたいと考える開発業者をつないで、仲介を行うことになる。目標は、都市では開発密度を上げて、その分だけ田舎の開発密度を下げることによって、魚類の生息地と森林を保全することである。これに類似した開発権の移譲は、モンゴメリー郡や、メリーランド州、コロラド州ボールダー郡でも仲介が行われている。

キング郡のTDRプログラムを理解するのに最も簡単な方法は、シムズがしばしば自分のスピーチでも言及する、彼の実績の中で最も有名な協約をおさらいしてみることだろう。二〇〇〇年、ポート・ブレークリー・コミュニティーズ社という宅地開発会社が、シアトルから十八マイル〔約二九キロメートル〕離れた、人口およそ一万三千人のイサクア市で大規模な住宅街を建設していた。この会社は、三百万平方フィート〔約二七ヘクタール〕の宅地開発許可を得ていたが、マイクロソフト社が計画した拡張工事分としてさらに五十万平方フィート〔約四・五ヘクタール〕の追加を望んでいた。シムズは、ポート・ブレークリー社が、ある特定の森林の保全に協力するならば、会社を助けてもよいと提案したのである。

問題の森林とは、広さ三百十三エーカー〔約一・二五平方キロメートル〕でミッチェル・ヒルという地区の一角にあった。複数の個人所有者たちが、それをちょうど売りに出したところだった。そして、ある開発業者が、そこを切り開いて、六二軒の新しい邸宅を建てることをすでに計画していた。この高台からは、シアトルのダウンタウンと二次林のベイスギ、ベイマツ、ヒロハカエデなどの鬱蒼とした木立を見晴らすことができる。さらに重要なことに、ここにはサケにとって重要な二つの水域の源流がある。西側のサマミッシュ湖と東側のスノクワルミー川である。数百エーカーの緑地が両側に広がるこの場所は、環境保護団体が保全を強く求めていた戦略上重要な一区画だった。

キング郡とイサクア市は、イサクア・ハイランドと呼ばれるポート・ブレークリー社に開発を許した新たな造成地に対して、それ以上の拡張を制限していた。けれども、シムズと彼の部下がある取引をした後で、郡と市は、その制限を緩和することに同意したのである。やがて明らかになった合意というのは、ポート・ブレークリー社が、ミッチェル・ヒルに付随する開発権を二百七十五万ドルで買い取り、それによって土地の不動産価値が下がるために、結果的に、郡がたった二五万ドルで土地自体を買い取ることが可能になるというものだった。イサクア市は、都市化の進行を受け入れた見返りとして、いくつかの便宜を得ることになった。例えば、住民は、より広い緑地の恩恵を被ることになり、州政府からは、新たな仕事を創出し、スプロール化を防ぎ、サケの生息地を保全することを約束されたのである。また市は、道路改修のために、ポート・ブレークリー社から百万ドルを受け取った。

シムズは、他にも進行中のTDR取引を抱えていて、すでにキング郡によって購入された百五十万ドル相当の開発権をプールして一種の「バンク」を作り出してさえいる。汚染許可のマーケットで起こった問題と全く同じように、最大の障害は、買い手を見つけるのが難しいという問題である。都市の活気は密度の高い開発によって生まれるのだとするシムズの持論にもかかわらず、あるいは、連邦政府が新たにピュージェット湾周辺の自治体にサケ生息地の保全を要求しているにもかかわらず、どこの市議会も密度の高い開発をこれ以上に受け入れることにはあまり乗り気ではないのである。それでもシムズは、シアトル市との交渉では、重要な勝利を勝ち取った。シアトル市は、デニー・トライアングル地区というダウンタウンのさびれた一角を、田舎で確保した開発権の「受け入れ場所」に指定し、それによって市は、中心市街地の開発密度を高めていくという決意を世に示したのである。

シムズは、自分が創り出した開発密度の交換というコンセプトについて、キング郡内にある都市を巡回してその利点を説いて回ったが、それは容易な仕事ではなかった。しかし、フォールズ・クロッシングという名で知られるスノクワルミー滝上部の森林に覆われた土地を守ろうとした際には、そのような苦労は全くなかった。そこでは、動機が明確だった。状況は、まさに熟していて、シムズの関与を待つばかりだった。そして、シムズがついに関与を始めると、市長のファジー・フレッチャーを筆頭に、スノクワルミー族として新たに認定を受けた先住民たちまで、皆がこれに感謝したのである。

フレッチャーは、光り輝く新しいスノクワルミー・リッジゴルフ場でシムズを待ちながら、全面ガラス張りの窓からカスケード山脈の丘陵地帯を眺めていた。スノクワルミー市のダウンタウンは、三千メートル級の山々の稜線を見上げる氾濫原に広がっている。一九九〇年には辛うじて人口千五百人を数えた古い製材の町で、テレビ番組『ツインピークス』の舞台ともなった（番組の登場人物であるFBI捜査官クーパーは、スノクワルミー滝を見晴らす実在のホテルであるサリッシュ・ロッジに滞在するのである）。ウェアハウザー社は、この地域でずっと勢力を持っており、今もまだ多くの土地を所有している。長い間、スノクワルミー市というのは、ファジー・フレッチャー市長の前任者がウェアハウザー社の社員であったことからもわかるように、いわば企業のお膝元の町なのだった。

ダウンタウンのはずれあたりは、今も古い鉄道の線路や錆びて壊れた自動車などが周辺に捨てられたままで、少々さびれた印象がある。けれどもスノクワルミーは、ワシントン州中で起こり始めた発展の波に巻き込まれていた。そうした発展にふさわしいのは、州間ハイウェイに近い町と考えられたが、スノクワルミーはまさにそんな町であった。新しい住民を、氾濫原ではなく高台に招き入れることをめざして、スノクワルミー市議会は、未開発のキング郡の土地およそ千三百エーカー〔約五百二十ヘクタール〕を併合し終えたところで、ウェアハウザー社が二千戸の高所得者向けの分譲住宅と、シムズとフレッチャーが今まさに夕食を取ろうとしているゴルフ場を含む、大規模な「人工の街」を作ることに同意していたのである。

けれどもウェアハウザー社は、もはやかつてのように契約条件を思うままにすることができなくなっていた。当初の開発計画は、郡史上最も熾烈な議論を経て、大幅に縮小されることになった。ウェアハウザー社は最終的に、元々望んでいたものの約半分の「街」で満足せざるを得なかったのである。それに伴う合意として、キング郡とスノクワルミー市とウェアハウザー社の三者が、二〇一〇年に再び、拡大を許すか否かについて協議し直すことになったのだった。

今後あたらしい街として拡張されるかもしれないそうした地域は、三者による「共同計画予定地域(Joint Planning Area, 略称JPA)」として知られるようになった。先行き不透明なこの地域が、人気のない場所でありつづけることは避けられないように思えた。シムズは、これから先何年にもわたってTDRの制度を利用した開発を受け入れるのに十分な市街地が、キング郡にはまだまだあるのだとすでに公言していた。フレッチャーは、それには反対である覚悟をより強い言葉で語っていた。「『私の目の黒いうちは許さない』と言いました。『JPAには同意できない』とちゃんと言ったのです。スノクワルミーではもうこれ以上スプロール化が進んで欲しくなかったのです。」

しかしちょうどその頃、ピュージェット・サウンド・エナジー電力会社の分社であるピュージェット・ウェスタン社が、自社の所有するフォールズ・クロッシング一帯の土地を開発する計画を進め始めた。市長は、解決せねばならないさらなる難問を抱え込んだのである。

フォールズ・クロッシングというスノクワルミーの背景をなす地域は、市にとっていくつかの点で重要だった。なによりまず、そこは、モミや、ツガ、スギなどの森林で覆われていて、静かで美しい場所である。そして、それはスノクワルミー族にとって聖域であり、歴史的に重要でもあった。そしてさらに、そこは、町一番の観光名所であるスノクワルミー滝に美しい背景を提供しているという意味で、利益を生むものだった。一九九二年に初めてその開発を提案したピュージェット・ウェスタン社は、このような考慮を必要とする事柄に対して敏感であり、すでに何度も計画を縮小して来ていた。だが、二〇〇〇年前半の計画図に描かれていた計画でも、三百七十戸の住宅建設を想定したものであり、縮小されたとは言え、なおそれはかなり劇的な変化をもたらさざるを得ないものだった。

特に市長のフレッチャーは、苦境に陥っていた。彼は再選をめざしていたが、もし、開発が進むことを許せば、自身の政治生命が脅かされるかもしれないことを知っていた。けれども彼はその時点でそれを止める合法的な方法を知らず、そして土地を買うという選択肢は、市議会にとっては全く問題外であった。その実勢価格である、およそ千三百万ドルは、スノクワルミー市の総予算の四倍の額であった。「滝を守るためならば、どんな代償を払ってもよかったのです。街を燃やしてしまうということ以外なら」とフレッチャーは言った。彼は市の職員たちにも「今までにない発想を」と促し、それを受けて彼らは、カスケード・ランド・コンサーバンシーとの協議を開始した。こうした論議に、やがてウェアハウザー社の不動産部門も加わることになった。ウェアハウザー社は、この議論を、JPA問題の解決、すなわちスノクワルミー・リッジ開発地の拡張を可能にさせるような何らかの取り決めをまとめる好機と考えたのである。ウェアハウザー社の役員たちは、そのプロジェクトに莫大な額を投資してきており、利益を生むためには、もっと多くの家を売る必要があった。シムズと彼の側近ローリー・グラントがこの問題に関わるようになったのもちょうどこの時期である。なぜなら、ウェアハウザー社によるスノクワルミー・リッジ地区の拡張を進めるためには、郡からすでに承認を受けた用途地域の指定〔土地利用の用途を制限するために行われ、建てられる建物の種類や建坪率容積率、高さ制限などが規定される〕を変更する必要があったからである。

それから三カ月、スノクワルミー市とキング郡がウェアハウザー社の資金援助を得て、滝の上部の森林地帯を買い取ることができるような協約を作るべく、シムズとグラントは、カスケード・ランド・コンサーバンシー、ウェアハウザー社、そしてスノクワルミー市の三者間の調整を続けた。その協約に付随するやっかいな問題や妥協、そして、結果的に一般市民にもたらされる利益などは皆、シムズが立案する協約にはいつも通りのお決まりのものである。やがて、ウェアハウザー社は、フォールズ・クロッシングの買収に使われた資金のほとんどすべてを負担し、同時に、誰もが手に入れたいと思うような二つの区画の開発権をも断念することとなった。一つは、レイジング・リバー〔スノクワルミー川の支流〕流域にある二千八百エーカー〔約千百ヘクタール〕の多目的利用が可能な森林地域で、スノクワルミー滝からほんの二、三マイル離れたキング郡の郡有地の中にある。もう一つは、キング郡の管理する広域トレイル網が縦横に通る六百エーカー〔約二百四十ヘクタール〕の土地である。こればかりか、さらにこの会社はスノクワルミー滝の北の分断されたトレイルをつなぐ橋の建設に、百万ドルを支払うと約束したのである。

大盤振る舞いをしたウェアハウザー社だったが、結局は相応の見返りを得ることになる。まずスノクワルミー・リッジ開発地では、二百六十八戸を追加で建設する許可が即座に下りたが、それ以上に重要なのは、スノクワルミー市とキング郡が、スノクワルミー・リッジ開発地の開発区域そのものを拡張することについて検討を急ぐとの約束を得たことである。ウェアハウザー社は、フォールズ・クロッシング買収についての費用弁済のタイミングを、スノクワルミー・リッジ開発地の開発許可証交付と引き替えにするとした。これは、当然、自治体職員たちに、許可証承認の手続きを急ぎたいとの動機を与えたのだった。

この交渉は、ウェアハウザー社にとっては願ってもない好条件のものだろうと思われた。だが実際のところ、シムズとグラントには、協議のあいだ中ずっとウェアハウザー社の交渉担当者たちがわざと協議を長引かせるかのようにのらりくらりとしているのではないかと感じられた。協議を開始した当初、確かにその会社はいささかのわだかまりを持っていた。スノクワルミー市議会での評決の後、シムズと一緒に祝杯を挙げた同社の幹部リン・クロードンは、郡知事と会社との過去の関係を「とてもスムースとは言い難い」と暗に認めていた。シムズは筋金入りの民主党員で、ウェアハウザー社には共和党系の会社だとのレッテルを貼っている。クロードンと彼女の同僚たちはと言えば、彼らも彼らで、シムズが別の取引で、材木に規制をかけるために州の権限を不正に行使していると考えて、そうした自分の権限を超えるような振る舞いは不愉快だと感じていた。「キング郡について、私たちは制度的な面でいい思い出はありませんよ。交渉をまとめるのに、私たちはこうした困難を乗り越えねばならなかったのです」とクロードンは言った。

シムズが、ウェアハウザー社に対して、さらにもう一つの誘因を提示してようやく突破口は見出された。この会社の材木部門は、シムズが提案した新しい郡の条例を緩めてもらおうと、シムズに対してロビー活動を行っていた。その条例の目的は、「森林生産地区」内で新たに開発された宅地での住宅建設を禁止することだった。その意図としては、その地域で多くの土地を所有する大きな木材会社、特にウェアハウザー社が、その巨大な所有地を、分譲地として細分化してしまうような開発業者に売らないようにすることだった。ウェアハウザー社の材木部門は、州の厳しい環境法が材木を売ってお金を稼ぐことをあまりにも困難にしているという理由から、保有している太平洋岸北西部の森林を処分してしまいたいと思っていることをすでにほのめかしていた。もしシムズの提案する条例が議会を通れば、それを購入しようと思っている者の目から見れば、資産価値が大幅に減ずることになるのだった。そして、その見込みは、ウェアハウザー社の役員たちを激しく動揺させるようなものだった。

シムズの選んだ解決法は、禁止措置施行の提案を取り下げ、かわりにそれから十八カ月間にわたって、この問題についてさらに熟考するという決議をするというものだった。その期間、ウェアハウザー社はまだ新しい宅地に家を建てることはできないままとなる。しかしながら、もしウェアハウザー社が望めば、その土地を実勢価格で売る交渉を進めることができた。シムズのこうしたやり方から、ウェアハウザー社は、フォールズ・クロッシング保全の見返りとしてならば、より柔軟な対応も引き出せるのだと察したのである。こうして突然、スノクワルミーでの交渉は、実質的な進展を見せ始めた。

指定森林地域における新規住宅建設の禁止措置撤回を見て、「私たちは、フォールズ・クロッシングの保全に向けた交渉に、以前より前向きになったのかもしれません」とクロードンは後に認めた。「それが、ウェアハウザー社の上層部経営者たちに、キング郡には、一緒に何かを成し遂げ、信頼関係を築ける能力があるのだと認識させたのです。以前にはそんな認識はありませんでした」と彼女は言った。

もし熱心な環境保護運動家が、キング郡の戦略的撤退を耳にし、その後でシムズと、シムズの再選キャンペーンへの献金者であり、彼をふざけて「ボス」と呼ぶクロードンとがスノクワルミー・リッジゴルフ場のバーで一緒に酒を酌み交わしているのを目撃したとしたら、郡の幹部と材木会社の関係が、少々馴れ合いになりすぎたのではないかと心配になるところだろう。それももっともである。だが実際のところ、キング郡中の環境保全活動家たちは、シムズの手法を褒め称えている。ワシントン・コンサベーション・ヴォーターズの事務局長エド・ズッカーマンはこう言っている。「彼の交渉について本当によく知っている人たちの大多数は、もし彼がそうした取引をしなければ、何もかも失ってしまっていたに違いないと考えています。バランスを取る必要があるのなら、ロンは誰よりもうまくバランスを取ることができるのです。彼は善意の人で、既成概念に捕らわれずに物事を考えることができるのです。」

シムズ自身が認めるように、妥協というものが彼の日々の現実であり、また、彼の政治生命の鍵でもある。しかし、大学時代の旧友たちでさえ、彼は信念を曲げたわけではないと主張する。「六〇年代から七〇年代に彼は価値観の土台を築き、そのままずっとその土台の上に留まったのです」と、現在セントラルワシントン大学の学生課で働くジョン・ドリンクウォーターは言う。「もちろん昔に比べてずっと経験豊富にはなったのでしょう。政治家がさまざまな現実に屈するのはよくあることです。でも、ロンは違うのです。彼はしょっちゅう人とぶつかりはしますが、戦いにおいて信念を曲げたことはありません。」

スノクワルミーでは、フォールズ・クロッシングについての投票が近づいている。夕方の市議会が休憩時間になると、シムズは満員の議場をかき分けて進み、五人の議員たち全員と抱きあい握手を交わす。そして、議事が再開すると、前方の席に座る。投票結果が読み上げられ、あっという間の承認となる。

そしてシムズは短い挨拶を求められる。彼は、明らかにこの最高の機会を楽しむように立ちあがる。「これは、私の心をうきうきさせるプロジェクトの一つです」こう言うと彼は、自分の息子が参加している中学二年生の陸上チームのリレー競技について物語を始める。第三走者と第四走者の間でどんなふうにバトンミスが起きたかについて話し始めると、聴衆はクスクスと笑う。「でも今回は、誰もバトンミスをしなかったのです」と彼は言う。「これは、人々が後になって振り返り、いったい『どうやったらそんなことができたのか』と尋ねることになるプロジェクトの一つです。」それは、関係者全部にメリットをもたらしたケースだった。

その二、三時間後、深夜十二時近くにたどり着く予定のシアトルの自宅に向けて闇の中を走りながら、彼はフォールズ・クロッシングの買い取りについてまだ興奮している。「それは、私たちが王冠の宝玉を全部手に入れてしまうようなものだからね」と彼は言う。彼は自分がすでにまとめ上げた交渉やこれから着手しようとしている交渉に興奮し、もし彼が今よりも上の公職を手に入れたなら、もっと大きなスケールで交渉の仲介ができる強大な権限が手に入るだろうと、夢見るように繰り返す。シムズは、一九九四年にアメリカ合衆国上院議員選挙に立候補して、落選した。「立候補には悪い年」だったと彼は言う。それ以来彼は、現州知事のゲイリー・ロックがその職から近々退くと表明したわけでもないのに、州知事の座に照準を合わせてきたのである。

シムズは、彼の郡の環境保護重視の傾向は、かなり頻繁に金銭的な懸念によって押さえつけられることを理解している。しかし彼は、そうした緊張関係にうまく折り合いをつけられるという自信を持っている。彼のやり方は、大会社には、環境を保全すれば得をすること、そして環境保護活動家には、大会社と協働しないのはもったいないということを悟らせようとするものである。そのルールを守ることで、シムズは、将来さらに上を狙う選挙に打って出ても、有利に戦えるのに十分な信頼感を両陣営で勝ち取ってきたのである。

彼はこう言う。「キング郡というのはよい準備段階だと私は常に言ってきました。ですが、州ならもっとずっと多くを成し遂げることができます。私には、真に意欲的な環境重視の機運を創り出す力があります。そして、まさに目の前には、今すぐにでも解決されなければならない問題が出そろってきているのです。サケ。農業との対立。ヒ素。コロンビア川流域の灌漑。スポーケン市のスプロール化。私はデザートが大好きなんです（ほら、私のお腹を見てご覧なさい）。これは、ちょうどパーティールームに入っていくと、ありとあらゆるものがずらりとあるので、何でも自分の好きなものを選べるというような状況なのです。難題に食欲をそそられなければだめです。難題は解決可能なのです。」

シムズの巧みな交渉術は、自然の新しい経済に向かう過程で、たった一人でもやる気のある人間がいれば、地方自治体の行政組織という限界の中ですら、どれだけのことを成し遂げうるのかを示している。これが企業経営者であれば、銀行にどれだけの蓄えがあるか、あるいはどれだけ想像力が豊かであるのかによって限界はあるものの、いっそう自由な裁量が許されることが多い。次章の主人公であり、最も想像力が豊かな環境起業家の一人ジョン・ワムズレーは、オーストラリア南部でビジネスを展開している。そのビジネスでは、自分に投資してくれる人々に利益をもたらそうという熱意と、現地の野生生物を保護しようという情熱が一つに結ばれている。

7　オーストラリア〜民間野生生物保護区の挑戦〜

〔個体が〕死ぬことと、〔種が〕絶滅することは、まったく別のことだ。

——マイケル・スーレ
ブルース・ウィルコックス

その催しでは、黒の蝶ネクタイ着用という準正装が求められていた。ジョン・ワムズレーは、オーストラリア南部のアデレード市外で運営してきたワラウォン・アース・サンクチュアリー〔ワムズレーの立ち上げた環境保全系ベンチャー企業アース・サンクチュアリーズ社の運営するサンクチュアリー（動物保護区）の一つ〕が地域の観光事業賞を受賞することになり（と言っても、彼はすでに同様の賞を十数個受賞していたが）、式典に臨むためにダーク・スーツに身を包んだ。日常生活のほとんどを長靴とジーンズで過ごす、身長六フィート二インチのクマのような男は、ジャケットの窮屈さに鏡の中で顔をしかめた。妻のプルーは、彼の長くてモジャモジャしたあごひげの下に立って襟を整えた。それから、ワムズレーは極上の手触りに手を伸ばした。大きなノネコ〔飼育されているカイネコが野生化したり、放棄されたもの〕の死体で作られたデイビー・クロケット風の帽子だ〔デイビー・クロケットは、アメリカ西部開拓時代に活躍した国民的英雄

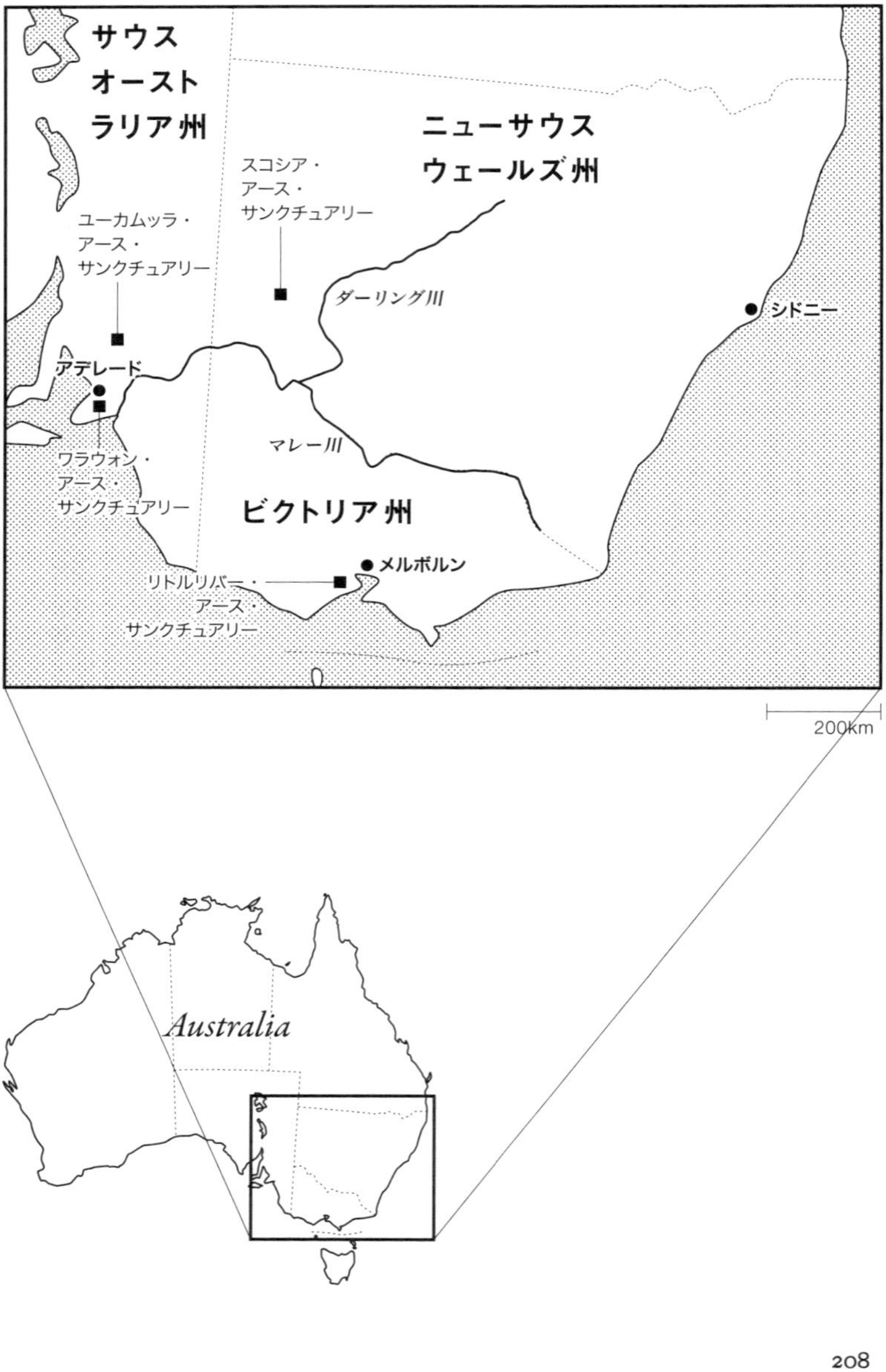
サウス
オースト
ラリア州
ニューサウス
ウェールズ州
スコシア・
アース・
サンクチュアリー
ユーカムッラ・
アース・
サンクチュアリー
ダーリング川
シドニー
アデレード
ワラウォン・
アース・
サンクチュアリー
マレー川
ビクトリア州
メルボルン
リドルリバー・
アース・
サンクチュアリー
200km
Australia

で、しっぽがついた毛皮の帽子がトレードマーク」。その帽子をかぶると、歯をむき出した苦渋の死に顔が額を飾り、しっぽが背中にぶら下がった。ワムズレーはこのことで当分のあいだ噂されることになるだろうが、それこそが彼の狙いだった。その夜に会うことになるほとんどの人たちは、彼が心に抱いていた使命をすでに知っていた。ワムズレーは、その昔、可能な限りたくさんのノネコを殺すことを誓った男として悪名高く、そして実際にとても無慈悲な方法でそれを実行したのだ。その一環として、例えば、同郷人たちに「猫のテールシチュー」を料理することをしきりに勧めたり、「良い猫は、ぺちゃんこネコだけ」と書かれた車のバンパー用ステッカーを売ったのである。

「世間に少しばかりショックを与えて、みんなに考えさせなければいけないんですよ」と、その夜アデレード・コンベンションセンター近くで、ついて来たテレビ撮影のスタッフに彼は言った。カメラは、彼を見ながら通り過ぎていく人々の表情を捉えた。彼の服装の選択に対する比較的穏やかな反応の中にも、ショックと考え込む様子があった。次の数日間、ネコの帽子をかぶったワムズレーの写真は、オーストラリア中の新聞の第一面を飾った。この一九九一年の出来事は、数日にわたる殺人予告まで引き起こし、ラジオ番組に電話をかけてきて、彼をヒトラーに喩えた人もいた。だが、ワムズレーの行動は、ある緊急課題に取り組むために敢えて戦闘的な手段を取っていた結果だと言う方が正しいだろう。彼は、オーストラリアの在来野生生物に対する、二百年にわたる虐殺行為を止めようとしていたのだ。ネコに対する激しい憎悪は、今も進行中の大量虐殺の中でネコが主導的な役割を果たしていることから来ていた。

ヨーロッパ人が一七八八年に上陸するまで、この世界最小の大陸には、他のどこにも見られない奇妙で驚異に満ちた生き物がひしめいていた。可憐で宝石色の妖精のようなミソサザイ、しわがれ声のボタンインコ、柔毛に覆われたカモノハシ、小さいアリクイのようなフクロアリクイ、抱きしめたくなるようなコアラ、そして二十数種以上の小型のカンガルーなどである。

しかし、一七〇〇年代にヨーロッパからやってきた船の中でネズミ退治用に飼われていたネコが、この国に持ち込まれてからわずか二世紀たらずのうちにその数を増やし、今やオーストラリアの現人口である千九百万に匹敵するまでになっている。

ノネコたちは巨大化し（オスは十三・五ポンド〔約六キログラム〕にも達し、小型のオオヤマネコと同じくらいの大きさである）、小さな在来種をこともなげにミンチにしてしまっていた。研究者らは、ノネコが、現在一年に四億匹以上の在来の哺乳動物と鳥と爬虫類を殺していると推定している。さらに、狩猟愛好家たちが輸入したヨーロッパアカギツネとウサギが、犠牲をさらに増やしてしまっている。キツネの方は殺戮に加わり、ウサギの方は、在来生物の食べ物を横取りしている。これら四足動物の脅威だけでも十分だというのに、さらに、二足動物〔私たち人間〕による森林伐採、農耕、それに近視眼的な政府の開拓支援によって、動物たちの住処は着実に破壊されてきた。川は汚染され、国土の森林の約半分が伐採されてしまった。その結果、二〇世紀の終わりまでに、オーストラリアにおける生物種の減少率は世界最大となり、世界中で過去二百年間に起こった哺乳動物種の全絶滅のうち実に四分の一がこの国に集中するに至った。

念のために言えば、オーストラリアは、生物多様性が攻撃にさらされている唯一の場所ではない。現在、全世界で毎時間二、三種が絶滅していると推定されているが、そのほとんどは、生息地の破壊と外来種の分布拡大による捕食や競争の犠牲になった結果である。その両方の脅威は、理論上は簡単に制御できそうに見えるが、フロリダでの類似の事例を一瞥してもわかるように、現実に起きていることは、複雑で、ぞっとするようなものであり、そしてしばしば不可解でもある。近年フロリダで野放しにされた外来種は、ピラニア、アフリカヒレナマズ、アフリカミドリザル、マダガスカルオオゴキブリなど、すべてが意図的に放されたのであり、多くは、ゴキブリも含めてペットとして人気の高いものである。これらの他にも、フロリダでは毎年のように数百から数千種もの外来生物が偶発的に野に放たれてしまっている。

ワムズレーは、こういった事態と闘うことをライフワークとしてきた。その過程で、アース・サンクチュアリーズ・リミテッド（ＥＳＬ）社を創設し、その責任者として、彼自身を含む数千人の投資家のために金を稼ぎ出してきたのだ。ワシントン州のロン・シムズのように、自然を大切にするべき理由として、人々の持つ利己主義に照準を合わせるという天才ぶりを発揮した。それでも、彼が二〇〇〇年五月にＥＳＬ社をオーストラリア証券取引所に上場して、弱肉強食の金融の世界に足を踏み入れたことは、孤独な対ネコ戦争とほとんど同じくらい物議を醸したのだった。当時の自然保護論者らは収益重視の会計原理を自然に適用するという考えに反対していたが、ワムズレーは逆にそれを絶好の機会として歓迎した。彼は、動物の絶滅を防ぐための募金活動といった伝統的な方法について、そんなやり方が、これまで巨大で非効率な民営の官僚制度のようなものを無駄に創り出してきたのだと切り捨てた。そうした方法の代わりに、彼は、フクロアリクイで利益を生み出すための画期的な方法を発見したのだった。彼はＥＳＬ社を「自然保護の本質的価値」を取引の対象とする世界初の上場企業と称している。

この六一歳の元数学教授は、ＥＳＬ社が管理し公開している三つの民間野生生物保護区のうち、最も小さく、最も盛況なワラウォンの保護区内（すなわち、ワラウォン・サンクチュアリー）に住んでいる（二〇〇一年半ばには、他の六カ所は開発中であった）。ワムズレーは全てのサンクチュアリー創設に同じ方式を適用した。すなわち、手つかずの原野か荒れた農地を買い上げ、フェンスで囲い、有害な外来種を取り除いて在来の動植物相をそこに再移入するという方法だった。彼の言葉を借りれば、「人間が好むようなオーストラリアらしさではなく、カモノハシが好むようなオーストラリアらしさ」を作ろうとしてきたのである。

当然と言えば当然かもしれないが、人々はそういう方法を実際にとても気に入った。二〇〇一年まで、毎年およそ五万人が国内外からワラウォンを訪れ、野外のカフェでランチを食べ、絶滅危惧種のカエルの写真でできたジグソーパズルや、カモノハシ型のチョコレートなどのノベルティーグッズを買って楽しんだのである。観光客の多くは小旅行を楽しむ家族連れや野生生物写真家、地元の学校の子供たち、それに会議を開くために訪れる小さな会社などだった。

ワムズレーの「実験」は非常に興味をそそるものである。なぜなら、それはまるで生物多様性保全によって収入を得るという究極の夢物語が現実になった実例だからだ。私たちは、野生生物種の保存に力を尽くすべきか、はたまた自分の子供の教育のための金を稼ぐことに力を尽くすべきか。この二つの問題に直面しても、二者択一を迫られる必要はない。おそらく同時に両方を実行することができるのである。利益を追求しようとする動機さえあれば、環境保護論者は自らの経済的な地位を上げることができるだろう。ワムズレーは小規模ではあるが、それを証明して見せたのである。ＥＳＬ社の市場資本価格は（発行済み株式数と発行株の価格を掛けあわせると）ちょうど二千四百万ドルだった。生態系サービスから「緑の金鉱」を採掘するワムズレーの手法は、ユニークな動物たちが生息する場所から金融資産を生み出すというものだった。観光客たちが大枚をはたいてでも野生のウォンバットやワラビー〔二二ページ参照〕を見るためにやって来るであろうことが、ワムズレーにはわかっていた。自然保護のための金融市場利用について話し合ったカトゥーンバグループの会議でも、ＥＳＬ社株はその理想的な形に最も近いもののように思われた。それは、自然資本の持つ価値（この場合は、オーストラリア在来の動植物のことだが）は、世界的な供給がどんどん希少になりつつあると気づいたときに上昇するという、〔環境保全取引所の創設を夢見た〕アダム・デイビスが熱狂的に信奉していた考えと同じ確信に基づいていた。

ワムズレーには、そう見なす根拠があったし、実際のところ、急速にその理解は一般にも広がりつつあった。手付かずの自然という隠された宝物が世界中で少なくなるにつれ、観光客がそれを見るためにより遠くに、そしてよりお金をかけて旅行するというトレンドは収まりそうにない。住んでいる場所が、舗装道路や砂埃、騒音で溢れれば溢れるほど、クリーンで、グリーンな解毒剤を切望する人が増えるのだ。国際旅行連盟（Alliance Internationale de Tourisme）が一九九八年に行った調査によれば、「自然と清浄な環境、そして環境配慮志向」が、これから十五年にわたって消費者需要の最も強力な決定要因となるだろうと世界中の旅行専門家たちが予測していることがわかったのだそうだ。厳然として、自然の創り出す芸術品は、ルーブル美術館に納められた芸術品のごとき威厳を次第に帯びつつあったのである。

確かに、私たちは何世代もの間、ハイキング、川下り、スキー、バードウォッチング、それにサファリに行くなど、自然を楽しむための旅をしてきた。けれども、一九七〇年代に地球環境破壊に対する意識が深まるにつれ、可能な限り自然環境に負荷をかけない旅行形態へと人気は移行してきた。そのような旅行はエコツーリズムとして知られるようになり、それから二、三十年の間に、世界最大の利益創出産業である観光ビジネスの中で活況を呈するニッチ産業へと成長した。世界観光機関（World Tourism Organization）〔国際連合の専門機関の一つ〕によれば、一九九七年に世界を休暇で旅行した観光客が、ホテル、食事からタクシー、博物館チケットにいたるすべてを含めると四千二百五十億ドルを使ったという。国際エコツーリズム協会（International Ecotourism Society）は、この消費の六十パーセントが自然関連の旅行に対するものであったのではないかと推定している。さらに、観光業界全体の成長率が年率四パーセントであるのに対して、エコツーリズムは十〜三十パーセントの高成長率だと言う。

野性味溢れる場所への旅の持つ大きな魅力は、野生動物をひと目見ることであり、それは人にとって強烈で原始的な魅力に溢れる体験である。野生生物を好む観光客のふところを狙う競争は激しくなっているが、もともと競争に有利な国もある。エクアドルには、魅惑的なイグアナやカツオドリが生息するガラパゴス諸島があり、毎年何万人もの外国人旅行者を惹きつけている。南アフリカは、立派な空港や道路、そして比較的安定した政権のみならず、ライオンやキリンといった野生動物にも恵まれているため、自然保護区を訪れる観光客が一九九〇年代には年平均百八パーセントも増加した。一方で、オーストラリアには観光客を惹きつける多くの自然の恵みがあるが、一番の呼び物はその比類なきカリスマ的な動物相だろう。旅行者たちは、オーストラリアから自分の国に戻れば、誰かからコアラやカンガルーを（できれば野生の状態で）見たかどうかを聞かれることを心得ている。しかし、世界中で自然開発が進行するなかで、このような経験は特別な方法を取らない限り今ではどんどん難しくなってきている。

数多くの実業家の中で、こういった成長市場の実勢相場を理解していたのはワムズレー一人ではなかった。新しい世紀が始まると、世界中で何千ものビジネスが、シンプルなネイチャー・ウォークから客室二百室のエアコン付きホテルでの滞在まで、ありとあらゆる謳い文句をつけてエコツーリズムの看板を掲げた。保護論者としての善行を力説する者が多くいた一方で、はばかりなく利潤の追求を主張する者もいた。例えば、ブラジルでは、モーターボートで大音量のポップミュージックを流しながらイルカを追いかけるような「エコツアー」プランを提案する会社もあった。しかし、一九九〇年にアフリカ各地で動物保護区を運営し始めたコンサベーション・コーポレーション社は、南アフリカでもっと上品で革新的なアプローチを提案した。ビクトリア滝とセレンゲティ平原のようなすばらしい風景を背後にした豪華なスイートルームがそれである。同社自体は、小さな土地をほんの数区画所有しているにすぎなかったが、自然保護「サービス」を提供してくれるよう周囲の地主たちと契約を交わし、そこで野生動物の観察ツアーやハンティングツアーを催行したのである。その契約は、自然志向の旅行者たちが決してがっかりしないような、生物多様性の価値が高い土地へのアクセスのみについて交わされていた。コンサベーション・コーポレーション社が成功したのは、自然保護サービスを売る契約によって牧場経営の倍も稼げることを、周囲の地主たちに明確に示すことができたためである。

しかし、ワムズレーの考えはもっと野心的だった。彼の計画は、自身の会社ができるだけ多くの土地を永続的に所有することだった。そして彼は、会社を株式市場に上場するまでに、六千七百人の株主たちとともに二二万五千エーカー、すなわち三百五十一平方マイル〔約九百平方キロメートル〕を管理下に置いたのである。ＥＳＬ社の最終的な目標は、全オーストラリア国土の一パーセント、すなわち米国のメイン州の面積約三万平方マイル〔約七万七千平方キロメートル〕に相当する土地を確保して、オーストラリア在来の生物多様性を保全することだった。

アデレードの空港からワラウォン・アース・サンクチュアリーまでの三十分の道のりは、そのほとんどが荒れ地のマイラーズヒルズを緩やかに上っていく。さらに進んでいくと、道沿いの家々はどんどんまばらとなる。サンクチュアリーには簡素な宿泊施設があり、シンプルな簡易ベッド付きの「豪華な」テントで週末ステイが百十ドルでできる。そこでゲストを迎えるのは、二七歳のワラウォン・サンクチュアリー職員で、近くのフリンダース大学でエコツーリズムの学士号を取ったマーク・エドワーズである。ワムズレーを心から信奉しているエドワーズは、「ボス」がどれほどすばらしい仕事をしてきたかや、ワムズレーと自分がともにＥＳＬ社を世界的に成功させたいと考えていることなどを熱心に語って、訪問者をもてなしている。「私たちはオーストラリア体験、つまり『有袋類体験』を提供することで世界一になりたいんですよ」とエドワーズは言う。そして彼は親密な調子で「ジョン」について、ファンたちがどんな風に彼を「百獣の王ライオンのように」もてはやしているかを熱く語る。実際、ＥＳＬ社のウェブサイトに、「お隣のライオン」と題して、ファンが憧れるワムズレーの伝記を載せてきたのである。

ワムズレーはその大胆不敵なやり方のために必要以上の批判を受けてきたが、オーストラリア政府の野生生物保護当局は、希少な野生動物の管理者としての彼の業績を高く評価している。ワムズレーが成功させたカモノハシの繁殖方法は、多くの人の話によると他の追随を許さないものらしいし、ESL社の宣伝用資料には、彼が他にも何種類かの絶滅危惧種の再生に取り組んでいることを謳っている。アデレードから車で九十分の距離にある一万二千エーカー〔約四八平方キロメートル〕のユーカムッラ・アース・サンクチュアリーには、ESL社によれば、世界のフクロアリクイ全個体数のほぼ二十パーセントが生息しているという。フクロアリクイは毎日数千匹のシロアリを食べなければならないので、動物園では生きていけないのだそうだ。ニューサウスウェールズ州にある面積十六万エーカー〔約六百四十平方キロメートル〕のスコシア・アース・サンクチュアリーは、ワムズレーの所有するサンクチュアリーのうち最大のもので、ESL社の職員によれば、絶滅危惧種コヤカケネズミと準絶滅危惧種タヅナツメオワラビーの繁殖が進んでいるという。また、ワラウォン・アース・サンクチュアリーの管理者たちは、そこにフサオネズミカンガルーが百頭以上いると言う。それは、一七〇〇年代には最も普通に見ることのできたカンガルーの一種だが、一九九〇年代前半に、世界中で二百頭以下までその数が減ってしまったのである。こういったESL社の主張の一つ一つが証明されているわけではないが、オーストラリア政府がワムズレーに野生生物保護のために国有地を貸している事実から、彼への信頼のほどを窺い知ることができる。「ESL社は、在来動物の保護という意味ではオーストラリアのどこよりもすばらしい成果をあげています」と政府の経済学者カール・ビニングは言っている。

ワムズレーがもう一つ自慢にしていることは、猛烈にロビー活動を行い、その結果として、一九九九年にオーストラリアの会計基準に重大な変化をもたらすことになる「自然発生し、再生する資産」という新たな種目を、オーストラリア会計基準委員会に創設させたことである。この新たな、前例のない会計種目は、養殖業者、森林施業者、ワイン醸造業者を含む企業の貸借対照表と損益計算書に、商業目的で所有している動植物の価値を計上することを義務づけることになった。これによって、ワムズレーは、コヤカケネズミやシマオイワワラビーなどの絶滅危惧種動物たちを資産として計上することが可能となったのである。その際の計上額は、政府の繁殖プログラムがそれらを売却する際に請求する額がそのまま適用された。ＥＳＬ社の上場時に、彼の自然動物園全体の金融資産は、繁殖プログラムの成功如何によって年々多少変動するものではあったが、およそ二百三十万ドルだった。だが、会計基準が変更された最初の年にあたる二〇〇〇年には、新しい手法の導入によって、ＥＳＬ社の純資産は百九十万ドルも増えることになった。それは、生物多様性の価値を正当に評価していくための道のりにおいて、カンガルージャンプ級の大きな前進となったのである。

ワラウォンとは、〔オーストラリア先住民の〕アボリジニの言葉で「山腹の水」を意味し、その区域にかつてふんだんにあった自然の湧水地に由来する。けれども、ワムズレーが最初のサンクチュアリーのためにその土地を購入した時までには、すでに一帯は、農地として整地されており、森林の乱伐によって環境も劣化していた。一九六九年に荒れ果てた酪農場だったワラウォンは、三十年後、ワムズレーによって何万という在来種の高木や灌木が植え直されていた。その過程で彼は、サンクチュアリーを、小さいながらも（三五エーカー〔約十四ヘクタール〕）、オーストラリアが大陸移動で北上して乾燥化が進む以前、何百万年も昔にそうであったと考えられるような、青々と木々が茂る土地のモデルとして作り上げたのである。これこそが、まさにカンガルーが進化を遂げたタイプの環境だった。それは、ワムズレーが、人々に悔い改めて欲しいという願いから、この世に蘇らせた失楽園に他ならなかった。ワラウォンを訪れる旅行者たちは、夜明け前に、彼の「おとぎの国」のツアーに出かける。夜明け前のワラウォンは、あたり一面ホーホーというフクロウの鳴声やシューッという生き物たちのたてる音で満ちあふれ、大型の夜行性動物たちのほとんどがまだ起きていて獲物を求めて目を光らせている。

ワムズレー自身は普段ガイドをしないが、愛想の良いジョン・ギッシャムをはじめ、訓練を受けた大勢のナチュラリストがガイドを務めている。ギッシャムはナナカマドの小さな森の中に作られた木道と細い小道を通って観光客を案内する。長い間失われていた景観の再生地はとても脆弱で、観光客らが誤って植物を踏み潰して生命力を奪ってしまうことがある。そこで、自然への悪影響を最小限にするためにワラウォンでは木道を作り、厳格な保全対策を講じているのである。やがて一行は、谷に到着する。そこには、ポンプで汲み上げた水を利用した湿地が作られている。ワムズレーは一九七〇年代の初めにそこに高木を植えて木陰を作り、下層植生としては、ビクトリア州とタスマニア州〔オーストラリア南東端の二州〕産の日陰を好むシダを植えて地面を覆ったのである。ボランティアらが据え付けた潅漑システムによって、森には霧に包まれたような湿気が保たれていた。というのも、その人工的な熱帯雨林の生息地は、まだそれ自体では冷たく湿った微気候を維持するには、未成熟で大きさも不十分であるからだ。それでも、カエルは、周囲の住み心地の悪い農場からその魅力的な区域に移り住み、鳥の群れも蜜の豊富な在来潅木に定着した。陽が昇ると、オオバンとバンが水をかいて泳ぎ始める。そのあたりには二十数頭のカモノハシが生息しているのだが、ちょっと運が良ければ、その素早く泳ぐ黒っぽい姿が視界に飛び込んでくるかもしれなかった。

臆病なことで知られるカモノハシは（その言葉が臆病な人の喩えに使われるほどだが）、目撃すること自体がスリリングだ。アヒルとビーバーが合体したようなこの奇妙な生き物は、最も古い哺乳類の一種で、その祖先は一億六千万年前に恐竜と一緒に繁栄していた。けれども、防水力に優れた毛皮を目当てに狩られたり、不運にも漁師の網にかかり溺れ死んだり、あるいは水質汚染によって壊滅的な打撃を受けた結果、一九七〇年ごろからサウスオーストラリア州で絶滅種リストに載るようになった。一九八八年に、ワムズレーは初めてカンガルー島から五頭のカモノハシをワラウォンに連れてくる許可を政府から得た。そしてその三年後には、オーストラリア独特の言い方で、「パグル」と呼ぶ最初の赤ちゃんカモノハシ二頭が誕生した。成功の秘訣は、ただ適切な生息地を与えてやるだけだとワラウォンのガイドは言う。ここでいう適切な生息地とは、ギッシャムが誇らしげに「カモノハシの住むタージマハル［インド北部にある総大理石造のイスラム建築。宝石、貴石で装飾され贅を尽くした建物として知られる］」と呼ぶ人造沼地を指している。ワムズレーが植えたユーカリの木から葉と樹皮が川に落ち、タンニンと適度な酸性度が加わった水は黒くなり、ちょうどカモノハシが好む環境になっていた。泥がたまった川岸は軟らかく、カモノハシがくちばしで無脊椎動物を掘り出して食べることができた。ワムズレーは観光客がカモノハシを見られるよう、濁った池の水中が見えるのぞき窓を設けたコンクリート製の「カモノハシ観察場」を水中に作った。観光客が辛抱強くじっとそこで待てば、「カモちゃん」の泳ぐ姿を見られることもある。「動物園では、カモノハシが透明な水の入った水槽に入れられて死んでしまうんですよ。それはカモノハシにとって大変なストレスになり、パニックを起こしてしまうんです。カモノハシの保護が最優先ですから、私たちは決して見世物にしたりはしません」とギッシャムはツアーの中で説明する。

彼は見世物にしないと言うが、常にそうとは限らないようである。というのも、ギッシャムは小道を行く途中のあちらこちらで、彼が「スナック」と呼ぶオーツ麦を大きな袋からばら撒いて、それに半狂乱でがつがつと喰らいついてくるハナナガネズミカンガルー（小さいカンガルー）やワラビーの写真を観光客に撮らせるようなことは、遠慮なくやっているのである。そういった給餌行為がサンクチュアリーと動物園との境を曖昧にし、動物が独力で生きる能力を阻害する可能性もあるのではないかと指摘すると、ギッシャムは、ESL社は「いつも保護に対する要求と観光事業の狭間で闘っている」のだと答えた。率直な答えではあるが、こういうやり方はワムズレーを嘲笑の的にしてしまうこともある。「彼のしているのは、シャルドネ好きの金持ちリベラリストたちのために、お手軽に自然を楽しめる小さなジュラシック・パークを作っているだけだ」と、あるシドニーの投資銀行家は冷笑するのである〔一九八〇年代から九〇年代にかけて、裕福なリベラリストの間で白ワインのシャルドネは、大きなブームとなっていた。こうしたリベラリストたちの特徴として、社会問題や環境問題に一定の理解を示そうとするが、自ら実質的な運動に身を投じることはないと一般に考えられている。また、「ジュラシック・パーク」は、一九九〇年のマイケル・クライトンによるSF小説中の恐竜テーマパークの名前だが、それになぞらえて、ワムズレーのサンクチュアリーを、野生生物保護という大義のためではなく、あくまで儲け主義のテーマパークではないかと揶揄している〕。

概して、ESL社の株主は、そんな保護と金融事業の妥協でうんざりすることはなかった。バーバラ・ハークネスは郵便局員を夫に持つ地元のウェブデザイナーだが、慈善事業と考えて一九九四年にESL社株を一株三六セントで買ったところ、六年でその価値はほぼ五倍になったのである。「ESL社の価値がどれだけ大きくなったか、それにこの保護地区がどんなふうに成長したかを見るにつけ本当に驚くわ」と彼女は、ギッシャムとともに過ごした午前中のサンクチュアリーのツアー中、沼の周りの新しい木道を歩きながら、身振り手振りで自分の思いを表現した。「私たちは数年おきにここに来るのよ。儲かるとなれば、もっと投資する。それが私たちの昔からのやり方よ。」四六歳のハークネスは、もっと若かったらきっとＥＳＬ社のやり方にこれほど魅了されることはなかった、と打ち明けた。経験というものが彼女の考えに影響を及ぼしたというのだ。「たくさんの人々が地球の自然を救おうとしているわ。でも、その仕事はあまりにも荷が重すぎるのよ。私たちにできることは限られているし、しかも、規則に則って社会秩序の範囲内でやるしかないでしょう。野生生物を救おうと思えば、途方もないお金が必要で、それはじゃあ、どこにあるのかってことよ。金融市場にはそれがあるのよ。ほとんどの人は野生生物を利用してお金を儲けようなんてことは好まないわ。そんなことをするなんて、なんとなく引っかかってしまうのよ。でも、料理のバザーをやったって大した足しになるわけでもないわ」と彼女は言った。

午前の観察会は、参加者たちがワラウォンの陽当たりの良いカフェテラスに憩い、上の方の止まり木でゴシキセイガイインコがキーキーと甲高い声で鳴きあう光景を見ながら終了するのが定番だ。二、三時間をかけて有袋類を目の前で見た後すぐに用意されているランチは、最初は不快に感じるかもしれないが、カンガルーの焼き肉だ。三八種のカンガルーが今や絶滅寸前であるのに対して、別の十一種は逆に、アメリカ各地で鹿が増えて困っているのとちょうど同じような状態にある。ワムズレーはネコとキツネを殺すことと同じように、カンガルーのフィレ肉を食べることについては平然としているのである。

ランチが終わる正午近くに、細い青い目で、まるでブッシュハットをかぶったトルストイかと思わせるような風貌〔彼の長く白い髭がトルストイを彷彿とさせる〕の、このサンクチュアリーの創設者が、色褪せたジーンズのサスペンダーに小さな金のカモノハシをかたどったピンバッジをつけて現れる。妻のプルーも一緒で、彼女はペットの「ダンソニア・ルビー・シング」と名付けられたミナミケバナウォンバットを抱いている。プルーがシングを撫でるかたわらで、ワムズレーは自身の子ども時代の話を語り始める。

「父は柑橘類と家禽を育てる農家でした。ニューサウスウェールズ州の真ん中あたりで百六十六エーカー〔約六六・四ヘクタール〕の雑木林を買ったんですよ。私が十歳のときでしたが、家族みんなでそこに引っ越しました。私には六人の姉妹がいましてね、家に居るのが耐え難かったのです。それで大半の時間を自然の中で過ごしましたが、未開墾の何百万エーカーという土地のど真ん中というすばらしい場所は、感受性が強い少年期の人間には天国のようでした。小川は魚とカモノハシであふれていましたしね。」

そこには、コトドリ、フクロアナグマ〔虫や草を食べる有袋目動物の総称〕、それにフクロモモンガもいたという。けれども、彼が十二歳になるころまでには、すでにキツネとネコがその一帯に入り込み、二年後には在来の動物たちが姿を消してしまったかのようになった。さらにその二年後、森林火災が起こり、多くの原生林が焼き尽くされてしまった。火事が起こった原因は、林床で発火しやすい堆積物を食べてくれる動物たちがいなくなったことにあったのだ、と彼は非難した。「全てが消え去ったんですよ」とワムズレーは言った。「まるで空っぽの教会みたいでしたね。野生生物はことごとく姿を消していました。」

その年、ワムズレーは家を出て、それきり故郷に戻らなかった。財産を作って、野生生物のために何かをしようという計画だった。果たして何ができるのか、それはまだ定かではなかった。ワムズレーは、百科事典の戸別訪問販売員や精神病院の看護師もやったし、ボロボロの家を買ってリフォームして売るなどして利益を得た。「お金を稼ぐのは簡単でしたよ」と彼は言った。一九六九年までに最初の百万ドルを稼ぎ、その一部を使って土地を買った。中には一エーカー四十セントの土地もあった。彼は、そこに在来の動物たちを呼び戻すために、在来の木と潅木を植え直していったのである。

この最初の一歩でさえ、少なくとも地元では議論を巻き起こした。その頃、オーストラリアでは外来植物種だけを植えることを政策とする町がいくつかあったほどだったのである。オーストラリア政府の森林局は、農場経営者らに、ユーカリよりもモントレーマツがよく育つと教えていた。ワムズレーは「それが世間一般の通念だったんです」と当時を回想して素っ気なく付け加えた。彼の再植林計画が続くなか、地方新聞『マウントベイカー・クーリエ』がその第一面に、ワムズレーの苗木畑の真ん中に隣人が立つ姿の写真と記事を掲載した。見出しには、「絶望の光景：道路沿いの雑木を長年の苦労の末ようやく一掃したというのに、再びすべて木々で覆われた」と書かれていた。一九七六年、ワムズレーは外来のマツの木〔紙を作るパルプの原料になる〕を不法に伐り倒したとする罪で告発され、拘置所で一夜を過ごしたこともある。ワムズレーが紙袋を頭にかぶって斧を持つ写真（「記者たちから、そうすると新聞がよく売れるからと言われたんです」と彼は言う）が、オーストラリア中の新聞の第一面を飾り、この事件が、いわば彼の全国デビューの始まりとなったのである。「私は禁固五年の刑に直面しましたが、当局はそれを執行しませんでした」と彼は言う。

その午後のあいだずっと、ワムズレーは小道を散歩し続けた。小動物たちはほとんどどこにも見あたらなかったが、大きな茶色のカンガルーが二頭、草地の斜面で眠っているのを見つけた。二頭は斜面に背をもたれかけ、夢を見ながら脚をピクピクと震わせていた。ワムズレーは、すぐかたわらの日なたに座って話を続けた。

マツの木伐採事件の直後、全く懲りないワムズレーは、自分の敷地をフェンスで仕切り、犬を放って中に入り込んでいるネコ、キツネ、ウサギを殺しはじめた。彼は、これら三種の外来生物を「恐ろしいトリオ」と呼んだ。ネコやキツネにとってウサギはたやすく仕留められる獲物だったので、ウサギが増えればこれらの肉食動物が一層増えることを意味し、さらに在来生物に対する害も増えることになる。ネコを撃つことは、一九九〇年代の初めまで私有地内でさえ違法だったが、そんなことでワムズレーは怯まなかった。「やるべきことはやるんですよ」と彼は厳しい顔で言う。

実際のところ、多くのオーストラリア人は、外来生物、特にウサギに対するワムズレーの闘争的な姿勢に共感した。後に農民たちが「グレーの毛布」と呼ぶようになったそれは、一八五九年に到着した十羽ほどのウサギから始まった。もともとそれは、ビクトリア州でトーマス・オースティンという名前の紳士的な農場経営者が自分の土地で開いた狩猟パーティーのために用意したものだった。一八六五年までに約二万羽のウサギがオースティンの所有地で狩られたが、それでもまったく減る気配はなかった。そして、ウサギの数は、外来生物侵入の歴史上比類ない速さで、国内の北と西に拡大した。一九九六年までに、オーストラリア国内のウサギは一億二千万から六億羽程度に達したと考えられた。ウサギたちは牧草地を丸裸にし、樹皮でさえ剥がして食べ、駆除に要する労力も合わせると被害額は何億ドルにも達した。

これに対して、政府はどんどんと過激な反撃に出るようになった。一九〇二年から、せめて国内にほんの一部分でもウサギが侵入しない場所を作ろうとする痛々しい試みとして、オーストラリア西部を南の端から北の端まで総延長一千百マイル〔約千八百キロメートル〕の金網フェンスを設置して東西に分けるという事業に、苦労して取り組んだのである。それには、五年の歳月を要したが、結局は徒労に終わった。半世紀後、政府当局は、今度はブラジル産のウサギ殺害ウイルスを放つという究極の手段を取った。そのウイルスに感染すれば、粘液腫症がゆっくりと進行し、ウサギは苦しみながら死に至る。その結果、初めてウサギの個体数が大幅に減少するという画期的な成果を得た。だがそれも、生き残った個体が免疫を獲得するまでの束の間のことだった。

一九九五年までに、ウサギはかつてないほどの猛威を振るうようになり、人間が再挑戦する時が来た。ウサギとの生物兵器を駆使した戦いでの新たな、そしてより人道的と言われる手段は、三六時間以内に臓器不全による急速な死を保証し、かつ他の生物に無害であることが示されたカリシウイルスだった。セキュリティの高い国立研究所の実験室内で二年間の安全性テストを経て、科学者らは自然条件下で実験を始めるために南方の島の地下壕にウイルスを隔離した。しかし、ウイルスは予定よりも早く、オーストラリア本土に偶発的に放たれてしまった。島のブッシュハエがウイルスに感染し、めったに発生しない南極から吹く強風によって、海を越えた本土に飛ばされたためだった。病気は、サウスオーストラリア州とニューサウスウェールズ州全体で急速に蔓延し、一エーカー当たり二二羽のウサギの死亡が報告された国立公園もあった。中にはウサギの個体群が九十パーセントも減少した地域すら見られた。政府の研究機関で生物多様性と持続可能性について研究するブライアン・ウォーカーは、この結果、「歴史上最大スケールでの、草地と潅木地の劇的な再生」が起こっており、野生生物が回復し、牧場経営者も元の生活を取り戻すことができるようになってきた、と言う。しかし、この解決策がいつまで有効なのかは不明だ。

一方、オーストラリア西部では、キツネとノネコに注意が向けられていた。そこでは、オーストラリア史上最大の自然保護プログラムが展開され、およそ千二百万エーカー〔約四万八千平方キロメートル〕の土地に棲む、少なくとも十三種の在来生物を絶滅の瀬戸際から甦らせることを目指していた。「ウェスタン・シールド」〔「西の防御」の意味〕と呼ばれるそのプログラムは一九九六年に始動し、少なくとも二〇〇一年までは、フクロアリクイ、リングテイル〔オポッサムの仲間〕、ノドジロクサムラドリなどの絶滅危惧種の個体数が増加したという成功の報告がもたらされた。もっと劇的なことは、このプログラムの成果として、森林に棲むフサオネズミカンガルー、チャイロコミミバンディクート（クウェンダ）、タマヤブワラビーの三種の哺乳動物が州の絶滅危惧種リストから外れたことだった。ウェスタン・シールド作戦において、キツネやノネコとの闘いで使われた武器は、自然界に存在する毒「一〇八〇」で、毒エンドウ豆と呼ばれる在来植物から見つかったものである。この植物とともに進化を遂げてきた在来の動物には耐性があったが、移入された動物たちは毒入りの餌を食べれば死に至った。

ワムズレーは、自身の対ウサギ・キツネ・ネコ戦争を、冷静に効率よく闘った。彼が土地を購入したあと最初にしたことは、一万ボルトの電気柵を作ることだった。電気柵が動物たちを殺すことはないが、「自分からフェンスに触れようとする動物はいないだろう」と彼は強調する。柵は常に内と外の両側で衝撃を与えるようにすることが必要だった。というのは、例えばウォンバットが外に出ようと内側から柵に穴を開けてしまえば、その穴を使って外からキツネが侵入してしまうからだ。いったん柵を設置すると、敷地内でＥＳＬ社の従業員が犬と銃を使って、外来動物を一匹ずつ追跡することになる。「一羽のウサギを捕まえるのに一週間かかることもありますよ。でも、もし最後のオスとメスの二羽を捕まえ損なえば、何も捕まえなかったのと同じことになってしまいます」とワムズレーは言う。かつてＥＳＬ社の従業員がユーカムッラのサンクチュアリーで七カ月間かけて一頭のキツネを追ったこともあったという。

このような戦略を取ったワムズレーを、オーストラリアで動物解放を叫ぶ団体は、市民の最悪の敵とみなした。一方で、ワムズレーが「おかしい連中」と切り捨てる反対派の中には、ユーカムッラの電気柵越しにネコやキツネを投げ入れる者もいた。しかし、それは単にワムズレーをさらなる行動へと駆り立てたに過ぎない。彼は公の場でネコ帽子をかぶり続け、テレビのインタビュアーに対して次のように言った。「皆さんに伝えたいのは、環境を良くするために自分の役割を果たして欲しいということです。さあ、家に帰って、あなたも野良ネコをさっそく『帽子』にするのです。」

ここだけの話ですが、と前置きして彼はこう言った。「もし一種でも生き物を絶滅から救えるのなら、私は悪魔に魂を売ったって構わないのです。それが私の人生で一番大事なことなんですから。」これに共感できるかどうかが、ワムズレーにとって自分の味方か敵かの明確な線引きとなるという。それは、彼のする話としては珍しく、自然をだめにした張本人だと非難するオーストラリア政府や「ニセ環境保護論者」に対する当てこすりを含まないものだった（「たとえば、誰かが『ゴリラを救います』と言ったとしましょう。皆がそれはいい考えだと受け入れて、二、三億ドルを渡すとします。もしそれでもゴリラがいなくなってしまったら、その人の過失でしょう。もしそういう責任を背負った上で任務を果たさないなら、訴えられて当然です」と彼は言う)。

一九七八年、二十年間にわたるワムズレーの最初の結婚生活は、彼に言わせれば、ワラウォンのせいで終わりを迎えた。「彼女がそれを言い出すまで、問題があるなんて思いもしませんでした」と彼は言う。「彼女は私が『遺産を浪費』するのに付き合いきれなかったようですね。私がワラウォンで沼地を造成したとき、義理の母は私の母親にこんな手紙を書いたのです。『彼は間違いなく気が狂っています。なにしろ沼を作っているのですから』」と。最初の結婚でワムズレーには三人の子供がいたが、彼らとは二十年間、話もしなかったと、彼は言う。ようやく二〇〇一年に、彼は孫のうち二人に初めて会ったのだという。

離婚の結果、ワラウォンは売りに出され、ワムズレーは自身の夢をほとんど失いかけた。けれどもその同じ年、当時ワラウォンでの隣人であり、サウスオーストラリア州の公立学校で科学顧問をしていたプルー・ゲッデスと結婚した。そして二人は、サンクチュアリーを買い戻すため、共同で借金をしたのだった。その時までに、ワムズレーは博士号を取得し、フリンダース大学で数学を教えていた。けれども、彼は授業より多くの時間をサンクチュアリーに費やし、ペットのウォンバットを（彼が言うにはある定理を例証する目的で）代数学の講義に連れて行ったすぐ後、ついに大学をクビになってしまった。「ウォンバットのせいで解雇されたのではないですよ。でもそれも確かによくはなかったでしょうね」と彼は言った。

過去の経歴からすれば、ワムズレーは、どう見ても世の中の既存の制度の枠内でおとなしくやっていくことを主張する人物とは思われないだろう。しかし、今や彼は熱心な体制派の一人に変貌したかに見える。なぜなら、二〇〇一年までにESL社の理事会には、引退した投資銀行家や鉱山業の経営者が入っていたからである。また、その年にワムズレーからESL社の最高経営責任者の地位を引き継いだウエンディー・クライクは、もともと全国的な農民団体の事務局長だった。ある理事会メンバーの話によれば、すべての理事が、今後のESL社運営上、交渉手腕に長けた人間が必要であるという点で、彼女を迎えることに同意したのだった。ワムズレーは、自然保護が今では世界でも稀な「社会主義」の原則に則って機能している現象の一つであり、値段をつけることができないものは、究極的には救うことはできないのだと強く主張する。彼はこう言う。「慈善というのは奇妙なものだといつも思っていました。結果を出すためには、現実的でなければなりません。人々が行動を起こす動機はたった二つしかありません。それは、欲望と恐怖です。恐怖というのは、チャンスを逃がしてしまうことへの怖れです。それが流行だと気づいたら、投資すればよいのです。何も問題はありませんよ。理想主義者は異議を唱えるでしょうが、理想主義ではうまく行かなかったのです。誰かが今理想主義の名の下に、ブルドーザーの前に立ちはだかっても構いません。ですが、在来生物を巻き添えにはするな、ということです。」

確かに、環境保護主義者の多くはこのような議論で心が揺らいだりしないし、中にはワムズレーの市場に頼るやり方を憂慮する者もいる。例えば、世界野生生物基金〔八一ページ参照〕の財務局長バリー・スパーゲルは次のように疑問を投げかける。もし、ESL社のような会社の株が公開されたとすると、「自然保護と利益獲得の間で常に緊張関係が存在することになります。もし仮に株主たちがワムズレーに対してより高い収益を生み出すように圧力をかけたら、彼は自身の価値観を曲げて巨大なロッジを建てたり、野生動物を過剰に増やしたりしないでしょうか。彼は本当に自然生態系を保護しようとしているのでしょうか。ただ大きな動物園を作っているだけではないでしょうか。」

同様に説得力のある批判は他にもある。それは、ワムズレーが、生物多様性保全をめぐる闘いにおいて、極めて複雑な世界的問題の最も単純な側面のみを追求しているという批判だ。さらに、彼への批判は、枚挙に暇がない。「彼はカリスマ的な動物のために闘うカリスマ的な男にすぎないのではないか。」「人慣れしたカンガルーの写真を撮ろうと訪れる観光客が落とすお金は、低いところにぶら下がっている果物のようなものだ〔容易く手に入れることができる〕。」「ワムズレーは、赤ん坊のカモノハシとフクロアリクイの写真を彼のウェブサイトに掲載するだけで、投資家の熱狂をあおることができる。（いやそれどころか実際に懸念されることもある。というのも、ESL社が拘束を受ける会計基準と株主に対する信認義務に則れば、ESL社は愛らしくて珍しい動物を珍しいままにしておかなければならないはずだ。動物たちがさほど珍しくなくなった途端に価値は減じ、そしてESL社株も同じ運命をたどることになるだろう）」などというようなものである。

しかし、その他の生物多様性はどうなるのだろうか。世界中で、過去のいかなる時代にもなかったほど、種の絶滅は急速に進行していて、フクロアリクイに及んでいる危険は、この問題のほんの一部にすぎない。前例のない豊かな生物多様性に恵まれた時代に生まれた人類が、かつて地球上から恐竜が一掃された時に匹敵するような大量絶滅を招こうとしているのだ。西暦二〇〇〇年における種の絶滅スピードは、人類出現以前のレベルに比べると千倍以上と推定されており、その数字はさらに上昇すると予測されている。ハーバード大学のエドワード・O・ウィルソンが言ったように、この生物種の大絶滅は私たちの子孫が最も許さないであろう愚行である。

ハチから甲虫、菌類、微生物、あるいは鳥や哺乳類に至るまで、まだ新たな種が発見されつつあるにもかかわらず、すでにこの生物多様性の喪失は進行しつつある。このことは、私たちがこの世に存在することさえまだ知らない生き物たちを、確実に失いつつあることを意味している。いつかコアラを見られなくなる日が来るかもしれないとしたら、人々はそれを嘆き悲しむだろう。だがその一方で、この惑星にどれほどの生物種が私たちと共に生きているのか、あるいは、彼らの命が私たち自身の命とどのように関係しているかについて、ほとんど何も理解していないのが悲しい現実なのだ。私たちは無知ゆえに、「聡明な人は、何かが起こっても大丈夫なように、自動車のすべての部品の予備を保管しておくものだ」と言ったナチュラリストのアルド・レオポルド〔ウィスコンシン大学教授を務めた野生生物生態学者、環境倫理学者で「土地倫理」を提唱した〕が発した警告を拒絶してきたのである。

私たちの生活が、身の周りの計り知れないほど多種多様な生物に依存していること、そしていかにして彼らが今後の人類の生残や繁栄を助けてくれるかということを示す根拠は、不確かだが、たくさんある。世界の生物多様性は、宝物を保管する巨大な銀行そのものであり、そのほとんどが未だ隠されたままだが、医学、農業および工業の発展の基礎になっているものもある。中でも最ももてはやされているものに、抗がん剤タキソールを作る成分が含まれていることがわかったタイヘイヨウイチイや、小児白血病を治すのに役立つ物質を提供してくれることがわかったツルニチニチソウなどがある。動物もまた重要な役割を果たしており、その毒液が血圧を下げる働きを持つヘビもいれば、抗凝血剤を作り出す昆虫の仲間がいることもわかっている。

往々にして、私たちはある種がほとんど絶滅してしまうまで、その重要性に気付かずにいる。アメリカでは、最近になってようやく、ビーバーがダムを作ることでまわりの湿地が豊かになり、周辺の土が肥沃になるという事実を評価するようになった。また、カリフォルニア海岸沖に生息するラッコが毛皮目的で乱獲されて姿を消して初めて、私たちはラッコが地域の生態系を維持するために重要な存在であったことに気がついた。ラッコは、コンブを食べつくしてしまうウニを捕食していたのだ。それゆえ、ラッコの数が減少するにつれてコンブの森がウニによって破壊され始めたのだった。重要な稚魚の隠れ家となるコンブが減少したことで、食物連鎖の上位にいて魚類を食べていたゼニガタアザラシやハクトウワシをはじめとする多様な生物さえもが、影響を被ることになったのである。

だが、このように生物多様性の大きな価値を示す証拠が出てきたにもかかわらず、二一世紀に入ってからも多様性を維持する試みは限定された範囲で、しかも基本的には古いやり方でしか行われてこなかった。最もよくある自然保護の手法のひとつは、例えば慈善家による土地の購入である。特にカリフォルニア州で強力に進められた「ランド・トラスト」運動や事業家による個々の取り組みがこれに当たる。例えば、テッド・ターナー〔五二ページ参照〕は、在来種であるバイソンを開発から救い、数を増やすために、モンタナとニューメキシコで何十万エーカーもの土地を買った。ダグ・トンプキンスは、服飾関連商品の総合ブランド「エスプリ」の創業者〔アウトドア衣料で有名なノースフェイス社の創業者でもある〕だが、一九九〇年代初めに、チリ南部のすばらしい大自然を原生自然のままにしておくために、そこで七十万エーカー〔約二千八百平方キロメートル〕近い土地を購入した（トンプキンスが手に入れた土地には青く澄んだ湖、密生する熱帯雨林、そびえ立つ山々などの他、希少なパタゴニアヒバ〔チリ原産の高級木材で「アレルシ」の和名もある。現在はワシントン条約により、輸出禁止となっている〕の残存面積の三五パーセントを占めると推定される群落も含まれており、中には、樹齢およそ四千年のものまであった。チリ政府との長い交渉の末に、一九九七年に彼はそこを公園として運営していく財団に売り渡すことで合意した)。

公的な環境施策が目的達成において無力であるとの認識が広がるにつれ、個人による慈善活動が盛んに行われるようになった。例えば、一九七三年に施行された米国絶滅危惧種保護法（ＥＳＡ）は、当初世界で最も厳格な野生生物保護法の一つとしてもてはやされた。しかしアメリカ合衆国政府は、この法律の下で何十億ドルも費やした末に、瀕死でよろめく鳥や哺乳動物が絶滅に向かう流れを変えることができなかった。これについては、予算に制約があった、あるいは「生物学的瀬戸際戦術」（種の絶滅を防ぐには、種が危機的な状態にならないうちに保護するほうが効率的な予算の使い方であるのに、もはや手遅れかもしれない最も危機的なケースにばかり総力を注ぐ策）が不適切だったなど、あらゆる非難が投げかけられた。しかし経済学者ジェフリー・ヒールは、ここで一番問題なのは、「スターリン主義」的な禁止令に重点が置かれ、誘因には注意が払われなかったことだと考えている。保護法の施行後しばらくの間、土地所有者らは、絶滅危惧種が自分の土地で見つかれば、その後あらゆる活動が厳しく制限されることになるため、実質的には罰を受けるも同然だったのだ。「こんなやり方では、もし絶滅危惧種を見つけたら、それがいることを誰かに知られる前に抹殺してしまうしかないでしょう」とヒールは言っている。よく言うように、「撃って、掘って、黙る」ということなのである。

ヒールは、著書の『自然と市場』〔邦訳『はじめての環境経済学』〕の中で、ＥＳＡの運用に柔軟性と経済的誘因を取り入れる代替手法を提案した。この手法は、フロリダのインターナショナル・ペーパー（ＩＰ）社が所有する、森に営巣する絶滅危惧種の鳥、ホオジロシマアカゲラの残り少ない個体群を守ろうとする試みの中で検証されている。米国魚類野生生物局は、ＩＰ社の所有地内で繁殖するキツツキ（ホオジロシマアカゲラ）のつがいの目標数を設定し、その数字が維持される限りその土地を好きなように使うことができると取り決めた。もしも設定数よりも多くのホオジロシマアカゲラのつがいがいれば、その分は「貯金」としてカウントされるか、あるいは他の地域でこの鳥を守るためのＥＳＡ要求基準をオフセット（相殺）するために使うことが可能なのだ。この案によって、ＩＰ社はその「キツツキ・クレジット」を、まるで二酸化硫黄の排出権取引のように、必要としている土地所有者に売ることさえできた。結果的に、キツツキの生息地はたちまちのうちに売れ筋商品となり、ＩＰ社は各繁殖つがいの売却価格を約十万ドルとはじき出したほどだった。最終的に、ヒールが言うには、木材の供給地としてよりも、キツツキの繁殖地として売る方が、土地の価値が遙かに大きくなったのだった。

この実験は、もちろん、多くの環境保護主義者たちの目に不快な解決策と映った。根底にある理屈が、結局のところ、ある場所でキツツキを保護できれば、他のところでは虐殺してもよいという、冷めたものだからだ。理想の世界では、キツツキ貯金はうまくいかないだろう。しかし、経済的な圧力や取引の渦巻く現実の世界では、キツツキ貯金は進歩と言える。魚類野生生物局は、キツツキの絶滅を防ぐことができそうなつがいの最小数のゆずれない一線を引いた。だが、その線は、もともと砂の上に引かれた線のように不確実なものだった。そこへさらに、当局はこの環境保護ゲームに柔軟性というルールを取り入れて、つがいの数がそれを下回らない限り、ＩＰ社が自由に振る舞えるようにしたのである。この戦略によって、抜きんでてすばらしい保護活動に報酬が与えられたために、結果的に繁殖つがいは増加に転じた。このようなやり方を見れば、柔軟性と誘因というものが革命に必要な要素の一つだとわかる。そして、こういう方法の誕生は、その仕組みがどのようなものであれ、またそれが規制によってできたのか、あるいはビジネスチャンスをきっかけにしてできたのか（ワムズレーの場合はこの一例だ）に関わらず、生き物と原生自然のための保護地域を飛躍的に広げることになるだろう。

だがそうは言うものの、より根深く難しい問題がここにはまだ残されている。それは、どの生物種やどの生息地が、ホオジロシマアカゲラやワラウォンにいる動物たちのように特別な扱いを受けるべきなのかという問題である。どれを守るべきかを、私たちはどのように決めれば良いのだろうか。これまでのところ、そういった決定の多くは審美的な動機に基づいてなされてきた。一九八〇年代に、経済学者らは、現存の天然資源を維持するためにいくら支払うつもりがあるかというアンケート調査を行ったことがある。その結果、アメリカシロヅルは全国の家庭から一軒当たり十ドルをせしめることができることがわかった。ということは、この絶滅危惧種を救うために政府が仮に連邦予算のすべてを計上しても、文句が出ないという計算になる。

しかし、それでは私たちの生命が寄って立つ、その他すべての目立たない無脊椎動物たちはどうなるのだろう。エドワード・O・ウィルソンはこう述べている。「真実を言えば、私たちは無脊椎動物を必要としているが、彼らは私たちを必要としていないということだ。もし無脊椎動物が姿を消せば人類は数カ月ともたないだろう」と。では、場所によっては深刻なレベルにまで減少しているハチ類やほかの生き物はどうだろう。彼らは農地や庭園、それに原生自然に生えている植物の受粉を助けている。微生物やミミズはどうだろうか。彼らは、そのささやかな腸の全力をもって土壌を肥沃にしてくれているが、その「サービス」はアメリカシロヅルの写真のように簡単には売れないだろう。

こういった疑問に対する興味深い回答がいくつかある。同じくオーストラリアで設立された「生物多様性を使った環境モニタリング」を目的に掲げるバイオトラック社という名の、小さいが野心的な企業がその答えの一つだ。バイオトラック社は、一九九七年に、シドニーの北にあるマカリー大学の教授で保全生物学者のアンディー・ビーティーによって創設された。彼は、「ご自身の土地の使い方が生物多様性を豊かにするか、それとも衰えさせているかを診断します。水生、陸生を問わず、それが海のものであれ、植物であれ、動物であれ、微生物であれ、何十万という膨大な数の種のサンプルを調べて答えを出します」と宣伝している。

ビーティーの会社は土壌中の膨大な無脊椎動物数の変動を解析する精巧なコンピュータソフトを使う。「アリにバーコードだって付けられますよ」と彼は自慢する。これまでにビーティーに事業を発注したのは、木の伐採や採鉱が生物多様性に及ぼす影響を知りたがっていた政府機関や、ワムズレーのように(彼は発注しなかったが)生息地の復元に努める管理者などで、科学的に洗練された方法で結果を知りたいと考える人たちだった。ビーティーによれば、バイオトラック社は、いずれ、エコツアーに参加する客が宿泊先のホテルのラウンジにあるパソコンで、あるいはツアー中に携帯端末を使って、無脊椎動物、地衣類、菌類、植物の種子などのデジタル画像を見ることができるようにして、環境教育にも一役買おうと考えている。

しかし、将来的にもっと高収益が期待されるのは、巨大な採鉱会社、殺虫剤を使う農業経営者、道路会社のような、彼が言うところの「生物多様性やそこから派生する新たな政策に硬直するほど怯えていて」、企業活動が多様性に及ぼす影響を知ることに熱心な会社と契約することだ。もっと広い視野で見れば、バイオトラック社は大きな見かけのよい自然保護活動やESA、あるいはESL社のサンクチュアリーなどには見向きもされない、世の中でほとんど知られていないような生き物に、かすかではあるが救いの光を投げかけていることになる。

しかしながら、実際のところ、「カリスマ性のある」生物種が特別な待遇を受けることによって、「醜いアヒルの子」が救われることもあると言う研究者もいる。「小さくて人目につかない、かわいらしくない生き物がたくさん、カリスマ性のある種の傘の下に隠れているのです」と言うのは、コロンビア大学の保全生物学者スチュアート・ピムだ。「ニシアメリカフクロウの事例では、三百程度の種がこのフクロウの保全のおかげで生き延びていますよ。その生き物が審美的であればあるほど〔保護に差し伸べられる手が増えて〕、それだけその傘の下にあるほかの生き物が保護されやすいことになります」と言う。この点に関して言えば、ワムズレーのサンクチュアリーは普通に考えられているよりもずっと役に立っていると言えるだろう。

そうは言っても、規模の問題はある。「オーストラリア国内のどのくらいの地域が、あるいはいくつくらいの生態系が、投資の対象となりうるほど魅力的だろうか」との疑問を投げかけるのは、オーストラリア政府の研究機関に所属する研究者ブライアン・ウォーカーだ。「ワムズレーの作戦は功を奏しています。生物多様性の保全を進める上で何が必要なのかもわかってきました。しかし問題は、今後どれくらいの土地が必要で、そうすることがどれくらい重要かということです」とウォーカーは言う。同じ問いかけが、世界中の国立公園や自然保護の取り組みについても可能だ。つまり、従来の自然保護の手法が生物多様性の「出血」を止めるのにどれくらい役立っているのかということだ。もしも現在進行中の夥しい絶滅が一つの目安であるとすれば、この疑問に対する答えは「あまり役立ってはいない」ということにならざるを得まい。

ビーティーは、一方で、全く別の理由からワムズレーの戦略について心配している。実業家ではなく、政府こそが長期にわたる自然保護に関して責任を持つべきで、国立公園法のような、生息場所とそこに棲む生き物を永遠に保護することを目的とする法律に代わるものはないと、彼は強く主張する。確かに法律も変わりうるが、それでも金融市場の気まぐれな動きに影響されやすい民間企業に比べれば、その保証は折り紙付きだ、と彼は指摘する。「政治の変化の風も激しいとはいっても、経済を揺り動かす嵐のような風に比べれば大したものではありません。国立公園というシステムができてから百年以上が経ちますが、この間、幾多の政変を乗り越えてきました。これほど長期にわたって、特にその本来の目的と信条を同じくしたまま生き残れる企業など、果たしてどれだけあるでしょうか」とビーティーは言う。

事実、株式の上場後すぐに、アース・サンクチュアリーズ社には強風が吹いた。ワムズレーは、株式発行の際、買取引受がうまくいかず、七百万ドルという控えめな目標資金に対して百万ドルの資金不足となったのである。さらに、株式公開後の半年でESL社の株価は四十パーセント近く下落した（同じ期間にオーストラリア証券取引所の平均株価は四・四パーセント上昇していた）。「金融市場は、このビジネスの受け入れを拒んだのです」と、ワムズレーは二〇〇一年一月の電話インタビューに対して抑揚の無い調子で答えた。「私ががっかりしたのは、投資家たちが私たちのしていることを理解しようとしなかったことです。ただの一人の株の仲買人もサンクチュアリーを訪れることがなかったのですから。けれど、彼らが変わる必然性などないのです。市場は、所詮市場なのですから。むしろ、彼らを変えなければならないのは私たちの方なのです。そしてそれは、オーストラリアの他の企業より私たちが大きな利益を生むことでしか成し遂げることはできません。」

しかし、このようなワムズレーの狼狽ぶりは、実は早合点だったのかもしれない。ロスチャイルド・オーストラリア資産管理株式会社でポートフォリオ管理の仕事をしているデイビッド・フレミングの説明はこうである。同社は二〇〇〇年にＥＳＬ社株を百二十五万株保有していたが、株式上場後にそのうち二十パーセントを売却した。だが、株の売却を決定したのは、単にＥＳＬ社の株価が大きく下落したためであり、利益確定をおこなっただけなのだという。「これはＥＳＬ社に対する非難でも何でもないのです。ＥＳＬ社は良い投資先です。ＥＳＬ社は、今まさに、もっと営利の上がる次の段階に成長しつつありますよ」と彼は言った。

二〇〇〇年、ＥＳＬ社の収益は百二十六万ドルに達し、翌年には二倍になるとワムズレーは予想した。そのための新しい戦略は、最も多くの観光客が集まるオーストラリア東岸に三つのサンクチュアリーを新たに開発し、企業規模をさらに拡大することだった。二〇〇一年に最初にオープンしたのは、メルボルン近郊のリトルリバー・アース・サンクチュアリーだった。二千六百エーカー〔約十平方キロメートル〕の広さはワラウォンの規模を優に凌いだが、野生生物の生息環境のモデル化〔二一八ページの、「オーストラリアが大陸移動で北上して乾燥化が進む以前にそうであったと考えられる青々と木々が茂る土地」という想定で作られる環境〕や、彼らに「スナック」を与えるといった手法はワラウォンと共通していた。生息環境をモデル化する方式は妥協の産物だとワムズレーは認めた。そもそも、サンクチュアリーの設置場所すら妥協的であって、地域固有の生き物を救えるかどうかよりも、多くの訪問者数が見込まれるかどうかによって決められた。「毎朝、ベッドからいやいや出るときの妥協と同じです。国立公園だって、妥協の産物でしょう。私はどんな妥協でも在来種を保護するために必要なら厭いません」とワムズレーは言う。

この「妥協」の中には、おそらくESL社がオーストラリア政府に対して、日本などの国々の動物園にカモノハシを売ることを承認させようと働きかけたことも含まれるのだろう。ワラウォンのエコツアーで、ガイドたちが、これまでの動物園でのカモノハシの扱い方は酷いものだと難癖をつけているにもかかわらずだ。このような動きによって、ESL社は「大もうけ」することになるかもしれないと、ロスチャイルド社のフレミングは言った。ワムズレーは、カモノハシ一頭がおよそ六十万ドルになると見込んでいた。彼は、「コアラは、オーストラリアよりも日本の動物園にいるほうが、はるかに良い扱いを受けていますよ。同じことがカモノハシにも言えるんです」と付け加えた。事実、買い付けに来た日本人はワムズレーに対して、カモノハシの飼育方法開発のために「莫大な研究費」を準備することを確約したと言う。

同じ頃、ワムズレーは在来種に影響を及ぼす病気や生息地の復元手法に関する研究に取り組むための基金を拡大していった。しかし、ESL社株の上場はワムズレーにとって最大の誇りだった。彼は、それを「突破口」と呼んだ。なぜなら、投資家たちがESL社株に関心を示すや否や、それは先見性のあるものと見なされることになるからだ。「自然保護というのは、見込みのある事業なんだということを私たちは証明したんです」と彼は言う。「たくさんお金があれば、誰でも自然保護はできますよ。しかし、私たちはそこにビジネスの新境地を開拓したんです。これから二五年くらいの間、大勢の実業家がこの方法を真似ると思いますね。ただ、自然保護をしっかりとやるところから始めなければいけない。それができないようなら、ビジネスとしては失敗しますよ。」

要するに、彼の主張は、実業家たちも自然保護論者のような行動を開始しなければ、事業は長くはもたないということだ。もっとも、ワムズレーのいっそう辛辣なメッセージは、むしろ自然保護論者たちの方が自らの生き残りをかけて、実業家のような行動を開始しなければならないということである。ワムズレーの人生の物語は、オーストラリアの在来生物たちの側に立って正しいことをするのだという、凄まじいまでの決意を示している。ワラウォンのカンガルーの群れの中に座ったまま、ワムズレーは自身の哲学をこんな風にまとめてみせた。「世界を変えよう、と行動を起こすのか、それとも、ヒトはこの通りろくでなし集団になるべく進化してきたのだから、今のままやって行けばいいんだよと言うかのどちらかですよ」と。

8　コスタリカ　〜利用されて活きる母なる自然〜

なかば怠慢か、あるいはなかば計画的なのか、今の自然は自ら文明という名の（ちょっと雨漏りのする）屋根の下にやって来て、飼いならされている。実際のところ、野生動物でさえその生存を文明に依存している。これからの自然保護のサクセスストーリーは、もうパンダやシロヒョウの時代は終わり、リンゴの時代であるかのようにも見える。しかし、もしもパンダとシロヒョウに将来があるとすれば、それはとりもなおさず人類の欲望のおかげだ。甚だ奇妙なことだが、彼らが生き残れるか否かは、今や自然選択〔自然淘汰〕ではなく人為的な選択にかかっているのだ。これが、今の私たちが地球上の生きものたちと共に、進んで行かなければならない道なき道の世界だ。

――マイケル・ポーラン

ペンシルベニア大学の生物学者ダニエル・ジャンゼンは、コスタリカ北西部のグアナカステ州で起こっているすべてのことについて、ことごとく知ることを生業にしている。話は一九九五年の終わり頃にさかのぼるが、彼は地元のフルーツジュース製造会社の社長ノーマン・ウォーレンと、果肉を絞った後

で残るゴミ（以降、パルプ）の処理についての相談に乗っていた。ウォーレンが経営するグルーポ・デル・オロ社〔以下、デル・オロ社〕はジャンゼンが後に「オレンジを食べて、ジュースのおしっこをして、パルプのうんこをする」と表現した巨大な機械で、最初のジュース製造工場をオープンしたところだった。パルプは、ジュースと引き換えに生まれる、皮、種、繊維からなる副産物で、ウォーレンは毎日のようにそれを三百トン以上処分する方法を考え出さねばならなかった。標準的な手法としては、パルプを牛に与える飼料に作りかえる設備に投資することだったが、デル・オロ社は、それを避けたかった。というのも、この小さな会社は厳しい管理のもとで作る有機栽培

ジュースを得意分野として開拓して、すでにアメリカとヨーロッパにおいてエコ企業としての信用を築いていたのである。つまり、数百万ドルの新たな費用がかかるという事実を抜きにしても、家畜飼料を生産すれば大量の化石燃料を消費するということは、これまで会社が築き上げてきたエコというイメージとそぐわなかった。

ジャンゼンは、この事について熟慮した結果、十五年間にわたって自分の本拠地として大きなプロジェクトを走らせてきた巨大な生物多様性保護区グアナカステ保全地域（ACG〔当地域を管理する自然保護団体の名称でもある〕）を活用することを、例のごとく、思いついたのだった。その途端、彼の白いボサボサのあごひげの間から笑みがこぼれ、少し曲がったメガネの縁の向こうで薄茶色の目が輝いた。そして彼はウォーレンに言った。「ACGには、二三万五千種の生物がいましてね。その中に、パルプを喜んで食べてくれる生き物がいるんですよ。」

その思いつきは、これまでに企業と自然保護団体の間で取り交わされた、最も奇妙で、最も革新的で、そして最も物議を醸した商取引の始まりだった。一九九八年八月に交わされたその契約の中には、今後二十年間にわたりACGにある生物多様性が、限定的ながら、いくつかの「サービス」を提供することが明示されていた。その「サービス」とは、高地・高湿度のACGにある「雲霧林」〔高地にある熱帯雨林の一分類で、霧が多く湿度の高い場所に発達する常緑樹林〕が生み出す水や在来昆虫類による害虫防除、それにオレンジパルプの生物分解を指していた。その見返りとして、デル・オロ社はACGとオレンジ果樹園の間に横たわる四八万ドル相当の、ほんの小規模な伐採が行われている以外ほとんど手つかずの森林三四四五エーカー〔約一三七八ヘクタール〕をジャンゼンに譲り渡すことになった。

つまり、デル・オロ社は、それまでは無償で利用できたこれらの生態系サービスの大部分について、土地を提供することで対価を支払うことにしたのだ。それは、同社にとって、契約の最も独創的で最も価値ある部分、すなわちパルプ処理のためだった。そして合意通り、年間トラック千台分のオレンジパルプがACGに運ばれ、計画に沿って選定された牧草地に撒かれることになった。パルプの山は、ミズアブとヒラタアブの幼虫によってまず掘り返され、次に数千種類の菌類とバクテリアによって徐々にむさぼり食われていく。デル・オロ社はこの利益（サービス）に対して、トラック一台分のパルプにつき十二ドル相当の土地をもって支払うことになる。この取り決めによって、ウォーレンの抱えていた問題が解決され、ジャンゼンの管理するACGも助けられる見込みがついたのだった。

ジャンゼンは、いくつもの学術賞の栄誉に輝いてきた熱帯林研究者であり、アダム・デイビス〔第1章参照〕の持つエネルギーとデイビッド・ブランド〔第2章参照〕の想像力、さらにロン・シムズ〔第6章参照〕の交渉術のすべてを兼ね備えていた。彼は、自然が働いてくれることで得られる資金を、自然保護に還元したいと考え、その機会を長い間探していた。ジャンゼンが自身のキャリアの大部分を捧げてきた実験室はACGだが、そこで試した手法の数々は、世界各地でモデルとして使われることが可能だと彼は主張している。ジャンゼンは、自身を熱帯の不動産デベロッパーと呼んでいる。と言うのも、生態系が自らの働きによって、自らの保護と維持管理に必要な資金を稼ぎ出すことができるようになるための、さまざまな方法を見つけることが彼の専門分野であるからだ。

三十年前に、ジャンゼンはこの地の豊かな生物多様性、特に専門にしていた動物・植物間の相互作用系を研究するためにやってきた。しかし、すぐに、彼は研究対象とする生き物たちが目の前で失われていく様子を目の当たりにすることになった。一九八〇年代後半ごろまでは、このウェストバージニア州ほどの面積しかない小国は、世界で最も森林伐採が進んでいた国だったのだ。カシの森が木炭のために破壊され、頻発する火災が辛うじて残った森もなめ尽くしていった。週単位で種の局地的絶滅が進行し、健全な生態系を作り上げていた、生物が織りなす極めて複雑な関係性は崩壊していった。五世紀前にメキシコから遥か彼方のパナマ運河まで続いていた広大な熱帯乾燥林〔熱帯の海岸地域に広がる乾燥した熱帯林で、乾季が約八カ月程度続き年間降水量は千ミリに満たない〕は、太平洋沿岸にかけらのように残る小さくて貧弱な土地だけになっていた。

この乾燥した落葉樹林は、生物多様性の豊かさにおいて熱帯雨林にまったく引けを取らない。熱帯雨林の方は一般の人々の心をうまく捉えることになったが、〔こちらはあまり注目されることもなく、〕熱帯雨林以上にひどい危機にさらされていた。この窮地に追い込まれた森林には、荘厳で、大きな樹冠を誇るグアナカステ〔ネムノキ科の植物〕があった。グアナカステ州の名はこの木にちなんだもので、ジャガー、ホエザル、コンゴウインコ、オオハシ、それにバクといった多くの希少でカリスマ的な野生生物の生息にとって、この木は重要な存在だった。スペイン人入植者が到来したとき、熱帯雨林の面積と同等かそれ以上の熱帯乾燥林が低地にもあったが、一九八〇年代まで比較的手つかずのまま残っていたのは、わずかに二パーセント以下だった。それでも、ジャンゼンの計算によれば、十二万種の昆虫類、六万種の菌類、九千種の植物がACGに残されたわずかな自然にしがみつくように息づいていた。

ジャンゼンの科学者としての自然に対する愛着は深い。ネズミと蛾を愛し、何時間もイモムシについて語ることができる。ジャンゼンは、二度の結婚に失敗していたが、彼に言わせれば、それは彼女たちが「素敵で知的だったが、熱帯が好きにはなれなかった」からだった。その後、一九七八年にジャンゼンは十七歳年下の新しい伴侶ウィニー・ハルバックスと出会った。彼女は同じ生物学者で、蚊の腹側に卵を産みつけるヒフバエ（*Dermatobia hominis*）などの虫にもジャンゼンと同じく魅了されていた。蚊が標的とする生き物の血を吸う間に、このハエの幼虫は蚊の腹に潜り込み、快適に過ごせそうな場所を探す。ジャンゼンと同様、熱帯地方で何年も過ごしてきたハルバックスは、自分の足首、手首それに頭皮を使って数匹のハエを「育てた」こともある。彼女は、一度コーネル大学から来た撮影隊に、幼虫が腕の中から〔皮膚を破って〕這い出てくる場面を撮影させたことがあった。むろん、それはたいていの人にしてみれば衝撃的なシーンだったろうが、彼女は「ダンや私は、生命の神秘というものに対する好奇心だけでやっているのよ。まわりの反応なんて気にならないわ」と言ってのけた。

それでも、ジャンゼンがコスタリカの自然に起こっている惨状を見たとき、「燃えさかるローマを見て、炎の研究をする」ようなことはとても耐え難いと感じた。彼は、みんながガソリンが足りないからと言って、国会図書館の本を燃やすのを見ているかのように感じたのだった。生まれつきのヘソ曲がりはますます高じて、ジャンゼンはほとんどの科学者がやらないことをやった。つまり、文字通り火事と闘うために研究を中断したのである。ハルバックスとともにコスタリカ国内の協力者と組んでロビー活動を展開して政府に圧力をかけ、グアナカステ州にある小さなサンタロサ国立公園を拡張するための資金を調達した。そこは当時、乾燥林の亡骸の中で辛うじて生き延びていた孤島に過ぎなかったが、陸域と海域を含む五百八十平方マイル〔約千五百平方キロメートル〕の面積を有する、二一世紀の開発圧力からの避難所としての保護区へと生まれ変わった。ジャンゼンの取り組みは、最終的にコスタリカの全国土面積の二パーセントに及び、その世界最大の熱帯林復元プロジェクトは、同じように自然保護に必要な新しい資金調達方法を求めていた世界中の自然保護団体を、大いに勇気づけたのだった。

事業では、まず保護を必要とする低地の乾燥林、高地の熱帯林、雲霧林、珊瑚礁、河川、それに浜辺を対象とした。そのきわめて野心的な計画は、これらの保護対象区の間に広がる傷んだ牧草地などの不毛な土地を買収し、保護地域を一つの広大なエリアにまとめるというものだった。そうして創り出される保護地域では次第に昔の森林が蘇り、以前の豊かさが復元されるという計画だ。低地の乾燥林はACGの所有する保護区の中でも最大級だったが、それは同時に山火事制御を第一義とすることを意味していた。この事業で、ジャンゼンは世界中の自然保護に共通するしぶとい敵と対面した。それは、コスタリカでジャラグア〔イネ科の牧草〕の名で知られる、一九四三年に牧場経営者らがアフリカから移入した牧草のことだ。保護区の半分以上の場所で毎年のように農民と牧場主らが伝統的に野焼きをするために、ジャラグアは森林火災の原因となっていた。そこで、ジャンゼンは、ジャラグアを枯らして土壌を肥やす方法を考えなければならなかった。そこに、オレンジパルプの話が転がり込んできたのだった。彼はそれが両方の問題を同時に解決するかもしれないと考えた。

一九九六年にジャンゼンは実験の準備を開始した。森の片隅から数マイルほど風下にジャラグアの広がる牧草地があったが、そこに一ヘクタールの区画を設けて、デル・オロ社にトラック百台分のパルプを積み上げるように頼んだ。それから一年半のうちに、ちょうどジャンゼンの願い通りにジャラグアは分解され、黒くて湿っぽい土壌に変化していた。そこには、森から吹き飛ばされてきた広葉樹の種子がたくさん芽を出していた。ACGに生息する多種多様な微生物のおかげで、オレンジパルプが他の地域に比べてはるかに素早く分解されると、ジャンゼンは確信した。

彼もデル・オロ社の管理者らもその結果に大喜びした。ジャンゼンはACGの限られた懐を痛めることなしにジャラグア対策の新しい道具を手に入れたし、そこにはいずれ価値ある新しい森が生まれるという見通しもできた。デル・オロ社にとって、ジャンゼンとの契約は、新たな大きな出費を避けるだけでなく、エコ企業としての信用を高めるのにも役立つものであり、それは同社が経営上生き残っていくための鍵なのだった。年間売り上げ高が二千五百万ドルのこの小さな会社は、これまでオレンジ園に使う農薬を最小限にし、最も環境意識が高い消費者にジュースを販売することによって、フロリダとブラジルの巨大企業と競争してきた。その努力によって、デル・オロ社はすでにレインフォレスト・アライアンス（Rainforest Alliance〔ニューヨークに本拠を置く国際NPO。日本でもサステナブルコーヒーの販売を行っている〕）の発行する「エコラベル」を勝ち取っており、柑橘類の会社としては当時世界で唯一、著名なNGOである国際標準化機構の環境ISO規格の認証を受けていた。

デル・オロ社の期待通り、微生物によるそのユニークなオレンジパルプの分解作戦は、環境保護主義者から拍手喝采を受けた。けれどもすぐ後に、競争相手であったティコフルーツ社が致命的ともいえる政治的な一撃を加えてきた。政府や報道機関、議会などに対して、ティコフルーツ社はデル・オロ社のパルプ処分の方法が国立公園を汚染したと盛大に言い立てたのだった。そのクレームによって、コスタリカ政府はデル・オロ社の事業を中止させることで騒ぎの幕引きを図った。

ジャンゼンは、ティコフルーツ社のつけたクレームは、何の根拠もないもので、デル・オロ社の新奇性に富む競争力に対する妬みから生じていることを強く主張した。「このことは、生態系サービスの価値を証明したようなものですよ」と彼は、後の二〇〇一年二月に二日間の強行スケジュールでACGを案内してくれた時に、自身のトヨタの四駆車を運転しながら熱弁をふるった。

ジャンゼンのその言葉は、彼の自然に対する見方を象徴していた。コスタリカで長年過ごすうちに、彼は自然を守ることが高価で贅沢なものだと考えがちの社会において、自然を守ること自体が保護に必要な資金を創り出すのに有効であるという考えを持つに至っていた。「利用することが、守ること」だと彼は言う。それがよほど破壊的なことでない限り、可能な限りさまざまに自然を使えば良い、と。たいていの場合、一種類の生態系サービスだけでは生態系全体を守っていく資金を得るには不十分なのだから。

自然を守るために自然自身に働かせるという考え方は、ジャンゼンと同じくらい熱心な環境保護論者を不快にさせることがある。「私に言わせれば、『利用することは、守ること』ではなくて、『利用することは、壊すこと』なのです」と、デューク大学熱帯保護センター副所長ジョン・ターボーは言う。ターボーは、エコツーリズムを例外として、選択的な森林伐採や非木材生産目的の森林施業のような多くの「持続可能な」活動が、実際のところ生態系に大きなダメージを与えることを憂慮している。こういったさまざまなリスクに加えて、多くの人々が新しい収入源に惹きつけられやすく、その結果資源の使すぎと完全な破壊に至ってしまうのだと、彼は指摘する。著書『自然への鎮魂歌』の中で、ターボーは、東南アジアや西アフリカなどさまざまな地域で行われてきた自然保護と開発を両立させようという試みが、結果的に森林破壊をさらに進行させてしまったことを紹介している。彼は「持続可能な開発という名の蜃気楼」を非難し、むしろ生物多様性の最後の砦となる国立公園などを保護することの方が重要だと主張している。彼は、完全なる「自然保護の国際化」を国連の援助の下で進めることさえ提案している。「平和維持活動が国際的な職務として広く受け入れられるのなら、なぜ『自然維持活動』はあり得ないのでしょうか」と彼は疑問を投げかける。

けれども、ターボーの主張はあくまでも一般論であって自分のACGの取り組みには当てはまらない、とジャンゼンは強く主張し、実利主義の態度を堅持している。人類はもともと自然を開発しようとする生き物であって、それは、更新世〔地質時代上の区分で、約百八十万年前〜約一万年前までの期間〕以来やってきたことだとジャンゼンは言う。そして将来、「熱帯の自然と生物多様性は、人間社会に統合されることによって初めて永久に生き残る道を見つけるでしょう」と付け加えた。自然のすべてが救われるわけではなく、一般市民にとって特別な価値がある地域だけが救われるのだと彼は強調する。ジャンゼンは、公園という言葉を嫌うが、それは選択肢を制限してしまうからだ。そこで、代わりに「庭園化」という彼の造った言葉を使って、そのビジョンを説明する。「自然というものを、これまでのように開発や破壊の対象となる未開の原野と考えるのではなく、人が投資し、利用し、いかにもそこにはちゃんと所有者がいて将来があるかのように考えるべきなのです。そこは、国家のために製品やサービスを作りだしている場だと考えるのです。」

「生物多様性を保全しようという試みも、それが自己目的化すると、地元住民を怒らせるだけです」と、ジャンゼンは運転するトヨタの四駆車がでこぼこの砂利道を跳ねるように疾走する中で、怒鳴るように言った。まるで彼がベトナム戦争前に所属していた米国陸軍憲兵隊にいたときのような、議論を許さないような調子だった。東方遙か彼方に、標高千五百メートルの火山オロシ山とカカオ山の頂が雲と密林に覆われてかすかに見えた。ジャンゼンは話を強調するたびに手をハンドルまわりに飛び回らせた。「公園をスモーキー・ザ・ベア〔森林消防団員の服を着た熊の漫画キャラクター〕に守ってもらおうなんて考えを持っていちゃいけないんです」と彼は言った。

ジャンゼンは、二日間にわたってACG視察ツアーのガイドを務めてくれたのだが、その中で、デル・オロ社の工場に向かう途中や、エコツアー客向けに作ったばかりの茅葺き屋根のレストランで私たちに豆と米を食べさせてくれたりしながら、何度も車を止めてはさまざまな将来のACGの選択肢を示して見せてくれた。二〇〇〇年までに、ACGは主に観光事業によって収益を生み出すようになっており、毎年およそ五万人の旅行者（そのほとんどが外国人）がやってきて、政府が徴収する一人六ドルの入場料を払うことになっていた。それに加えて、ジャンゼン自身を含めて多くの科学者が研究に訪れており、地域経済に対して年間約六十万ドルの貢献をしているとジャンゼンは推定していた。その中には、宿泊や研究施設使用費としてACGに直接支払われるものもあれば、現地に住む研究アシスタントに給料として支払われるものもあった。

むろんこれらは、明らかに「勝ち」判定の下せる試みだった。これらは「庭園化」構想の一環であるが、いわゆる「手の届く低いところにぶら下がる果実〔二三一ページ参照〕」なのだった。ジャンゼンは、他にもたくさんの革新的な計画を手がけてきていた。その中でも特筆すべきは、巨大な製薬会社であるメルク社と、コスタリカで生物目録を作成する国立生物多様性研究所（INB-io）の間で、一九九一年にジャンゼンの仲立ちで交わされた、「有用生物資源探査（バイオプロスペクティング〔金鉱や油田の一攫千金的な探索を表す「プロスペクティング」という単語と、生物資源を表す「バイオリソース」をつなげた、主に薬学分野で使われる新造語)」契約だろう。この画期的な契約において、メルク社は植物、動物、微生物から抽出される化学物質のサンプルから新薬の開発に成功した場合、INBioとコスタリカ政府に対して二年間で百万ドル以上を使用料として支払うことに同意したのである。最初の生物材料はACGで見つかったもので、そのおかげでメルク社との契約は現在に至るまで二度も更新されている。

コスタリカの動植物相の豊富さが利益に結びつく可能性は、メルク社との契約の何年も前から明白になりつつあった。主な医薬品だけでも、世界中で少なくとも四七種類が熱帯雨林に生息する植物種をもとに開発されており、それらの累計利益は千四百七十億ドルに達している。「ここには金鉱も石油もありませんが、生物の多様性は豊富です。いわば、緑の金鉱があるのです。」ACG開発初期時代のことを書いたウィリアム・アレンが著した『緑の不死鳥』の中で、当時ACGで働いていたロジャー・ブランコが言ったという言葉だ。

メルク社と契約した後、INBioは、熱帯林の植物から生み出される新しい抗生物質、芳香剤、それに自然素材の殺虫剤の原料を求めるいくつもの海外の製薬会社と契約を結んだ。これらの契約に関して最初に流れた派手なニュースは、コスタリカや周辺各国をかけめぐり、発展途上国にある熱帯雨林から即時に富が得られるという期待が高まった。しかし、結局、その期待が実現されないまま二〇世紀は終わりを迎えた。ただ、その考えに対する静かな熱狂は続いていった。たとえば、一九九六年にイエローストーン国立公園〔アメリカ・ワイオミング州北西部を中心とする世界最初の国立公園〕の関係者らが、INBioとACGの経験から学ぼうと視察に訪れた。一年後、同国立公園は、カリフォルニア州サンディエゴにある会社と、公園区域内の生物資源から見つかった材料をもとに開発された薬や化学薬品から得られる利益をめぐる契約を結び、公園の自然保護に役立つ収入源を得たことを発表したのだった。

こういった展開はジャンゼンを喜ばせたが、結局は、「有用生物資源探査」から直接的に自然保護に落ちてくる利益があまりにもささやかであることに、不満を募らせるようになった。彼は「有用生物資源探査」の手法について次のように書いている。「技術的に難しいことは何もない。問題は、どのようにして収入の流れを作り出すかにある。つまり、探査から得られる利益の一部が野生庭園自体にちゃんと還元されるようにする必要がある」と。朝、ジャンゼンは一杯のコーヒーを指してこう言った。「これは一言でいうと、熱帯雨林でできる、世界中で最も人気のある麻薬なんです。」コーヒーは、事実、取引額において石油に次ぐ世界第二位の商品である。そして、年間何兆杯ものコーヒーが淹れられているることについて、ジャンゼンはこう続けた。「世界中で一杯のコーヒーに一セントの税金を課せば、熱帯地域の保護を永久に続けられるほどの資金が得られるでしょうにね。今のところ、そんな課税はうまくいかないでしょうけれど。でも、もし『有用生物資源探査』契約さえきちんと結ばれていたら、第二のコーヒーが現れた時に好機を生かすことができるでしょう。」

「有用生物資源探査」に関する契約の直後にジャンゼンが目をつけたのは、生態系サービスを市場に売り出すための別の手法、つまり炭素クレジットの販売だった。時を同じくして、オーストラリアではデイビッド・ブランドが世界最初の炭素排出権取引の法制化に取り組んでいた。一方ジャンゼンは一九九〇年代初期に、まだ芽生えたばかりのグアナカステの若い森林で炭素クレジットを売る計画を考え出した。そしてその販売先として、炭素隔離事業の買い取りを世界で最初に開始したアメリカの大会社の中から、ゼネラル・パブリック・ユーティリティーズ（GPU）社というニュージャージー州にある電力会社に照準を定め、強力に売り込みをかけたのである。

GPU社の環境監査責任者デニス・オリーガンは、一九九五年秋にジャンゼンと面会し、彼の提案を見て驚いた。その事業には数百万ドルを要するとあったのだ。「彼が提示した炭素一トン当たりの価格は、きわめて、きわめて高かったのです」とオリーガンは述べた。「当社としては一トン一ドルを想定していましたが、ジャンゼン氏の提示額はその約四倍だったのです。基本的に彼は、当社がコスタリカの熱帯雨林を守ろうという利他主義的な尊い志があるのなら、その四、五倍の価格を払っても良いのではないかという考えでした。」オリーガンは、ジャンゼンの「独創性」は賞賛したものの、「当時、わが社では十万ドルを捻出することさえ難しかったのです。ですから、彼にはお引き取りいただくしかありませんでした」と話してくれた。

これについてジャンゼンは、二〇〇〇年までに炭素一トンの市場価格は二ドル五十セントから六ドル五十セントの間を推移したことを考えれば、早い時期にこれを買い入れた会社は大儲けしていただろうと反論した。けれども、二〇〇一年までに、彼はグアナカステで炭素クレジットを売る計画を放棄していた。ジャンゼンは、むしろグアナカステが産出する水のほうがずっと有望な商品だと考えたのだった。そのため、コスタリカの環境・エネルギー省の当局者を巻き込んで、グアナカステに聳える三つの火山にある雲霧林が提供している水の供給サービスについて、その恩恵に与っている地元の何万人という農民たちに使用代金を請求する計画を立て始めたのである。

雲霧林は、ブンブンという音から、金切り声、ほえ声、ソフトなピーピーという音や美しい調べの歌などの面白い音に満ちあふれているが、最もよく聞こえるのは絶え間なく滴り落ちる水の音だろう。深い緑色をした形も大きさもさまざまな葉が、苔むした幹や茎の間に入り乱れて密生しているが、それらには一つだけ共通した形態的な特徴がある。それは水滴が落ちる葉の先端だ。合わせれば巨大な表面積になる木々の葉は、大気中の湿気を凝縮したしずくを、柔らかく、スポンジ状の林床に葉の先端から注いでいく。ＡＣＧでは、雲霧林が海風によって運ばれてくる湿気をとらえ、一時的に蓄え、これをゆっくりと河川生態系へと放出していく。ＡＣＧの雲霧林のおかげで、川は暑い乾季のさなかでも十分な流量を保つことができ、またはるか遠くの、火山の雨陰〔湿気を含む風が山を越える際に、風上側で雨となるため、風下側が乾燥する現象〕によってできた広大な乾燥低地の作物も、その水で潤されているのである。

低地で農業がすこぶるうまくいっているのは、雲霧林による「無料のサービス」のおかげなのだ。ジャンゼンの計画は、農業生産から得られる収益源の一部を還流させ、その源に戻すことだった。その計画が地元では間違いなく不評となることは承知の上で、彼は計画を実行に移していった。まもなく二〇〇〇年になろうとする時期に、水道料金はコスタリカ全体ではまだきわめて安かった。それにもかかわらず、当局者は、もし地球温暖化によって地域が暖まり、さらに乾燥化が進めば、特にＡＣＧの水資源の価値が上昇するのは間違いないと認識したのだった。ジャンゼンは、高地にある雲霧林が拡大していけば、主要な十一河川の流域が復元し、「水工場」が再生されると予測していた。彼はその「工場」の将来的な維持管理のための財源確保を望んでいた。「計画の基本理念はこうです。商品は無料では差し上げないということ、そしてその供給源は守るということです」と彼は語った。

自分自身の戦略が慣例から外れたものであればあるほど、ジャンゼンはそれだけ熱くなった。ＡＣＧ

のツアー中、牧草地に植えられたばかりの小さな立ち木の一群を見下ろす丘にさしかかると、彼はおもむろにトヨタの四駆車のブレーキを踏んだ。「あれはグメリナですよ」と彼は説明した〔グメリナ：フィリピン、タイに自生するシソ目クマツヅラ科の落葉低木〕。「東南アジアのプランテーションで栽培されている成長が速い木で、世界で使われるボール紙材料の大部分はあれです。でも、グメリナ植林のために頻繁に在来の樹木が伐採されるので、たいていの熱帯林保護論者には嫌われ者です。例えば、ルードビッヒを知っていますよね。」ダニエル・ルードビッヒは、アメリカの運送業を営む大実業家で、コネティカット州の面積より大きいブラジル・アマゾンの森林を買収し、三十万エーカー〔約千二百平方キロメートル〕を伐採してグメリナとマツの森にしてしまった人物だ。その後、ルードビッヒは破産し、一九八二年にそこを売り払った。しかし、ジャンゼンはそれよりもずっと小さい事業規模で、別の意味での成功を考えたのだ。「私がこの考えを持ち出したとき、ネイチャー・コンサーバンシー〔四四ページ参照〕の連中はみんな一斉に心臓が止まりそうになったようです。その後、彼らは私の言っている意味をわかってくれましたけどね」と彼は車から飛び下りながら笑って言った。

ジャンゼンは、グメリナがACG高地で雲霧林を再生させる強力なツールになると信じていた。低地の熱帯乾燥林を復元するために打つ手は、比較的単純なものだった。つまり、低地で頻発する森林火災を止めることと、火災の燃料供給源であるジャラグアを抑制することだった。ジャラグアを抑制できれば開けた草地に風や動物によって運ばれてくる植物の種によって、森林の自然な遷移過程を取り戻せるだろうというわけだった。他方で、湿っぽい高地雲霧林の復元には、もっと大きな障害が立ちはだかっていた。たいていの雲霧林の樹木の種は風ではなく、動物によって運ばれて分散するという点だった。

それなのに、ＡＣＧの高地には、低地で草地を好んで生息するカンムリサンジャクやハナグマ、コヨーテ〔雑食で、果物や草も食べる〕のような、種子を雲霧林から運んでくれそうな動物がほとんど見あたらなかったのである。さらに、たいていの熱帯雨林の若い樹木は基本的に日陰を必要とするために、〔ジャラグアを抑制できたとしても、〕開けた草地で生き残っていくことができない。その上、稚樹が生き残るためには、特定のタイプの土壌菌類が根に付いて栄養を供給する必要があった。これら菌類の胞子は平坦な地形の低地では、いたる所で風に運ばれて飛んでいたけれども、雲霧林のような山地では風が弱く、樹種とその特別な菌類のパートナーの双方が同時に同じ場所に到達する可能性は、きわめて限られていた。

それでも、グメリナは、ジャンゼンの目論み通り、森林の遷移過程を開始させる可能性があった。それも、ＡＣＧだけではなく、他の熱帯地方でも同様の重大問題を解決する糸口を握っていると思われた。グメリナの木々は、陽当たりの良い草地で容易に根付くことができ、急速な成長とともに大きな日陰を作り出し、ジャラグアをわずか二年ほどで抑制できると思われた。そして、在来の熱帯雨林の植物と菌類という隠れたパートナーは、次第に定着して育っていくだろう。「私はたまたま数年前にグメリナの木々が植えられている横を通り過ぎた時、見事にそうなっているのを見て、これだって思ったんですよ」と彼はその時のことを思い出して言った。その後すぐに、ジャンゼンはアメリカ・バージニア州にあるネイチャー・コンサーバンシーの本部を訪れ、この事例を報告して、彼のアイデアにショックを受けていた環境保全論者たちをなだめようとした。そして、ミシガン州に本拠地があるウェージ財団〔一九六七年創設の、環境保全に軸足を置いた財団〕から十万ドルの助成金を得て、ジャンゼンは、一九九九年後半にはグメリナをＡＣＧ内の草地およそ百二十五エーカー〔約五十ヘクタール〕に密かに植えはじめたのである。そして、それからわずか八年後にはグメリナだけを伐採し、その材木を市場に売り、切り株と根を除草剤で殺せば、その跡には育ちはじめの熱帯雨林が残っているだろうと言った。この結果はこれまでのところうまくいっているという。

ジャンゼンは、自身の編み出してきた森林の復元や収入モデルが、コスタリカ以外の地域でも容易に応用が可能なものだと強く主張するが、これがうまくいったのは、コスタリカの政治や生物相、そして人々の物の考え方といったものの絶妙な組み合わせが生み出した幸運な偶然の結果とも言える。世界の他の地域で同じような組み合わせはまず存在しないだろう。つまり、「環境を重視する国家」という評判をこれほど熱心に望む国は珍しいし、類い希な豊かさの生物の多様性があり、それが活用できることも、そして、ジャンゼンのように大胆で、粘り強く、有力な縁故をたくさん持つ滞在者がたまたまいることも、滅多にあることではない。ジャンゼンの非正統派のやり方や攻撃的な野心、そして傍若無人さは、やがてさまざまな政府当局者を遠ざけてしまうことになった。それにもかかわらず、彼は例外的といって良いほど永続的な影響力を行使することに成功してきたと言える。特に、彼のアウトサイダーとしての地位を考えればなおのことである。同国の環境政策の生みの親と称される、環境・エネルギー省の前大臣アルヴァロ・ウマーナをして、「ジャンゼンは、私が知る限りいちばんの働き者で、コスタリカでいちばんのセールスマンでしょうね」と言わしめているのだから。

二一世紀になり、コスタリカは環境保護におけるリーダーシップの輝かしい事例を世界に示すに至った。たしかに、この国には、世界の〇・〇四パーセント以下の面積しかない国土のなかに、世界の生物多様性の五パーセントがひしめくという利点がある。もっとも、その豊かな自然を持つに至ったのには理由があり、それは多くのコスタリカ人が国の名の由来でもある「金持ち（rica）の海岸（costa）」を皮肉に思うのと共通していた。「コスタリカの秘密は、とんでもなくひどい土地にあるんですよ」とジャンゼンは言う。「崖地に、貧しい土壌。そのせいで耕作適地は国土の九パーセントに過ぎません。そして何より、金鉱もほとんどなく、植民地にしようとやってきたスペイン人は奴隷にできそうな先住民もほとんどいなかったので、コスタリカを去っていってくれたんです。」

その後、ヨーロッパからの移民が一八〇〇年代後半になって続々と押し寄せてきたが、彼らは一六世紀のスペイン人に比べればそれほど強欲ではなかった。そのため、コスタリカは周辺の国々が戦争によって荒廃したのとは対照的に、治安と繁栄に満ちていた。それもあって、「ラテンアメリカのスイス」との名を馳せるまでに至ったのである。この評判は、コスタリカ政府の見識ある政策を取ろうとする伝統に帰することができるだろう。その代表的な例としては、一九四〇年代の軍隊の廃止を皮切りに、男女に分け隔てなく義務教育を無料で提供したこと、そして、さらにその後の数十年間にわたり国家的優先課題として環境保護を掲げるに至ったことなどが挙げられるだろう。二〇〇〇年に発表された国家の目標は、十一カ所の認定された「自然保護区」内に全国土の二五パーセントもの原生自然（アメリカの十パーセントとは比較にならない）を保全することだった。

コスタリカが環境政策で成し遂げた最大の成功は、化石燃料に対して環境税を課したことだろう。その税収を原資に、特定の地域で樹木を伐採しないことに同意した土地所有者に対してお金が支払われ、また伐採された森林を復元する事業も進められた。一九六六年に制定されたこの画期的な法律「森林法

（レイ・フォレスタル）第七五七五号」によって、数千人の土地所有者たちは、自分たちが管理し、復元する森林が毎年もたらす「生態系サービス」への見返りを与えられたのである。この生態系サービスは、炭素隔離、水源流域保護、それに生物多様性資源の保全をもたらしてくれた。コスタリカの低迷した牧畜産業を考慮すれば、土地所有者らが一エーカー当たり毎年二十ドルもらえるのは、十分に魅力的だったのだ（施策は、それにもかかわらず、当初は若干の問題を引き起こした。土地所有者が本当に約束を履行してくれたのかどうかの監視が不十分だったし、事実いくらかの不誠実な動きも見られた。けれども二〇〇一年までにコスタリカ政府は、参加する土地所有者数の増大と制度の実効性保証のために世界銀行から三千二百万ドルの融資を得るのと同時に、地球環境ファシリティ〔一九九一年に設立された、途上国の地球環境問題への取り組みを支援する国際事業で、世界銀行、国連開発計画（UNDP）、国連環境計画（UNEP）の三実施機関により共同運営される〕からも八百万ドルの助成金を受け取るなどして、制度の改良を計ってきた）。

このような努力を念頭に、コスタリカ政府当局者は、この国が自然保護において世界的な先行事例となってきたことを誇りにしてきた。先述のウマーナは、コスタリカがそれでも生物多様性資源を失い続けていることを認めつつ、「コスタリカは世界のなかで見れば、明らかに生物多様性保全に向けた潮流の転換点に最も近いはずです」と付け加えた。特に一九九三年には、それまで国の主要な収入源であったバナナを、観光産業による収入が追い越したことで、コスタリカに対する高い評価は確定的となった。熱狂的なコスタリカの自然ファンのおかげで、二〇〇〇年までの観光事業は、毎年百万人の観光客とおよそ十億ドルの収入をもたらし、国内ではコンピュータ関連会社インテルのシリコンチップ事業に次いで第二位の収入源にまで成長したのだ。同時に「グリーンな開発」〔地域の環境に配慮した土地利用のこと〕が国際的な銀行と寄付者のあいだでいっそう流行したために、コスタリカの信用は高まり、開発事業に対する健全な資金投資も呼び込むようになった。このような中で、ジャンゼンの大学の同僚は、一連の実験が未だコスタリカ以外の場所では青写真の段階だとして、それをあまりに容易であるかのように宣伝することに対して批判した。ジャンゼンはこれに対して、「ライト兄弟は最初の飛行機を飛ばすために、わざわざ猛吹雪の一月のミネソタを選ばなかったでしょう」と指摘しながら、新しい試みが成功する可能性が最も大きい場所で始めることが重要だったのだと反論する。

ジャンゼンは、父親がミネアポリスにある米国魚類野生生物局で部長を務める家庭に生まれ育った。そして、十四歳の時に地元の図書館で見た蝶の展示会をきっかけに、将来何になりたいかを決めていたという。その後、家族と共にビュイック車〔アメリカの裕福な保守層に人気の高い上品な乗用車ブランド〕に乗ってメキシコを縦断する蝶採集旅行に出かけたときには、スペイン語と辛いメキシコ料理のとりこになった。さらに、米国立科学財団の助成で催行された野外生物学実習に学生として参加し、一九六三年に初めてコスタリカにやって来た。当時のコスタリカは、国土の半分が森林に覆われており、その途方もない豊かな自然、種の多様性、そして温かい地元の人々に心を奪われたのだった。

その前年にメキシコで遭遇した出来事がジャンゼンを生態学の世界に導き、やがて彼を世界に名を馳せる研究者にした。「私はベラクルズという町で、とある小道を歩いていました。そのとき、一匹の甲虫が飛んできてアカシアの低木に止まりました」と彼は昔を思い出しながら言う。「そこに一匹のアリが近寄ってきたと思ったら、その甲虫はさっさと逃げていきました。よく見たら、この潅木のいたる所にアリがいたんですよ。」ジャンゼンは、その状況をより詳しく研究し始め、やがて、そのアリたちは見事に協力し合い、自身の針を使って、自分たちに蜜とすみかを提供してくれるアカシアを外敵から守っていたことが確認された。この洞察力あふれる発見によって、彼は一九八四年に生態学と進化生物学分野のノーベル賞と言われるクラフード賞を受賞した。その後はコスタリカで研究を続け、とうとうサンタロサ国立公園内に住み着いてしまったのである。ただ、ペンシルベニア大学の教員になっていた彼は一年の半分をペンシルベニアで過ごさなければならず、その間に一年分の授業を集中して行うという生活を送るようになった。そして、何百という科学論文を発表していった。多くは、国立科学財団の助成を受けて行われ、ACGに生息する九千の分類群に及ぶ蝶と蛾の幼虫の分類、さらに食性や寄生関係までをも明らかにする研究に関するものだった（十年後の二〇〇一年に二千五百種が同定できたことをインターネット上で公表している）。

ジャンゼンは、自然保護にかかわるようになり、地域社会や政治の差し迫った問題にますます首を突っ込んでいったが、精力的に論文を発表し続けた。長年の知己アルヴァロ・ウガルデは、一九八五年前半にコスタリカの国立公園局長職に就いていたが、国の南部にあるコルコヴァド国立公園の熱帯雨林に非合法に入り込んでいた千五百人の金鉱夫の問題で頭を痛めていた。そして、ジャンゼンに、彼らが現地の環境に及ぼす影響評価を依頼したのだった。この事態に困り果てたコスタリカ政府は、鉱夫らを排除するための準軍事的な作戦さえ準備していた。しかし、ジャンゼンは、わずか一日国立公園で調査しただけで、ウガルデの質問に対する回答を見つけてしまった。集中的に砂鉱が採取され、不法に家屋が建てられたことによって、川も森林も手ひどく痛めつけられていたのだ。けれども、鉱夫らを数日かけて調べるうちに、政府の予想とは裏腹に、彼らが必ずしも貧困に陥った犯罪者などではなく、むしろ多くが中産階級の労働者で、少なくとも一人は企業の会計士であることなどがわかってきた。しかも、そこは「だれも所有しない土地」だから、自分たちの行為が完全に合法だと信じ込んでいたのだった。正確に言えば、そこには誰の目にも見えるような形での社会的な制約が存在していなかったのだ。ジャンゼンの報告を受けたコスタリカ政府は作戦を中止し、鉱夫らには一定の期限を示して立ち去るように通告した。これが功を奏し、一年後に二百九十八人の逮捕者を出しただけで済み、事件は平和裏に解決された。この事件をきっかけとして、ジャンゼンは自然保護には土地の明確な所有者が必要で、さらにそこは何らかの意味で市民にとって有用でなければならないという彼の理論の正しさを、強く再確認したのだった。

その数カ月後、オーストラリア政府の招きに応じて当地を訪れたジャンゼンとハルバックスは、新しい自然保護の着想を得る経験をすることとなった。彼らが数週間にわたって訪問したオーストラリア北西部は、人口密度が低く、豊かな森林に覆われた地域だったが、政府から、その区域の活用の仕方に関して助言を求められたのだった。最終的に二人が出した結論は、長期・低生産性林業、エコツアー、研究および自然保護といった方向性を組み合わせた方策だった。その作業をする中で、二人は、同じタイプの方策が、苦境に立つサンタロサ国立公園にも通用するのではないかと思い至った。「そのときまで、私たちは一度もサンタロサをどのように『利用するか』、あるいは、『誰かに所有させるか』など考えたことがなかったのです」とジャンゼンは語った。二人は、第二の故郷コスタリカのことで頭をいっぱいにしながら、アメリカ・ペンシルベニア州に戻った。コスタリカの経済はひどく落ち込んでいた。その一因としては、世界的なコーヒー価格の下落や、グアナカステ地域でかつて主要な収入源であった牛肉産業が低迷していたことなどがあった。サンタロサ国立公園や隣接する地域にある草地から牛がいなくなってしまったために、〔摂食圧と踏圧が減り〕ジャラグアはさらなる拡大を見せ、森林火災の危険度がいっそう増していた。さらに悪いことに、国立公園の管理コストは増えていたが、政府の援助は以前と変わらないままだった。

一九八五年九月、ジャンゼンとハルバックスは「グアナカステ国立公園」と名付けられた計画案を作成した。それは誰かが頼んだわけでもなく、彼らの自発的な提案だった。案の骨子は、今はサンタロサ国立公園にしがみつくように生息している一帯の動植物が今後も長期間生きながらえるために、さらなる空間を確保するというものだった。いわば、「人間活動の影響の吸収」が目的だった。ジャンゼンは、サンタロサ国立公園を他の二カ所の国立公園と連結して、動物たちが乾季には低地の乾燥林から東にある高地の熱帯雨林（雲霧林）に移動できるようにすることで、その目的を達成したいと願っていた。これは、中央アメリカ地方独特の二つの主要なタイプの生息場所を結ぶ、唯一の交差地点になるとジャンゼンは言うのだ。ちょうどその翌年の早い時期に、和平調停者として著名なオスカー・アリアス・サンチェス〔コスタリカの大統領を一九八六〜九〇年の間務め、一九八七年にノーベル平和賞を受賞〕がコスタリカの大統領に就任し、環境面に大きな影響力を及ぼしはじめた。そして、ジャンゼンの保全計画が政府の援助資金を求めないことを前提に、計画をすばやく承認した。こうしてジャンゼンとハルバックスは、やがてACGと呼ばれることになる場所を無償で管理する「里親」となったのである。そこは、最終的には二七万九千エーカー〔約千百二十平方キロメートル〕以上の陸域と十万一千エーカー〔約四百四平方キロメートル〕におよぶ海域を擁する広大なものだった。

ネイチャー・コンサーバンシーの当局者とコスタリカ人の協力者チームと共に、ジャンゼンらは事業に必要な千七百万ドル以上の資金をかき集めた。その資金のおかげで土地が買収できただけでなく、ACGは世界初の百パーセント寄付でできあがった国立公園となった。保護地域の管理者は、毎年政府から割り当てられる運営費に頼るのではなく、国立公園財団と呼ばれるコスタリカのNGOが運営する基金から得ている年間百四十万ドルにのぼる利息の中から、公園管理資金を受け取ることができた。ジャンゼンの行うさまざまな事業による収入を全部合わせれば、年間およそ三十万ドルの収入があり、これによって、森林修復事業、エコツアー施設のメンテナンスのほかに、技官、消防士、教師、自然ガイド、事務職員、それに森林修復にあたる職員、野外研究者を含む総勢百七人分の給料などの支払いの大部分を賄うことができた。

この基金を作ること自体が大変な冒険だった。資金の大部分は画期的な債務環境スワップ〔国際的な環境保護団体などが開発途上国の債務の一部を引き受け、その相当額を開発途上国の環境保護に充てさせる仕組み〕から来ていた。それはこのような仕組みだった。まず、ジャンゼン、ウマーナ、それにコスタリカ政府の要人らが、ソロモン・ブラザーズ社〔アメリカの大手投資銀行〕の債務取引担当者の助けを借りながら、スウェーデン政府から得た寄付金三百五十万ドルを原資としてレバレッジを掛け〔投資用語で、信用取引や金融派生商品などを用いることにより、手持ちの資金よりも多い金額を動かすこと〕、二千四百五十万ドルにのぼるコスタリカの国際貿易赤字を大幅な割引で買い取ったのである。その結果、コスタリカの中央銀行は、その赤字の七十パーセントにあたるほぼ千七百万ドルを、国立公園財団に設けられたACGの口座に振り込むことになったが、その収益が保護区域を立ちゆかせるための資金になることはもちろん承知の上でのことだった。手数料を一切取らずに業務を行ってくれたソロモン社の社員らへの感謝のしるしとして、ジャンゼンは後にロンドン自然史博物館（以前は大英博物館の一部だった）で働く友人の分類学者イアン・ゴールドを口説き、国立公園内で見つかった複数のジガバチの新種を彼らの名前にちなんで命名させた。例えば、*Eeuga gutfreundi* は、当時ソロモン社の最高経営責任者であったジョン・H・グートフレンドにちなんで命名された（グートフレンドの名誉のために少し付け加えると、問題のジガバチは寄生蜂で、「マネー・スパイダー」という名の、幸運をもたらすと信じられているクモの背中に卵を産む種だった）。

保護地域を新たに拡大するための土地購入には結局五年の歳月を要した。ジャンゼンは、その仕事のための正式な肩書きも権利も持っていなかったにもかかわらず、長期間にわたり百人以上の土地所有者に働きかけた結果、とうとう手はずが整い、国立公園財団は二万四千エーカー〔約九六平方キロメートル〕の劣悪な条件の放牧地を買うことになった。ＡＣＧにとっては偶然だったが、牛肉価格の下落によってそうした不動産価値も下がっていたために、多くの土地所有者は土地の売却を切望していたのである。そのおかげで、ある場所では一エーカー当たり三一ドルまで値切る交渉にジャンゼンは成功したのである。

（反対に、ある土地では特に複雑な歴史的背景があったために、高くついたケースもあった。サンタエレナ山脈の南側には、ＡＣＧの保護地区に囲まれて、以前ニカラグアの独裁者アナスタシオ・ソモーザが所有し、次に一九七〇年代にアメリカ人のグループの手に渡った三万九千エーカー〔約百六十平方キロメートル〕の土地があった。一九八六年に、米軍のオリバー・ノース中佐が率いる部隊は、オスカー・アリアス・サンチェス大統領の前任者ルイス・アルベルト・モンへ大統領の許可を得て、ニカラグアのサンディニスタ政府軍と戦っていた、アメリカから支援を受けるコントラ兵〔当時のレーガン政権の資金提供によって活動した反政府民兵〕に物資を供給するため、滑走路を作ろうとその土地の一部を借用していた。しかし、その後、アリアス・サンチェスが政権に就くとすぐに滑走路は閉鎖された。数年後、コスタリカ政府は、土地所有者の一人であるノースカロライナ州の裕福な織物製造業者と交渉し、その土地を国立公園に統合することについて交渉した。結局、このケースは、コスタリカ政府がこの実業家に一エーカー当たり四百十ドルを支払う条件で二〇〇〇年に決着した。〕

こうした一連の取引のさなかに、ジャンゼンと仲間たちは、あちらこちらに分散して残っている森林で採取した種子を使って、ACGの荒廃した低地を乾燥林に戻す試みを開始していた。それは一九八五年ごろには誰もが驚くような新奇な考えだった。当時は、多くの環境保護団体が、森林は一度消滅すれば永久になくなってしまうとする強烈なメッセージを大衆に送っていたからだ。「寄付する人は、どちらを信じれば良いのかわからずに戸惑ってしまうよ、と言われたんですよ」と彼は一笑に付した。ジャンゼンはその警告を無視して、資金集めを終えると、地区で燃え広がっていた山林火災に立ち向かったのだった。

森林火災は、以前は一月から六月にかけての乾燥した季節に頻繁に起こり、特に数世紀来続いてきた野焼きの延焼によるものが多かった。ジャンゼンは、森林火災予防のためにACG予算の五分の一を割り当てることに決め、任に当たる技官や消防士を地元住民の中から採用した。熱心な者が、前述した不法占拠者のグループからも応募してきた。彼らの多くが、ジャンゼンが以前に彼らの土地を買収するのに支払った代金を元手にして、ACGの近くの小さい村々に家を建てて住んでいたのである。「彼らに言ったんです。仕事は火災を出さないこと。それだけだ。方法は自分たちで工夫してくれ。できないのなら、誰か他の人を雇うから、とね」とジャンゼンは言った。森林火災の燃料の元になる大きく伸びたジャラグアを減らすために、彼は「歩く草刈り機」と呼ぶところの牛も持ち込んだ。給料の支払いと一致団結の精神を徹底させて、ジャンゼンは職員たちの忠誠心を育てていった。「森林火災を防止するには、ジャラグアなどに関する生物学よりも、むしろそれがイースターの日曜日の真夜中の二時であったとしても誰かが現場を見張る必要があるという意味で、社会学こそが重要だったんです」と彼は説明する。ジャンゼンは、二カ所の火の見やぐらと水タンク付きのトラクターを二台購入した。こうして、二〇〇一年までに、ACGの森林火災制御計画によって、ジャンゼンが数えただけで年間三十〜五十カ所の森林火災を消し止めたのだった。

ACG職員の中には、他にも自分たちの仕事に対して同様のがんばりを見せた人々がいる。ルーシア・リオスは三十歳のほっそりした女性で、生物標本収集アシスタントを八年間やってきたのだが、この間にお金をためて家を購入した。それはリオスが一人暮らしで〔一人分の収入しかなく〕、小学校しか出ていないことを考えれば、驚くべき快挙だった。それは彼女がその仕事に合っていたこと、それにジャンゼンが彼女の虫に関する優れた分類能力を見抜いていたことが大きかった。「以前はいつも畑で嫌いなイモムシを殺していたのよ。だけど、今ではかわいいと思えるわ」と彼女は微笑んで言った。

多くの生態系資産に対する投資と同様に、ACGの自然復元事業は数十年あるいは何世紀も先に、最大の利益をもたらすもののように思われた。ACGの事業が長期間安定的に運営されることに気を配っていたジャンゼンは、地元の住民の間に地域への忠誠心を醸成しようと、大人向けには高給で仕事のトレーニングにもなるプログラムを、子供向けには「生物リテラシー」を勉強する機会を提供した。ACGの里親として最初に行ったことの一つは教育カリキュラムの構築だったのだが、それはACGからおよそ十三マイル〔約二一キロメートル〕以内にある四二の学校に通う二千五百人の子供たちが対象だった。その運営のために、ACG予算の五分の一もの額が充てられ、八人の教員の給与や野外調査実習用のバス二台の購入費などもそこには含まれていた。「小学校四年生から六年生の子供たちを森の中に連れていって、バンダナで目隠しをして、聞こえてくる十種類の音を言い当ててもらうのです」とジャンゼンは言った。「あるいは、子供たちだけで出かけさせて、十種類のフルーツを取ってきてもらうこともあります。それは生物学の勉強ではなくて、自然の驚異の勉強といったところですね。小学校四年生のクラスで環境法について知る必要がありますか。子供たちに必要な知識は、雨が降ったらカエルはどう行動するのかな、といったことなのです。」

カーリン・ビケスは、地元のホテル経営者の九歳になる娘だが、このプログラムの意図が見事に伝わったようだ。「みんなで湿地を見に行ったのよ。それでね、カニを見つけたわ。それに、カメのことも勉強したわ。自然の世話をしなきゃいけないって思ったわ。でないと、何年かしたら動物たちが周りからすっかりいなくなってしまうかもしれないのよ。」彼女はピンク色のキックボードから飛び下りながらそう話した。

二日間にわたって私たちにACGを案内してくれたツアーの後、ジャンゼンは自分の小さな家に戻った。そこは、倉庫だったところを適当に改造して、一年のうち半分をハルバックスと過ごせるようにしたところだ。その徹底した謙虚さこそが、ジャンゼンがコスタリカでこれほど長い間影響力を行使しつづけ、成功してきた理由の一つだと言えるだろう。土地は持っていない、とジャンゼンは誇らしげに言うのだ。それに、妬まれないように、ACG内に彼自身の家すら建てないことに決めていた。二人は、ジャンゼンがペンシルベニア大学から受け取る十万ドルの年俸のうち二万二千ドルを使って暮らし、残りはACGの管理に回している。この家は四百平方フィート〔約三六平方メートル〕しかなく、数十種類のアリ、蛾、クモ、それに蚊に加えて、二種のコウモリ、四種の齧歯類が、ジャンゼンの言うところのルームシェア状態にあるとのことだ。そして床面積の大部分が、二人のオフィス空間になっていて、二人が一緒に夢中になっている生き物たちの残骸などが散らかっていた。二台の机の上には、イモムシの腸を研究するための新しい野外実験室の設計書やタイヤ修理のレシート、割れたワニの卵が入ったガラス瓶、それに小さい昆虫をピンにのり付けするのに使う小さなマニキュア瓶などが散乱していた。学会から昔もらった賞状や、彼らのペットのヤマアラシ、エスピニータ用の半分使いかけの餌袋が物干しヒモに留められて天井からぶら下がっていた。黒い傘が一本、上下逆さまに吊り下げられて、屋根からの雨漏りを受け止めていた。「ここは平穏そのものです。最高ですよ」とジャンゼンは薄暗いランプの明かりの中で囁くように言った。

ジャンゼンは、家の同居人である生き物たちが住みやすくなるようにと工夫するのには甲斐甲斐しいのだが、通常、過去を振り返ってじっと考え込んだりすることはほとんどない。「あまりにたくさんのことを同時並行でやっているので、一つの事業がうまくいかなくなれば、すぐに次に移りますから」と彼は言う。そうは言っても、お気に入りの事業に失敗したことは、二〇〇一年初めでもまだ嘆きの種だった。それは、デル・オロ社との契約のことで、完全に破綻してもう一年以上が経っていた。その事業は絶賛されていたし、将来性があったのだ。革新的であり、自然がさまざまな生態系サービスを同時並行的に提供することが最善の道だと主張するジャンゼンにとっては、大いにシンボル的な事業となり得ただけに、その失敗はたいへん手痛いものだった。

「それはまさに我々の目の前で起こったのですよ」と表現するのはノーマン・ウォーレンの後継者マイク・ベイカーだ。ベイカー曰く、契約が成立したことについては、「完全に独創的なものではなかったかもしれませんが、画期的な事業だったことは確かです。倫理的にも環境的にも、商売の戦場では旗色が悪かったかもしれませんが、それ以外のすべての見地から、あれはすばらしい計画だったと思います。」騒ぎの当初は楽観的な記者会見を開いたのだが、その後、激しい論争を経て、デル・オロ社は一九九九年八月に契約を破棄したのだった。しかし、事業を諦めるまでの間にすでに十万ドルの弁護士料と広報活動料金がかかっていた。その時点で、会社は微生物分解方式を改めて、パルプを自社のオレンジ畑に撒くというコンポスト式の分解システムに切り替えた。このシステム転換には五十万ドルの費用がかかり、運用のためにはさらに毎年五十万ドルが必要になる見込みだった。

コスタリカ政府の自然保護政策の担当者は、ACGのパルプ処理システムを却下した理由について、国の法手続き上のミスだったとした。同国の天然資源・エネルギーおよび鉱山省が、手続きに必要だった会計検査院長官の認可取得に失敗したのだというのだ。しかし、前環境・エネルギー省大臣アルヴァロ・ウマーナは、問題の根幹は商売上の競争に根ざしていたとした点でジャンゼンと一致していた。「真相は騒音によってかき消されてしまいましたよ」とウマーナは言う。しかし、この主張に対して、ティコフルーツ社の最高経営責任者カルロス・オディオは競争が原因ではなかったと異議を唱えた。彼はデル・オロ社によるパルプ「廃棄」によって病気が発生すれば、それが鳥や車によって国内の他の果樹園にも広がってしまうとクレームをつけたのだった。しかし、一連の出来事をめぐって相談を受けたアメリカの二人の柑橘類専門家からは、そのような脅威はほとんどないとする証言が得られていた。

ジャンゼンは、過去数十年経験してきたコスタリカ政府当局者とのいざこざを考えると、オレンジパルプをめぐる対立は、たいていの発展途上国社会が今後自然保護を継続するうえで乗り越えていかなければならない、大きな試練の一例だろうと指摘した。より深刻な問題は、デル・オロ社のやり方にくわえて、ACGの地方振興モデルとしての成功が、コスタリカの権力システムそのものを挑発してしまったのではないかということも合わせて指摘した。政府当局者がこの時だれも助け船を出してくれなかったのは、その証拠ではないかとジャンゼンは考えていた。

「コスタリカは未開の土地ではありませんよ。だから、この国がこれからどうやって発展していくのか、そして誰が儲けるのかというのは、必ず問題になってきます」と彼は言った。「言ってみれば東ドイツみたいなものです。ここはすべてが国営ですからね。究極的と言って良いくらいに官僚的で、きわめて、きわめて中央集権化された制度になっているんです。我々は、民主主義体制に移行させたいと願っていますが、それは権力の地方移譲を伴っての話です。ただ、もし民主化すべきだと言えば、すべての子供たちを学校に通わせることのできる現行制度の維持を願う人が出てきますよ。もしその権利を取り上げようとしたら、結果は破壊的なものになるでしょう。」

このテーマに熱くなったジャンゼンは続けて、公務員のなかには個人的に彼を脅威と見なす人もいるのだと語った。「あなたが森の中でサルを調査するただの生物学者であれば、サルに対して攻撃的になることはないし、向こうもまたあなたに対してそうなることはないでしょう。しかし、もしあなたがシステムを引っかき回し始めれば、途端に訴訟や殺人、事故、あるいは親切ごかしのうるさい忠告などに遭遇することになりますよ。彼らは農民革命の始まりだと受け取るのです。革命を始める人たちをあの人たちはどうすると思いますか。火あぶりの刑ですよ。」

実際のところは、ジャンゼンが近いうちに処刑されるなどといった危機には全く直面しているようにも見えなかった。むしろ、彼は二〇〇二年五月に成立する新政権の宣誓就任式を楽しみにしていたのだ。これまでの政府当局者がまさしくそうであったように、政治家がみんな新機軸の環境保護政策にいっそうの支持を寄せてくれることを期待していた。そして、オレンジパルプの実験がいつか復活してくれるかもしれないという希望さえ抱いていると言った。

ある暑い日の午後、ジャンゼンは保護区を訪れた人を「モジュールワン」と名付けた最初の微生物分解実験サイトに案内した。ブッシュハットをかぶった彼は父親のように誇らしげに、二メートルほどの高さに育ってしまったジャラグアの茂みが風に揺れてワサワサと音を立てている場所の向こうにある、五年前にオレンジパルプがその土壌の再生を開始した小さな黒い区画を指さした。教えられないかぎり、なんの感銘も覚えないような光景だったが、そこには背が高くて黄色い花をつけた一本のキバナワタモドキ〔ベニノキ科の在来種〕が、数本の小さな潅木種とともに根を張っていた。「種が風に飛ばされてやってきたんですよ。でも、カンムリサンジャク、キツツキ、コウモリ、オナガムクドリモドキをはじめとする動物の胃袋のなかにもまた、何千もの植物の種が入っていますからね」と彼は言う。数年、いやもしかすると数十年のうちに、熱帯乾燥林に魅せられる人たちが出てくるとジャンゼンは期待していた。それは、グアナカステの木や、琥珀を作るジャトバの木や、チューインガムの原料となるチクルの木を生み出す場所だからだ。ジャンゼンの話に耳を傾けるうちに、聞き手もまた幻の森に誘われていく。動物や微生物でいっぱいの林床に佇めば、鬱蒼と茂る林冠が広がり、そこには蝉や宝石のような色で彩られた鳥が頭上で鳴く声も満ちあふれている。この森がやがてかつてのように手つかずの自然の姿に戻るのは、これからまだ二百年あるいは五百年先かもしれない。だがそんなことはどうでもよいのだ。ジャンゼンは、一生待ってまだ足りなくとも、とにかく待ち続ける覚悟だった。

夜が訪れると、ジャンゼンは、家の近くのホテルのテラスでロッキングチェアに揺られながら、長く鋭い尾の愛らしい緑色の鳥メキシコインコが、すみれ色とオレンジ色が混ざった空の向こうにさっと飛んでいくのを見つめていた。そして持論を展開し始めた。人間が人生でできる最良のことは、「大きな生物多様性のかたまりを選んで」そしてそれを守ることだと彼は言った。コスタリカで彼を成功に導いてきた実に多くの要因はどれも独特のものだったが、ジャンゼンは一貫して他の熱帯地方のどこでも独創的に森を修復し、維持していく方法を編み出すことは可能だし、とにもかくにも急がないと森はなくなってしまうことを強く主張してきた。「ウィニーと私がしていることをなぜ他の誰もやろうとしないのだろう、とずいぶん不思議に思ってきましたよ。それを言うとみんなは、ダン・ジャンゼンだからできたことなんだと言いますけどね。それはまったく違いますね」と彼は言う。「政府が宣伝を始めるべきなんです。たとえばグアテマラが良い事例です。『ここにはペテン〔マヤ文明遺跡や中米を代表する熱帯雨林で有名な場所〕があります。誰か援助してください』と言ったんです。そうしたら研究者がやってきて利用価値のあるものを探し当てて、人々は木工品のお土産作りから解放されたんです。何もそれによってその場所を誰かに売り渡すことにはなりませんよ。友好的なパートナーになれば良いのです。手助けを必要としている生物多様性のかたまりはいくらでもありますよ。ホンジュラス、メキシコ、マダガスカル……。」

ジャンゼンは、眼前に広がる乾燥した景観の向こうの、はるか彼方にぼんやりと見える火山にぴったり寄り添って広がる深い緑色の森を眺めながら言った。「サクラメント渓谷という大海原には多様性のかたまりなんてほんのわずかしか残ってないということに、率直に向き合うしかありません」と。それは、カリフォルニア州の中央に広がる扁平でさして特色もない農業地域を指していた。「生物多様性のかたまりというものは、誰かがそこに投資してやり、そしてどうすれば周辺の社会からそれが愛されるようになるかを工夫してやらなければならないのです。多様性というのは、優しくて思いやりのあるケアを必要としますからね。」

9　テレゾポリス　～モーターはもう回っている～

どんな問題も、それを生み出した意識と同じ意識によって解決されることはない。

――アルバート・アインシュタイン

うだるような暑さのリオデジャネイロの谷を昇ること四千フィート〔約千二百メートル〕、小さな白いバンがテレゾポリス―フリブルゴ道路のカーブの続く道を進んでいた。濃い紫のブーゲンビリヤと黄色の花を咲かせたカナフィスタの木が美しく照り映える海岸沿いの森林から頭を突き出した、デドス・ドゥ・デウス、つまり「神の指」と呼ばれ屹立する円筒形の山々の頂を、ダン・ネプスタッドはその後部座席の窓からじっと眺めていた。山岳リゾートに向かうこの幹線道路は舗装されたばかりで、南半球の秋の空気は爽やかで、そして景色は絵はがきのような美しさだった。だがほんの一時間ほど前、バンはこの大陸で最も見苦しいスラム街をいくつか通過していた。リオデジャネイロ北部の、舗装もされていない、悪臭を放つスラム街である。

ネプスタッドはブラジルにおける著しい格差に精通していた。アメリカのマサチューセッツ州にあるウッズホール研究センターと、ブラジルのアマゾン環境総合研究所との二カ所に仕事場を持つ、長身で

寡黙なこの生態学者は、一九八四年から毎年、港湾都市ベレムで毎年一年の半分を過ごしてきた。二〇〇一年三月の末、彼は、カトゥーンバグループの第三回目の国際会議に出席するため、テレゾポリスを見下ろす海岸山脈のセラ・ド・マール山地に向かっていた。彼は、自分が日々戦っているジレンマを同志たちに理解して欲しいという願いから、その会議をブラジルで開催すべきだと主張してきた。この国は長い間、相反する二つの顔で訪問者たちを戸惑わせてきた。観光客や、一億六千万人の市民のうちほんの一握りの人々が目にするのは、魅力的で近代的な

穏やかな顔である。だが、その裏側には、都市を腐敗させ熱帯の原生自然を破壊している貧困から来る、取り乱した感情の高ぶりが窺えた。

この二つ目の絶望的な顔は、他のどの地域においてよりも、ネプスタッドが働いていたブラジルのアマゾン一帯において顕著だった。そこでは、発展への渇望のために、地球上最大の熱帯雨林から毎年五百万エーカー〔約二万平方キロメートル〕が失われていた。世界の多くの国々が生物多様性と気候の安定を維持する上で地球全体の宝と見なすようになった熱帯雨林を、ブラジルはその管理者として保全せねばならないというプレッシャーにさらされていた。しかし、ダン・ジャンゼンが彼の革新的な計画を始動させることができたコスタリカの当局者の姿勢とはあまりに対照的に、ブラジルの歴代政府は、そうした展望を共有できないでいた。ブラジルにおいて、ちょうどマニフェスト・デスティニー〔「明白なる使命」を意味し、一九世紀半ばにアメリカが西部を次々と開拓して拡張したことを正当化するスローガン〕時代のアメリカ西部に相当するアマゾン地域には、すでに二千万人以上の人々が居住していた。

かつて外交官を務め、国際世論には今も極めて敏感なフェルナンド・エンリケ・カルドーゾ大統領〔二〇〇二年まで在任〕でさえ、ブラジルは森林を聖域としないという姿勢を明らかにしていた。それどころか、その年、政府は「アヴァンカ・ブラジル」〔「ブラジル発展」の意〕として知られる大きな新しい道路建設プロジェクトを進めていた。それがアマゾンに対して及ぼすと予想される影響は深刻だった。テレゾポリスでのカトゥーンバ会議の直前に公表されたスミソニアン大学での研究では、もしこのプロジェクトがこのまま進めば、関連する開発によって二〇二〇年までに森林の四二パーセントが破壊されるか被害を受け、特に原生林については、五パーセント以下になるだろうと予測されていた。危機感を持ったネプスタッドは、これによって起こりうる森林破壊がもたらす炭素の排出量は、京都議定書によって設定された目標が最も忠実に順守された場合に防がれる排出量の約半分にも達するという計算結果を出していた。だが、そうした不吉な予言も、ブラジルがより環境に優しい道を模索する方向に促すには十分ではなく、もっと強力な誘因が必要とされていた。だがそれまで、誰一人として、提供するべき何かを見いだした者はいなかった。

カトゥーンバやバンクーバー島であれほど熱心に討議されたすべての理論が、もしも現実の世界で本当に役に立つものであるなら、それらはブラジルのような場所でこそ力を発揮しなければならないと、ネプスタッドにはわかっていた。アマゾンを炎から救うため、市場が主要な役割を担うようになることを彼は切望していた。だが、彼は目的地まであと一マイルほどとなった険しい私道をバンで登りながら、そんなにうまくいくわけはないだろうと認めていた。彼の希望の小さな証は、背負ってきたバックパックに入った書類の束だ。それは彼が翌日発表する予定の、とある計画案だった。

バンは、何十人もの会議参加者を載せた車の一団を従えて、これから彼らが三日間を過ごすことになる五つ星の山岳ホテル、ロサ・ドス・ヴェントス（「風の薔薇」の意）の黒光りする木の玄関扉に横付けした。中では白いジャケットを着たウェイターたちが、黒インゲン豆と豚の屑肉を煮込み、炒めたケール〔キャベツの原種に近い野菜で、青汁の材料として利用される〕を添えたブラジル伝統の奴隷料理フェジョアーダ〔ブラジルの国民食と言われるもので、もとは主人が食べない屑肉を黒人奴隷が料理にしたため、「奴隷料理」と呼ばれる〕とブラジルを代表するラム酒のカクテル、カイピリーニャをテーブルに並べているところだった。

フォレスト・トレンズの理事長であるマイケル・ジェンキンズがこの保養地を会場に選んだのには、いくつかの理由があった。まずは、リオに近いということ。それにも関わらず、ここには世界から隔絶された感覚が漂っている。そして、わずかな人数ではあるが、出席予定の企業のお偉方たちが普段慣れ親しんでいる快適さの水準も満たしている。またそれは、アマゾン以上に危機に瀕しているマタ・アトランティカと呼ばれる大西洋沿岸雨林の中に位置することから、象徴的なものとして説得力があったのである。五百年前、この森林は、南アメリカ大陸の東端のほとんどを覆い、ブラジル高原からパラグアイやアルゼンチンにまで達していた。しかし、ポルトガルからの入植者たちが最初にやってきた場所として、それは最も初期から開発の激しい痛手を受け続け、今日ついに七パーセント以下を残すのみとなっている。グループが昼食後に集まった会議室の大きな窓からは、鑑賞用に植えられた外来種のユーカリやマツの木々の向こうに、地面に干からびた丸太が投げ捨てられている丸裸の山が見えていた。グループの中でアマゾンのことを気に掛けている人々には、その光景は「未来のクリスマスの精霊」〔チャールズ・ディケンズ（一八一二〜一八七〇）の小説『クリスマス・キャロル』に登場する精霊。主人公に悲惨な未来を見せて、現在の不行状を悔い改めるように促す者〕のように見えた。

こうしたすべての点において、ロサ・ドス・ヴェントスはよい選択と言えた。だが、ここにやってきた人々のなかで、特に貧困層に焦点を合わせた仕事をしている数人は、カトゥーンバグループが初めて真正面から貧困と向き合おうとしている会議のために、こうした贅沢なお膳立てがなされていることに違和感を覚えずにはいられなかった。野外でキャンプでもしたほうがよかったとまでは言わないものの、取り組みが開始されてからこの段階ですでに早約一年が経とうというのに、投資に見合うような成果が得られていないことに、彼らは苛立ちを感じていたのである。ジェンキンズがもともと呼びかけていた「特命プロジェクト」の案はまだ具体化していなかった。それどころか、ロン・シムズやダン・ジャンゼンのようなパイオニアたちが、外に出かけては取引をどんどん成立させていく一方で、カトゥーンバグループは、個々のメンバーの知識を豊かにはしているものの、共通の目標に到達することができないまま、あるいは、目標そのものの定義さえできないまま、いわば移動大学のようなものに変質してしまっていた。改めて確認すれば、テレゾポリスの出席者たちの大部分は、科学者と未来の生態系サービスの売り手たちであり、残りは、いつか将来的にはバイヤーとなるかもしれない少数の保険会社役員や社会的責任投資会社のアナリストたちである。彼らは、ジェンキンズがオーストラリアで構想した生態系サービスに投資する投資信託の設計からは、まだほど遠いところにいた。グループの唯一の具体的な成果と言えば、アダム・デイビスの未完成の取引ゲーム、すなわち「環境保全取引所」という彼の初期の夢の産物と、流域管理の革新的方法に関する未完の論文と、ジェンキンズが士気を高めるために配ったグループのロゴ入り野球帽だけだった。

かつてシェル社で森林監督者を務め、その後フォレスト・トレンズに雇われたイアン・パウエルが、歓迎の言葉としてこう宣言した。「もう回っているモーターはあるのです。今私たちは、その回転を捕まえるためのクラッチ機構を見つけて、前進しなければなりません。」

事態を一層困難にしていたのは、環境保全に市場原理を使うというカトゥーンバグループのビジョンに対して、世の中が全般的に、二〇〇〇年時点においてよりも冷淡になっていたという状況だった。急騰した株式市場は、その時急落していた。景気後退の可能性を示す新たな報告が毎日続々ともたらされていた。投資家の心理は、かつて金融の実験的な試みに対して浮かれるような寛大さを見せていたのに、今や一転して、臆病になり債券に逃げていた。ジョージ・W・ブッシュ大統領は、就任三カ月目の締めくくりに、環境保護が彼の政権の主要優先課題ではないことを明らかにしていた。最も大きな痛手は、前年の秋以来、環境サービスの分野に刺激を与え、新しい市場を生み出すことが大いに期待されていた京都議定書の交渉が、膠着状態に陥ってしまっていたことだった。

事態がどちらに向かっているのかわからない不安を、ロサ・ドス・ヴェントスに集った人々は共有しており、その不安は、時折会話の中に噴出していた。「この地球上の人口が百億人に近づけば、食物やエネルギー、そしてその他ありとあらゆるものを手に入れるために、もっと多くの技術が必要となるに違いないと私は思う。」アグロフォレストリーに関わる人物がブランデーを片手に、ある晩遅く、シンクタンクのアナリストにおもむろにそう言った。「そうですね。必要なのはそれと、ストリキニーネを入れた毒入りチョコバーというところかな」とアナリストは答えた。

同時に人々は、まだ希望はあるのだと思える根拠を探していて、それが見つけられたケースもあった。ある発表の中で、とあるイギリスの経済系シンクタンクの研究員は、世界各地で、すでに融資を受けている百三十七の生態系サービスプロジェクトを分類した図表を見せた。そうしたプロジェクトは、大部分がまだ小規模であり、しかもどれもが危険をはらんだものではあったが、多種多様という点ではすばらしいものだった。債務環境スワップ〔二六七ページ参照〕、有用生物資源探査権〔二五三ページ参照〕、炭素隔離取引などのプロジェクトが、ブラジル、カナダ、フランスの他、ウガンダでさえ行われていたのである。そして、この研究員が指摘したように、以前より多くの消費者が、エコツアーや、サーモンセーフ認証品〔オレゴン州ポートランドに本拠を構えるＮＰＯが主体となり、サケの産卵・孵化を保証できるような水系の環境整備に寄与する食品などに認証を与える制度と、その認証品〕、シェードグロウンコーヒー〔熱帯林の日陰で栽培されたコーヒー。この栽培を行う農園は生物多様性の確保に貢献する〕や認証材などを買うことで、環境サービスにお金を払うようになってきており、彼が図表で示したのは、進歩のほんの一部分にすぎないのだった。

環境サービスが豊富にある地域に住む、ほとんどが貧困に苦しんでいる人々に注目すべき、新しい実利的な理由についてもグループは学んだ。フォレスト・トレンズは、最近全世界で起きている、先住民への土地保有権の大規模移譲についての研究調査を、すでに準備してきていた。例えば、メキシコの森林のおよそ七十パーセントは、すでにエヒードと呼ばれる共同体共有地における農園システムの管理下に置かれ、メキシコの民主化が推し進められるとともに、その土地所有権は強化されてきた。インドネシアでも、民族集団がこれに似た共有権を要求してきており、カナダ、コロンビア、ブラジル、ペルー、そしてフィリピンの各政府は、先住民が土地に対して持つ権利を認め始めていた。ますます、各地域の共同体が、世界の減少しつつある森林の所有者となりつつあるが、このことは、地元の自治体の目にそう映るというだけではない。仕様を満たした材木や他の林産物にグリーンであることを示すラベルを貼るいくつかの国際的な森林認証プログラムでは、これから力が強まると考えられる世論の動向に合わせて、地域や近隣の住民がその林業経営の方法を承認していることを要件として求め始めていたのである。

貧困に苦しむ農民のニーズに焦点を当てた研究を行っている、メリーランド州出身のアグロフォレストリー〔四四ページ参照〕専門家サラ・シェールは、このニュースを聞いて微笑んだ。カトゥーンバグループに対する彼女の一番の懸念は、保護の対象として選んだ生態系の中で、たまたま生活している何百万という家族に対して、カトゥーンバグループがそれまで大した注意を払ってこなかったことだった。ほとんどが教育を受けておらず、極貧にあえぐこれらの人々は、市場が自分たちにとって有利に働くようにしようとしても、あまりに不利な状況を背負わされていた。この事実は、金融上のテクニックについての議論をすることがエリートたちをより裕福にする一方、彼らを一層蚊帳の外に追いやってしまう可能性を高めるものだった。政府が、森林居住者たちに不法侵入者の烙印を押し、彼らが土地の略奪者から、一転して庇護者に生まれ変わる動機を与えるかもしれない機会を排除してきたのを、シェールはそれまでたびたび目撃してきた。市場の魔法が効き始める前に、政府はとにかく土地の所有権を彼らに与えるという、ごく単純で当たり前の仕事に取り掛からなければならなかった。

念のために言えば、たとえそこまで首尾良く行ったとしても、生態系を守ることや、そこに住む人々の生活水準を上げることが第一の目標であるような計画から、果たしてどれほどの金融的利益が真っ当に引き出せるものだろうかと、シェールは訝っていた。実践的なアプローチに最も力を注いでいるとの判断から彼女が一番気に入ったのは、テラ・キャピタル社という、生物多様性を専門とするブラジルのベンチャー・キャピタル〔主に高い成長率が期待できる未上場企業に対して、ハイリターンを狙った投資を行う投資会社〕で働くパトリシア・モールズの発表だった。モールズは、彼女の提供する千五百万ドルの資金から援助を受けているいくつかの小さな企業を紹介した。それらのほとんどは非木材の熱帯産品の開発に取り組んでいるものだった。託された希望の大きさとはちょうど裏腹に、それらは皆小さな会社だった。例えば、そうしたベンチャー会社の一つは、持続可能な収穫が可能な在来種の椰子から精製され、工業的用途もあるババス油の販売を手がけていた。ここに資金を投資した中には、米州開発銀行（Inter-American Development Bank）やスイス政府も含まれていた。彼らの目標は、二十パーセントの利益を達成することだった。モールズは、投資家たちにはたぶんもっと利益率のよい選択肢が他にあるだろうからと、それを「博愛主義的な投資」と呼んでいた。

シェールの真向かいに座って、ケン・ニューカムは同じように考えていた。だが、そのスケールははるかに大きかった。ニューカムは、世界銀行から一億五千万ドルの融資を受けて三カ月前に発足した「プロトタイプ炭素基金」を運営していた。少なくともこの当時、炭素クレジットに対して金銭的価値を求める合法的な方法はなかったけれども、この基金は、政府と法人投資家に炭素クレジットの購入を許すものだった。シェールと同じように、ニューカムは、世界に推定十二億人いると言われる一日一ドル以下で生活する人々を助けることを主眼に仕事をしてきた。投資家たちが炭素クレジットを買うことで、気候変動問題に立ち向かい、同時に貧困とも闘うことになるかもしれないという着想に、彼は興奮した。炭素取引に関する規則について、より悲観的な人々が、それは国際経済に対する締め付けになる、つまりまた余計な経費の工面を迫るものだと見ていたのに対して、ニューカムはそこに、莫大な民間資本を人々の生活向上のための方策に導く可能性を見ていた。

彼の望みがかなうかどうかは、京都議定書の成功と、それに基づいて農民たちの土地で炭素シンクの市場を創出させられるかもしれないという展望にかかっていた。グアテマラでＡＥＳコーポレーション社が行っているように〔第２章参照〕、彼は開発途上国の農民たちが、工業化された農業には適さない土地で、森林とその炭素貯留能力を復元し、それを保護しながら、炭素シンクの管理について訓練を受ける様を想像した。この夢想の中では、お金が続々と流れ込み、それが何百万という家族の生活水準を押し上げて、彼らはそこに住み続けることができるのである。それは大それた望みであることを彼もわかっていた。特に京都議定書の交渉にまつわるさまざまな懸念や、土地保有が最近認められたにも関わらず未だに土地を全く所有しない人々が多数存在していることを考慮に入れれば、なおのことである。だがテレゾポリスで、ニューカムは、京都議定書のあやうい砂の上に楼閣を築こうとする彼の熱意を共有してくれる人々にとり囲まれていた。

ダン・ネプスタッドは、彼らの誰にも引けを取らないほど熱心で、そしてまた負けず劣らず大胆であった。彼に焚きつけられ、カトゥーンバグループは、最初の会合以来、アマゾンでの火災に対処すべく市場原理を活用する方法について議論してきた。彼は、最終的にある計画を思いつき、これなら行けると確信していた。彼は、火災の写真やその損害がどの範囲に及んだのかに関する統計データを載せたスライドを見せながら、そのアイデアをグループに説明した。

彼の説明は、ブラジルが計画した道路建設計画、特にマトグロッソ州（その名は「密生した森」を意味する）とパラ州に広がるアマゾン川流域をまさに横断することになる、新しい幹線道路BR—一六三の建設計画にどう対応するのかを、早急に決めなければならないというものだった。すでに道路の大半が舗装されていたが、さらに残りの七百マイル〔約千百キロメートル〕を完成させるべくアスファルトを打つことを、政府の関係省庁が最近承認したばかりだった。有力な大豆輸出業者たちは、この開発のために政治家への働きかけを行っていた。なぜなら、それによって彼らは自分たちの商品をサンタレム港から海外に輸出することができ、経費の大幅な削減が見込めるからだった。しかしネプスタッドは、その道路が、熱帯雨林の最も損傷を受けやすいいくつかの地域を横切ることになるのを心配していた。それらの地域は、移住してくる人々に曝されることになり、それが必然的に、火災を引き起こすことになるのである。

歴史的には、ブラジルにおける森林伐採の七五パーセントが、舗装道路から約四十マイル〔約六四キロメートル〕以内で起こっていた。警備が手薄なこうした地域のせいで、森林資源の破壊的な利用がますます横行していた。アマゾンにおける乱伐の主な原因である、森林から牧草地への転換は、土地所有者たちに大した利益をもたらすことがなかったのを、ネプスタッドと彼の同僚たちはすでに発見していた。それとは対照的に、択伐による持続可能な林業は一般的に、より多くの仕事をもたらし、森に与えるダメージもより軽微であり、そして何よりも重要なこととして火災のリスクを軽減するものだった。

アマゾンで増加した森林火災の危険は、ネプスタッドの頭を離れなかった。なぜなら、それが地域の気候すら変えてしまうほど威力のあるものであることを彼は知っていたからだ。火災が起きて大気中に大量の煙が放出されると、降雨量が減り、それがさらに多くの火災を引き起こす危険を高めるのである。ネプスタッドがプレゼンテーションでしばしば使った航空写真は、人をぞっとさせるような雄弁さで現状を物語っていた。それは、燃やされて森林の大部分がなくなってしまった風景を一望するものだった。その一帯には、雲がまだほんの少しだけ浮かんでいた。どれもが、森林の燃え残った部分に乗っているのだった。

希望が持てる理由も一つあった。一九九五年の時点で、ブラジルの法律は、大規模な土地の所有者に対し、土地の二十パーセント以上の森林消失を禁じたのである。だが、法律はまだうまく機能していなかった。法律を守らせるための役人も、消火設備も乏しいことが原因の一つだった。ネプスタッドの提案は、外国人投資家に地元のNGOが管理するファンドへと資金を投入させ、それを、地元の役人たちがもっとしっかり働くようにする助けにしようというものだった。その見返りとして、投資家たちは、火災を減らすことによって避けられることになるあらゆる温室効果ガスの排出量に基づいて、炭素クレジットを得るのである。「私たちは森林の八十パーセントを、これから二十年間、ちゃんと立ったままにしておきますよ。もしそれができず、過去のやり方のままでいけば森林の四十パーセントが消失してしまうのは確かなのです。五年毎くらいに、私たちは法令が順守されていることを保証するために、衛星画像分析を行うことになるでしょう」と、彼は説明した。

ネプスタッドは彼の計画の利点を概説した。その段階で、彼はもはや道路の舗装に反対することに意味がないと確信していた。それが進められるのを止められないならば、いっそ地元の科学者たちが最初から協力して、建築業者や地元の消防関係者たちに情報を提供することで、できる限り環境に害を与えないようにするほうがましなのである。その戦略は、政治的圧力の強いアマゾンが持つ限界に対処する一つの方法であった。自然保護団体ネイチャー・コンサーバンシーがブラジルの別の場所で関わっていたタイプの炭素隔離プロジェクトは、その地域では事実上不可能であり（というのも、そうしたプロジェクトは、ブラジル人になんら生活の糧をもたらさないため「木の墓場」と見なされていた）、実際、そういう試みは一度もなされたことがなかった。

だが、ネプスタッドが「緑の道」構想と呼んだものには、明らかな問題がいくつもあった。このようなものが試みられたことがなく、それゆえ、それがどのように機能するかについての詳細はまだ明らかではなかった。グループの一人の経済専門家が指摘したように、ブラジル人にお金を払って彼ら自身の法律を施行するように仕向けることは、若干の倫理的問題を引き起こすようにも思われた。だが、この計画を待ち受けているかもしれない最大の落とし穴は、計画の支持者たちが、本当に投資家たちを勧誘して契約に至らしめることができるのかという疑問だった。京都議定書は、炭素シンクに対して若干のクレジットを認める可能性が高いように思われたけれども、「回避された伐採」に対して炭素クレジットが与えられるか否かは、それよりもずっと不確かだった。世界中で毎年排出される温室効果ガスのおよそ四分の一が森林破壊によるものであることを考えれば、それが不確かなのは残念なことだった。グループの人々がこれらの問題を指摘した時、ネプスタッドは肩をすくめた。まだ立っているアマゾンの立木に含まれる炭素は、例えば自動車を運転したり、工場を運営したり、土地を開発したりというような、人類がここ十年の間に行ってきた活動から排出された炭素量に等しいのである。何かがなされねばならなかった。

しかしネプスタッドは、ブラジルのような開発途上国に、個人投資家のために果たせる役割が本当にあるのだろうかとすでに内心では考えていた。確かに、最低限の環境保全を保証するためにしなければならない仕事のほとんどは、規制や法律の施行に関する政府の能力をより高めることと、国民を教育することである。彼のそうした不安は、続いて行われた発表でさらに強められた。それは、先進国、つまりオーストラリアからの不動産の宣伝で、金持ちで環境にも関心がある投資家たちの心をつかむには、ずっと確実な投資先に思われたのである。

カンサス州出身のジム・シールズというこの野生生物専門家は、ステートフォレスト・オブ・ニューサウスウェールズ〔四五ページ参照〕という先駆的な準州政府機関の支援を受けて、基本的には、環境サービスの販売を行う三つのベンチャービジネスを立ち上げようとしていた。ちなみにその機関は、かつてデイビッド・ブランドが勇名を馳せた組織である。「私は生物多様性クレジットとは何かを定義し、それを売ることに興味を持っているのです」と縮れ毛のシールズは言った。彼は自分のアプローチを「カンサス的な、〈一度やり始めたらもう止まらない愚直さ〉と、オーストラリア的な〈とにかくすぐやってみよう〉という気質」をミックスしたものだと説明した。だが、ネプスタッドの計画が細部において粗いのに比して、シールズの計画は明確だった。彼は契約を売る準備がもう整っていて、グループの中で、誰か「お買い得な契約」に興味がある人はいないかと訊ねさえしたのである。それは、ドイル川州有林にある、四千エーカー〔約十六平方キロメートル〕の第一級の多雨林と未撹乱の原生林の二十年間の施業権を三百二十万ドルで提供するというものだった。シドニーの北約二百マイル〔約三百二十キロメートル〕にあるその土地には、オオフクロネコ、ヒメアオバト、オウムなどの他、巨大なシメコロシノキから虹色の菌類まで驚くほど多様な植物が生息している。ステートフォレストが「最高レベルの生物多様性をめざしてその地域を管理している」のだとシールズは言った。それは、絶滅危惧種は積極的に保護され、侵入生物種は積極的に抑制されているということ、そして最も介入の影響を受けやすい地区では木材の伐採が許されていないということを意味した。しかし、施業権を買った者なら誰でも、そうした目標の達成を妨げない限り、エコツーリズムを展開することができるし、その土地にホテルを建てることすら可能であるという。この契約で利益を上げることが可能か否かの見込みについて、シールズはこう言った。「あなた方は、三種類の最終損益に関心を持っていなければなりません。金銭的利益に対してだけでなく、社会的利益と環境的利益にもということです。」

この話に耳を傾けながら、ネプスタッドは次のように考えずにはいられなかった。地球規模での生物多様性の問題や温室効果ガス排出の問題を解決するという観点からすれば、アマゾンのほんの小さな部分においてでも森林破壊を遅らせることが重要なのだ。それに比べて、シールズの力説するオーストラリアのその一角を守ることの重要性は、それがどれほどすばらしい土地であったとしても、とうてい比較にならないのではないか、と。それでもカトゥーンバグループが思い描いていた世界では、シールズのプロジェクトの方が明らかにより成功しやすいように思われた。しかし、だからと言ってそれを成し遂げる価値がないというわけではない。少しずつでも、全ては何かの役には立つのである。けれども、この後の二、三日の間にほかのグループメンバーも懸念を抱くようになる疑問について、ネプスタッドはこだわり続けた。こうしたさまざまな人々の努力の総計は、結局単に部分部分の寄せ集めにしかならないのだろうか。それとも、いつか地球規模で有効性を示せるような何かを達成して、世界を変えていく見込みがあるのだろうか。

これらの疑問と、議論はとりあえず横に置き早く取引について動き始めたいという苛立ちの高まりから、ネプスタッドとシェールを始めとする少数の参加者たちは、カトゥーンバグループがアダム・デイビスの取引ゲームの再試合を始めた時、会場から退出した。ネプスタッドは、そのゲームからは何も学ぶことなどないと感じ、シェールは彼女のチームの戦略を練るのを手伝うためにいちいち会話が中断させられることにうんざりしていた。しかし他の人たちは、規則を改善して、より幅広い利用者に合うようなゲームにしていくことに、まだ熱心だった。実際、この時初めてカトゥーンバグループの会議に出席していた米国国務省の戦争ゲーム専門家は、このゲームは米国農務省森林局職員の演習用に推薦できると言ったほどである。

アダム・デイビスは、その時何らかの疑問を感じていたかもしれないが、彼はそれを表には出さなかった。日焼けして、カーキ色のショートパンツをはき、Tシャツの襟からサングラスをぶら下げた彼は、いつものように自信に満ちて見えた。それは、いつも通りと言うよりは、むしろ見事に演じていたものだった。カリフォルニアでの彼のコンサルティング会社ナチュラル・ストラテジーズ社は、彼が気後れもせず言ったように、困難な時期を経験していた。この前年、見事な取引戦略で、デイビスは、ロウズ・ホーム・インプルーブメント・ウェアハウス社という大手チェーン会社が、危機に瀕した森林からの材木購入を段階的に止める手助けをするという契約をしていた。だが、経済の停滞で、ロウズ社はその契約を保留したのだった。それは、深刻な収入不足を引き起こし、デイビスと二人のパートナーは、新しく雇った社員数人の解雇を考えねばならなくなったのだった。だが解雇の代わりに、彼らは自らの給料を保留する選択をし、デイビスが最後に自分の給料を手にしてからすでに二カ月が経過していたのである。一方、彼の環境保全取引所はまだただのドメイン名にすぎず、このロールプレイング方式の演習ゲームは、まだどんなお金を生み出すにもほど遠い状態のままだった。彼がバンクーバー島で夢見ていたような、ビーニーベイビー的な大当たり〔一七八ページ参照〕は、当分実現する気配がなかった。それでもデイビスは、彼が環境保全取引所と名付けたものについて、表面上はまた新たな熱意を込めて語った。「たいていの人々がまだ生態系サービスがどんなものであるのかを知らない。私たちがしようとしていることの一番の要点は、人々に生態系サービスという概念を紹介すること、そして環境サービスの取引をする経験を与えることなのです」と彼は語った。

デイビス、イアン・パウエルのほか、カトゥーンバグループの熱心なメンバーたちは、バンクーバーでの会議以来、何カ月にもわたってルール改変に取り組んできており、ゲームは大幅に変更されていた。場所は、もはやオーストラリアではなく、ブラジルで深刻に脅威にさらされたマタ・アトランティカ〔大西洋沿岸雨林〕の、とある流域に想定された想像上のカトランド（「カトゥーンバのランドスケープ」のもじり）という「これまでは美しかった森林風景」だった。五百エーカー〔約二平方キロメートル〕の所有地があり、それぞれ異なる形態の土地利用とクレジットの利用ができると想定された六つの農家に、参加メンバーたちは振り分けられた。かつてのように、目標は、最も多くの金銭を最終的に獲得できるよう、土地利用に関する一連の決断をすることである。例えば、それぞれの農家は、二次林を酪農地や放牧地、あるいは非在来種のユーカリ植林地に換えることができた。けれども、ある特定のルールが適用されていた。それは、もともと原生林に割り当てられた土地は、全く変更ができないこと、そしてユーカリ植林地に転換された農地は、再び農地に戻すことができないことだった。いかなる決定も、次の転換期間までの五年間はそのままにしておかねばならなかった。

その仕組みはまだまだ複雑ではあったが、バンクーバーでの状態ほどではなかった。今回は、一つの用途から別の用途に土地利用の方法を変える場合、そのコストや収入の変化をコンピューターのプログラムが計算し、瞬時にフィードバックしてくれるのだった。けれども、ちょうど現実がそうであるように、ゲームが不正に操作されることにプレーヤーたちは気付いた。アグリンベスト〔「農業への投資」のもじり〕と名付けられた一つの農業集団は、初めにたくさんのクレジットを持たされ、一方サラダス・デ・ラ・ティエラ〔「世の腐敗を防ぐ健全な人々」を意味する聖書のことば「地の塩」のもじり〕という別の集団は、もともとは土地を所有せず耕作する権利を与えられた小作農たちで、クレジットは保有せず土地を手放さねばならない危険に見舞われていた。カトゥーンバグループのメンバーたちは、得点表と首っ引きで、食用牛の牧場を酪農場と交換するべきか否かについて、ほとんど一時間ほど議論を続けた。やがてジェンキンズが次の研究発表が始まると宣言してそれは終了した。

翌朝、グループは第一ラウンドの結果を聞いた。バンクーバーでもそうだったが、結果は不吉なものだった。部屋の前方のスクリーンに映し出された、カトランドについてのコンピューター映像は、土地利用についての最初の決定の効果を現していた。そこには、利益の大きいユーカリ植林や乳牛の放牧のための二次林の伐採地が急増していた。地域の中央を流れている川は、水をどんどん吸い上げる新しい木々のせいか、すでに流れが止まっていた。農民たちは、環境に害のある決定を下しながら、利益を追っていた。それにもかかわらず金持ちになったものはほとんどいなかった。

第二ラウンドでは、バンクーバーでしたように、ゲームマスターが環境サービスのバイヤーを加えた。環境保護活動家のチームは、生物多様性を維持することに対して資金を提供し、役人や水力発電会社は、流れる水の質と量を保証するために金を支払うことになるのである。グループのメンバーたちには、前とは異なった役割が割り当てられ、戦略を練るためのミーティングが始まった。ゲームマスターの一人が、サラダス・デ・ラ・ティエラが獲得した土地に、かつて絶滅したと考えられていた絶滅危惧種のカエルがいることを宣言した。土地を持たない農民の役割を演じているエコノミストは、すぐにこう言った。「それは食べられるものでしょうか。ご存じの通り、私たちは、ぎりぎりの生活をしているのですよ。」

その日は日曜日で、テレゾポリスでの最後の一日をゆっくりと過ごせる日であった。そして午後遅くグループの大半がハイキングに出かけた。四十分ほど、彼らは息を切らしながらも、土地保有や生物多様性クレジット、あるいは炭素隔離の手法についてしゃべり続けながら、険しい山道を重い足取りで登っていった。話は、頂上に着いてもほとんど中断する気配がなかった。だがそこで、彼らは立ちすくんで、ぎざぎざの山頂とむき出しの谷の全景を見渡した。ホテルにあったパンフレットでは、周囲の森林に希少なインコや、ハチドリ、アレチカマドドリなどがいると書かれていた。しかし、環境の劣化のためか、あるいはひょっとすると靴を踏みならす音や会話のせいなのか、それらは一羽も姿を見せなかった。

その夜、グループはゲームの最終結果を聞いた。決然とした交渉の結果、生物多様性バイヤーたちは、絶滅危惧種のカエルを救うことができていた。しかし、水力発電会社のバイヤーたちは、すでに水の流れが最終的に途絶えてしまったため苦境に陥っていた。コンピューター画像には、休耕中の土地を意味する新たな六つの空白地帯があった。環境サービスのバイヤーに対して正しい誘因を生み出すためには、さらなる調整が必要だとグループは決意した。もちろん、それこそが、ロサ・ドス・ヴェントスの外の本物の世界で一番肝心なところだった。しかしそれを悟っても、人々の気持ちが重苦しくなることはなかった。

夫と子供たちの待つメリーランドの家に帰る飛行機に乗る前に、あと一日をリオですごすために荷物をまとめていたサラ・シェールは、「夢見ることと現実との乖離」を感じていることを認めた。彼女は、グループから何らかの明確な戦略と成果を期待していた。もうこれ以上の時間を費やしても無駄だと彼女には感じられた。だが、グループの多くの人々のように、シェールは断固とした楽天主義者であった。すべての真に重要な変化はゆっくりと起こるのであり、ただ地道にこつこつとやるしかないのだという信念を彼女は持っていた。

デイビスは、いつものように自分は感動していると宣言した。ワークショップがその月曜日の朝に幕を閉じようとしていた時、彼は黄色のレポート用紙の一番上に「フォローアップ」と書き、家に戻ったらかけねばならない電話や行かねばならない場所をリストアップしているのが見られた。二カ月後、彼は三菱自動車との面談のためにニューヨークに飛び、その後にはテラ・キャピタル社と一緒に仕事をするためにブラジルに行くことになる。彼はテレゾポリスで得たネットワークから、将来的に取引に発展するかもしれないきっかけを全部で五つ手にしたのである。

マイケル・ジェンキンズも、リオ経由でワシントンに戻るために乗り込んだバンによじ登りながら、疲れてはいたが、希望を失ってはいなかった。ジェンキンズは、ほんの数カ月前に結婚したばかりだったが、それ以来彼はほとんどずっと出張ばかりだ。カトゥーンバグループの会議は、フォレスト・トレンズの数あるプロジェクトのほんの一つに過ぎなかった。彼はこの一週間後、東アジアの森林において環境サービスに対する意識を向上させるため、中国に向かうことになっていた。そのうえ、会議をやり遂げるのは大変な仕事だった。彼は、グループの関心を惹きつけ続けるために、モーターが調子よく回っている音を響かせ続けねばならないのだと確信していた。彼らは皆、それぞれの仕事で重責を担っている人たちなのだ。そんな彼らがいつも会議にやって来ることは、ちょっとした奇跡だと彼にはふと感じられた。

それでも、彼は勢いを確信していた。ゲームは、考えを伝え合うための具体的な方法も加えられ、順調にできあがってきていた。さらに、彼はまだ投資信託が可能だと思っていた。ジェンキンズは、十月にロンドンで予定されている次の会議までには、もっと多くのアイデアを思いついているだろうと確信していた。そして、ロンドンが最後の会合になるとずっと考えていたにもかかわらず、彼は、将来のカトゥーンバグループ会議をコスタリカか日本で開こうと考え始めていた。

ダン・ネプスタッドでさえも、会議を終えて元気が沸いてくるのを感じていた。彼は、リチャード・サンダー〔炭素取引の創始者〕と共に仕事をしているエコノミストと、シカゴ気候取引所〔七四ページ参照〕設立への取り組みについて話をしていた時、彼らがアマゾンへの投資を探しているということも耳にした。アマゾンが前代未聞の脅威に直面しているのは事実であっても、もっと広い意味で、ブラジルにはそれに立ち向かってあまりあるほどの資源がかつて無いほどにあると、ネプスタッドは確信していた。国際的な批判に面目を失ったブラジルのカルドーゾ政権は、その前年に世界銀行の資金を得た大規模な計画で森林火災の鎮圧に乗り出し、焼失を減らすことに成功していた。衛星画像のような、規制順守を監視する技術は、より洗練され有効性が高まっていた。おそらく最も重要な点は、まだ森林を救う時間が残されている間に、ブラジル人自身が行動を始めることに関心を持ち始めているように思われることである。ネプスタッドは、献身的なＮＧＯや地方の役人たちが増えていることに感銘を受けていた。アマゾンのアクリ州で、ホルヘ・ビアナという林業家が知事になり、そして彼は自分の州政を「森の政府」と呼びさえしていた。彼は、外国人投資家たちを「緑の道」プロジェクトに巻き込むべく彼自身の計画をまとめ上げ、彼らに炭素クレジットを提供することができないかを見きわめようとしていた。もしも気候変動枠組交渉が前進すれば、大規模な改善がなされる希望はあった。

しかしながら、その「もしも」は、その二日後、にわかに先行きがあやしいものとなる。二〇〇一年三月二八日、カトゥーンバグループの大多数が、長時間のフライトの果てに家に帰った翌日、グループのメンバーたちにあれほど希望を抱かせ、世界の多くの人々にもむろん希望を抱かせてきた京都議定書の気候変動枠組交渉を、ブッシュ大統領は完全に拒否したのである。もしも、地球の年間温室効果ガス全排出量の四分の一を占めるアメリカが、交渉から撤退すれば、すべての努力は、失敗に終わる可能性が高かった。それが、ひいては、気候変動枠組交渉が生み出すキャップ・アンド・トレード市場が自分たちの運命を変えてくれるかもしれないと期待していたすべての林業家や農民、ブローカーたちへの強烈な打撃となってしまう。だが、それが現実になろうとしていた。「二酸化炭素排出に上限を設けるという考え方は、アメリカにとって経済的にナンセンスなのです。重要なことは優先させる、それがアメリカに住む人々なのです」とブッシュは言ったのである。

10 鳥、ミツバチ、そして生物多様性の危機

ようやく生物多様性の危機が叫ばれるようになったけれど、ほとんどの人はそれがどこか遠くの別世界にある熱帯雨林での出来事だと思っている。そして、都市郊外の私たち家の裏庭や近所の町中、家庭菜園、農地、スーパーマーケットの青果物コーナー、ハンバーガー、タコスやピザを売る地元のファーストフード店でも起きていることだとは夢にも思っていない。

——スティーブン・ブーフマン
ゲイリー・ナブハン

カリフォルニア北部の農場で、クレア・クレーメンは座って身動き一つせず、赤い触角と緑の眼をした茶色のミツバチがスイカの花に近づくのを見守る。夏の太陽はクレーメンの麦わら帽子に照りつけ、彼女の周りにパッチワーク状に咲くバジルとラベンダーの香りをますます強める。色あせたTシャツと泥だらけのテニスシューズを履いた、この孤高のスタンフォード大学の生態学者は、私たちがまさに今日、次に摂る食事の品質とそのコストをどうするのかという、緊急を要する問題の答えを探している。

総売上高八百億ドルにのぼるアメリカの食品産業は、化学肥料や農薬、遺伝子工学などの二一世紀的

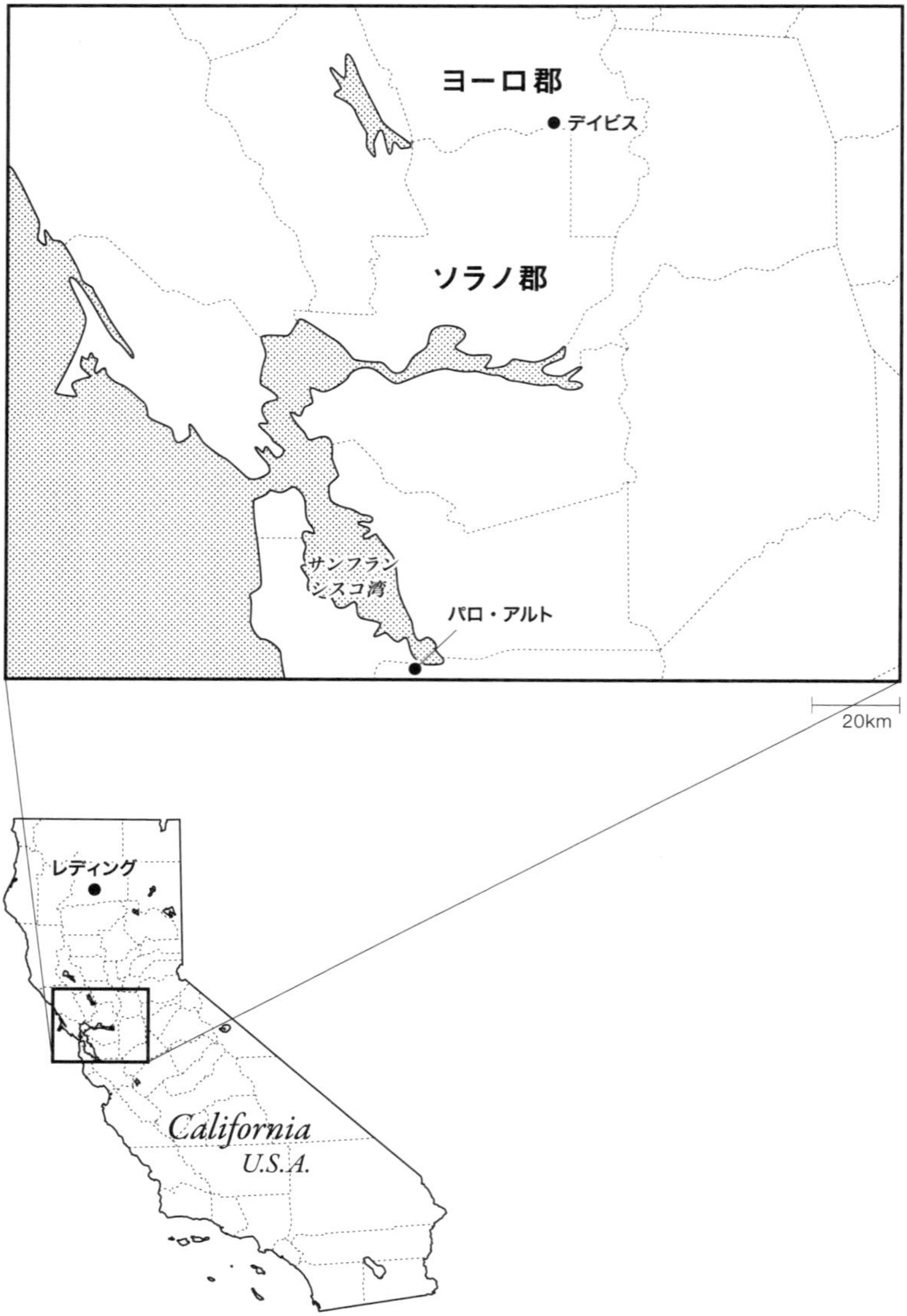
ヨーロ郡
デイビス
ソラノ郡
サンフラン
シスコ湾
パロ・アルト
20km
レディング
California
U.S.A.

な一連の技術に著しく依存している。その一方で、ほとんどのアメリカ人には想像もできないほど、人々の日々の食事や健康は昆虫たちに依存している。ミツバチ〔狭義にはミツバチ科の昆虫（ミツバチ属やマルハナバチ属など）を指すが、広義にはミツバチ上科の昆虫（ハキリバチ科など）も含まれる〕や、時には鳥やコウモリなどを含めた多くの空を飛ぶ生き物たちは、授粉〔昆虫などが花粉を媒介する行為は、学術的には「送粉」と表現されることが多いが、わかりやすさを考え「授粉」とした。昆虫などが花粉を植物に「授粉」し、そのことによって植物が「受粉」する。以下、「授粉」と「受粉」を区別する〕という仲介のダンスを通して植物の繁殖に役立っている。もし農民が食物や土壌中の残留農薬を減らすために農薬の散布量を減らそうとすれば、農民は、作物を食い荒らす害虫と戦う益虫に頼らなければならない。手短に言えば、〔これまで当たり前と思ってきた生態系サービスの価値を、自己利益に基づいて評価しようとする〕自然の新しい経済において、これらの〔私たちにとって身近で不可欠な日々の食事をもたらしてくれる〕小さな頑張り屋たちの価値を評価しようという呼びかけほど、私たちの自己利益の意識に具体的に訴えるものは他にはあまりないだろう。

昆虫の有用性はすでに証明済みではあるが、私たちの生活を助ける上で昆虫が果たす複雑な役割や、昆虫がそうした重大な仕事をし続けるために何が必要かを、私たちは今後もっと多く学ばなければならない。しかし、現在の潮流がこのまま続けば、昆虫たちは（そしてひいては私たち自身も）大変な困難に見舞われるということが、もう私たちには十分わかってきている。益虫に食物と隠れ場所を提供する野生植物は、人間による開発が間断なく進められる中で、加速度的に消滅している。また、農場での継続的な農薬の使用は、害虫と一緒に益虫も一掃してしまう。こうした事態に対し、次第に科学者は警告を出しつつある。私たちは、高い代償を支払うことなしに現在のやり方で食料を作り続けることはできないというのだ。野生のミツバチについてもっと知ろうと、先例のない研究に没頭しているクレア・クレーメンは、食料生産の方法をより持続可能なものに切り替えるだけの時間がまだ残されているうちに、知識の空白部分を埋めてしまおうと必死に努力している、小さな研究者グループの一員である。重要な第一歩は、昆虫たちが、あるいは間接的にはその生息地が与えてくれるいわば「補助金」の額面がどれほどになるのかを決定することだと、彼女とその仲間たちは確信している。

「あなたのツナサラダに寄生させてもらっていいかしら。」畑での朝の一仕事で泥だらけのクレーメンは、ロバート・バッグの家の台所にある冷蔵庫を開けて振り返る。ここはカリフォルニア州パロ・アルト〔クレーメンの勤めるスタンフォード大学の隣町〕から北京に至るまで、世界のあちらこちらから集まった昆虫研究者たちのたまり場である。バッグは二、三フィート〔約一メートル〕離れたテーブルで誰かと会話しており、そちらに気を取られながらも自慢げな微笑みを浮かべてうなずく。このサラダはピリッとした味のすばらしいご馳走で、ツナはレモン・バーベナ、フェンネル、バジル、そしてラベンダーといった刺激的な味わいのハーブの中に埋もれていた。これらはすべてここの庭先で育ったものだ。

著名な昆虫学者のバッグ（「この仕事をするには、僕の名前は財産だよ」〔名字の「バッグ」Bugg は、昆虫を意味する「バッグ」bug と同音である〕と彼は言う）は、カリフォルニア州デイビス近くの、草花の彩りも木々もない無味乾燥な住宅地に住んでいる。しかし、彼の家にある、〇・二五エーカー〔約〇・一ヘクタール〕の裏庭は活気溢れるオアシスだ。そのオアシスは青々と茂ってよい香りに包まれ、華やかな色や匂いに誘われた昆虫や鳥で賑やかだ。「この賑やかな様子は、在来植物復活の祝典だと僕は思っています」と、彼は植物の方に腕を振りながら言う。それらは、カリフォルニアアキノキリンソウ、ニオイムラサキ、スティパ属（ニードルグラス）、トウワタなど、よそのほとんどの庭ではもう見られなくなったものである。料理用のハーブガーデンのかたわらに、ミツバチ類、イモ虫、ハエ類、カリバチ類〔狩蜂や寄生蜂など〕が好んで棲む十数種の植物を彼は栽培している。彼は、他のガーデニング愛好者が害虫と見なす生き物を熱心に庭に呼び込んでいる。それらの虫たちが実際には有益であることを知っているからだ。

在来植物は、バッグとクレーメンの二人が共に情熱を注ぎ込んでいるものである。カリフォルニア大学デイビス校の「持続可能な農業・研究教育プログラム」〔「農学・環境学部」に設置された一プログラム〕におけるバッグの仕事は、現在あるいは将来にわたって、土地をより生産性の高いものにしたいと考える農民たちの相談に乗ることである。在来植物を利用して、有益な昆虫たちを「上手にもてなす」方法を教えることで、彼は助言を求めに来る農民たちに、「農薬のランニングマシン」（一部の農民が揶揄してこう呼んでいる）から上手に「下りる」手助けをしているのだ。また、空き時間には、例えばタスマニアのような遠方から、科学者と官僚の代表派遣団を受け入れるようなこともしている。さらに彼は、自分の専門分野の本、とくに有機栽培生産物の人気が急騰する今日、世界中で高まりつつある関心に応えるテーマについての大著を共同編集して世に出した。

農薬被害についての草分け的な研究であるレイチェル・カーソンの『沈黙の春』が一九六二年に出版されたのをきっかけとして、有機農業という怪物が出現した。それから二、三十年の間に七七億ドル産業に成長し、一九九〇年代は年二十パーセントの着実な伸び率で成長している。その産業は、主要な農業州でありナチュラリストのメッカでもあるカリフォルニアで特に盛んで、二〇〇一年〔本書執筆時〕には全米の有機果物・野菜の三分の一を生産している。その州に二千ある有機栽培農家の多くは、程度の差こそあれ、栽培作物とそれ以外の植物を最も持続可能なパターンで組み合わせる農場設計手法である「ファームスケーピング（farmscaping）」〔害虫防除を目的としたもので、益虫、益鳥などの生息地としてのため池なども含む〕に取り組んでいる。しかし、その戦術はヨーロッパ、特にイギリスでより普及してきた。そこでは一九九〇年代に、「ビートル・バンク」と呼ばれる、作物を食い荒らすアブラムシの仲間を餌とする甲虫類〔ビートル〕の住処となる、草深い盛り土〔バンク〕を作ることによって、農薬の経費を節減することに成功したのである。イギリスでのビートル・バンクの目覚ましい成果は、同様の他の実験でも示されたように、従来の農法よりもコストがかかると通常考えられている有機農法が、時には経費節約につながることを示唆している。

クレーメンは、バッグの多くの研究仲間の一人である。しかし、バッグの手法の本当の実践者は、近隣のヨーロ郡に住むティム・ミューラーやポール・マラーのような筋金入りの有機農法家たちである。二人とも、益虫をなんとかうまく自分たちの作物に誘おうと努力しており、それをもっとうまくするにはどうすればよいのかをどうしても知りたいと、自分たちの畑をクレーメンの研究に提供してきたのである。

「私は畑を眺めて、テントウムシを見つけては観察するんです。それは何でも食べるすばらしい捕食屋ですよ」とフル・ベリー農場〔「満腹農場」の意味〕の農場主のマラーは言う。その農場は、サンフランシスコ湾岸地域一帯の産直市場で生産物を販売している。彼は次のように続ける。「丘の上の方で、ある特定の時間にある特定の植物の上にテントウムシがいるのを見かけるんです。しかし、テントウムシの個体群にうちの畑に来て留まってもらうには、どうすればいいんでしょう。彼らが好きな場所は、近くの小川でしょうか、それとも乾燥した耕作放棄地でしょうか。そして、畑にはどんな種類の授粉者が必要なのでしょうか。そうした問題は、信じられないほど複雑なんです。だから、私たちは勘をたよりに一か八かでやるしかないんです。」

ことに授粉という微妙で根本的なプロセスに関して、より多くの情報を得る必要性は、いっそう緊急度を高めつつある。多くの生態系サービスと同様に、授粉に経済的な価値があることは当然理解されているが、その詳細は未だに明らかにされていないのだ。

十万種以上の昆虫類、鳥類、哺乳類は、摂餌と営巣行動の中で、意図することなくしかし幸運なことに、ある花のおしべの花粉を別の花のめしべに付着させてしまう。このことによってこうした「散らかし屋」たちは、私たちが食べる物とそのコストにおいて重要な役割を果たしている。『忘れられた授粉者（*Forgotten Pollinators*）』の著者の一人でミツバチの専門家スティーブン・L・ブーフマンは、よく引用される概算に基づいて、私たちの食べる三口に一口もが、彼らの助けを借りてもたらされていると主張する。世界の主要作物である穀草類は風媒受粉なのだが、ブーフマンと同書のもう一人の著者ゲイリー・ポール・ナブハン〔環境保護活動家、アリゾナ大学教授〕は、それを計算に入れなかったため、実際には、三口に一口よりは少ないだろう。しかし他の科学者たちも、さらに多くの研究とより信頼できる推定を要求してはいるものの、授粉が莫大な経済的価値を持つことには同意している。一九八〇年代後半において、アメリカで昆虫（大部分はミツバチ）によって授粉された作物の価値は、何を含めるか、あるいはどう計算するかなどさまざまな前提条件によって結果は異なるのだが、概ね四六億ドルから百八十九億ドルの間であろうと推定された。

授粉・受粉に関する経済学については、私たちの理解がいささか曖昧なだけでなく、多くのアメリカ人はそもそも受粉が何であるかさえもよく知らないという調査結果さえある。ワシントンDCの国立動物園で行われたある調査で、訪問客の四分の三は、花粉がアレルギーを起こす迷惑なものと考えており、それが植物の結実・繁殖に関与するものであることは全く知らなかったという結果が明らかになった。しかし、ほとんどの植物は、花粉を運んでくれる授粉者を必要としているのである。

もし、授粉者がいなくなったとしても、私たちは飢えたりはしないだろう。しかし、私たちの食べ物のメニューは、より退屈で、より高価で、あまり健康にもよくないものになるはずだ。また、ジャガイモやアーモンド、大豆、オレンジ、ナス、ピーマン、茶などは、仮に入手可能だとしても高価で贅沢なものとなり、ニンニク、タマネギ、ニンジンのような根菜類も、種子の成熟には昆虫が必要なので、それらも消えてしまうかもしれない。「私たちは文化的にも栄養学的にも弱体化してしまうでしょう」とクレーメンは言う。その日が、すぐに来るか、あるいはそもそも本当にやってくるのか否かは、誰にもわからない。しかし、出揃って来た証拠は、人を不安に駆り立てるものである。最後に残されていたわずかばかりの半自然植生が農村風景から消え、農薬の使用量はどんどんと増え続ける中、授粉者の繁殖と摂食の場である生息地は急速に減りつつある。かつてどこにでもいた昆虫たちが、姿を消しつつあるのだ。「もし、授粉者の数と多様性、その調達可能量などの現在の減少傾向が反転しなければ、近い将来、世界の食料供給や安全保障、貿易などの深刻な問題が引き起こされるだろう」と、電子ジャーナル『保全生態学（*Conservation Ecology*）』（二〇〇一）は警告している。

カリフォルニアの農場におけるクレーメンの不眠不休の見張りは、これらの懸念に触発されたものだ。中学三年生の頃に生物学者になろうと決意した、ひたむきで穏やかな調子で話す四〇歳の女性は、日頃の仕事の一つ一つの作業でただ一匹のミツバチとただ一つの花だけを追跡することになるような場合でも、常に世界規模での授粉の危機を念頭に置いている。ティム・ミューラーが家族で経営するリバードッグ農場で、彼女は、緑眼で茶色のミツバチを一匹捕まえて、その種をメリソデス（*Melissodes*）属ミツバチと同定すると小さなカゴに入れる。次に、彼女は、まだどんな虫も寄せ付けたことのない無垢の雌花を覆っていた「婚礼用のベール」を持ち上げる。この薄いネットは、単なる目印ではなく、重要な役割を持っている。それは、クレーメンの研究の邪魔となる他のミツバチが中に入るのを防ぐためのものだ。まだ咲いたばかりのその花を、クレーメンはカゴの中に入れる。二、三分間、メリソデス属ミツバチは興奮して飛び回っているが、やがて落ち着いて花蜜をするようになるのを、クレーメンは忍耐強く待つ。

ミツバチは、近くの巣で待つ幼い子供たちに花粉を食べさせるために戻ってゆく途上で、集めた花粉で脚がポパイの腕のようにふくらんでいる。花粉のいくらかは、必ずこぼれ落ちる。クレーメンは雌花を研究室に持って行き、めしべ上に落ちた花粉の粒の量を測定する。彼女は、この特別に生産力の高いミツバチ種がほんの二、三回訪問するだけで、花の大変な要求を満たして大きく美味しいスイカを実らせるのに十分な花粉が残されると考えている。

「美味しくて大きなスイカができるのには、花粉が一粒運ばれればそれで十分だと思われるかもしれませんね。でも実際は、市場に出せるような果実を得るには、約千粒の花粉が必要なのです」と彼女は説明する。もし、花の受け取る花粉がそれよりかなり少ないと、果物の発育は途中で止まってしまうという。それよりは多く、しかしそれでも千粒という出来不出来の境目となる値を超えないような場合には、できるスイカは小さくて、不恰好で、あまり美味しくないものになってしまうのだという。それは植物が、スイカを大きく甘くする（それによって、種子をばらまいてくれる鳥類や哺乳類にとって魅力的なものとなる）のに必要な光合成エネルギーを、その努力に見合う成果をもたらすのに十分な数の種子を持つ果実にのみ費やそうとするからだ。問題を複雑にしている要因は、それぞれの花が咲いているわずか一日の限られた時間内に、すべての花粉がうまく運ばれなければならないという点にある。

大変な仕事をしてくれているにもかかわらず、メリソデス属ミツバチのような在来種の日常生活については、ほとんど何もわかっていない。どのようなバラエティの植物があれば、彼らが必要としている花蜜と花粉を提供できるのだろうか。どこに彼らは生息しているのだろうか。どの程度、彼らは従来の農場での農薬の急襲に耐えられるのだろうか。私たちはこれらのことを知る必要性をこれまで大して感じてこなかったため、その解明のために時間を費やしてこなかった。早くも一六二〇年代には、アメリカへの入植者がヨーロッパからミツバチを持ち込み始めたのだが、それ以来、アメリカの農業は在来のミツバチには背を向け、ますますその何百万もの小さな「移民労働者」たちに依存するようになっている。

アメリカの農場が、今日頼みの綱としているのは、セイヨウミツバチ（*Apis mellifera*）である。それは、多くの多様な作物にとって効率の良い花粉運搬者であるとともに、巣箱に暮らす〔群居してコロニーを作る〕「社会的」なミツバチでもあり、管理と運搬が容易である。その便利さと信頼性のために、農民はセイヨウミツバチが提供するサービスに対価を支払ってきた。時にはそれが、アーモンド畑一エーカー当たり四十ドルと、べらぼうな額になったとしても、である。「私が知っている従来型農法の農民の中には、在来ミツバチを使っている者は誰もいません」とジョン・フォスターは言う。彼は、リバードッグ農場の近くで巣箱七千個分のミツバチを管理している。彼は以下のように続けた。「農民は、作物にたくさんの投資をしていますから、一か八かやってみるというわけにはいかないのです。最高の結果を得るためには作物をミツバチで一杯にしなければだめなのです。セイヨウミツバチはそれに必要なだけの個体数が保証できる唯一の種なのです。」

しかし、セイヨウミツバチだけに頼り切る時代はすでに終わってしまったのかもしれない。ハチの気管を閉塞して窒息死に至らしめる寄生ダニが絡んだ、聖書にも記述された病気の発生と、着実に北上するキラービー（アフリカ蜂化ミツバチ）によって、アメリカのミツバチ産業は崩壊の危機に瀕している。ちなみに、キラービーは管理されたセイヨウミツバチと交雑して、凶暴で手に負えない子孫を増やしている。アメリカ国内の管理されたミツバチの数は、一九四七年の五百九十万群のピークから二〇〇〇年の二百六十三万群へと急激に減少してしまった（例えばカリフォルニア州では、管理されたセイヨウミツバチの供給不足が深刻で、アーモンド栽培農家は、ノースダコタ州のような遠方からミツバチを搬入している）。野生ミツバチの数は、〔セイヨウミツバチよりも〕さらに激しく減少していると科学者たちは考えている（ある試算によれば、一九九〇年以来、七十パーセントも減少したという）。これは、授粉のために通信販売でミツバチを買うという対策を取っている多くの家庭菜園愛好家たちも、すでに気付いている現象である。

ミツバチの衰退は、世界的な農業史において一つの転換点を示すことになるだろう。人間は作物の栽培において、その長い歴史とほぼ同じくらい古くから、ずっとミツバチの働きに依存してきた。エジプト人は熱心な養蜂家で、養蜂場付きの小型のはしけをナイル川に浮かべ、さまざまな作物の花の開花に合わせて川を上り下りしていた。ファラオ〔古代エジプトの君主〕は、自らの王室のシンボルをミツバチにした。そして、授粉昆虫の不足の歴史も、同じくらい長いものである。学者は、三千年前のメソポタミアでも、ナツメヤシは人の手によって授粉されなければならなかったと推定している。しかし、今日危惧されている授粉昆虫の不足という問題は、かつて類を見ないほどその影響の範囲が劇的に拡大されたものになる可能性がある。その原因の一部は、私たちの広汎な農地が、管理されたセイヨウミツバチにあまりにも依存するようになってしまったことである。

現時点では、このミツバチ危機の経済への影響は、まだ明らかにされていない。というのも、これらの「ブンブンいう農業従事者」が次第に失われてきたことによる損失が、すでに消費者に転嫁されているかどうか、あるいはされているとしたらそれはどの程度なのかについて、信頼に足る最新の包括的データはまだないからだ。しかし、警告の声が大きくなる中、科学者と農民は共に、授粉者の減少によって生じるであろう将来の深刻なコストを予測している。

こうした危惧を共有しているクレーメンは、一九九九年以来自分が研究してきた在来ミツバチが、この問題への解決策を提供してくれるかもしれないと考えている。それは、もしも管理されたミツバチによる手法が最終的にだめになった場合に備えての、一種の保険のようなものだ。在来ミツバチ種の最大の利点は、在来種がキラービーと交雑できない点にある。キラービーはその生息範囲を容赦なく広げていることから、この利点の重要性が高まるのは疑う余地がない。一九五六年にブラジルの遺伝学者の研究室から逃げ出したアフリカミツバチが、当地のヨーロッパ産セイヨウミツバチと交雑してキラービーが生まれた。それ以後、群れは北上を続け、ついに一九九〇年にテキサス州に到着したのである。その科学者は、より穏やかな気候で進化したセイヨウミツバチよりも、〔彼の研究室があるブラジルのような〕熱帯では、アフリカミツバチの方がよく仕事をするのではないかと期待していたのである。しかし、攻撃的なキラービーは、それ以来被害を出し続けており、時折群れをなして人や動物を攻撃し、時には死に至らしめることすらある。

在来ミツバチを利用するもう一つの大きな利点は、在来ミツバチの約二万と推定される種のうちのいくつかが、ある特定の植物に対してはより効果的な授粉者である点にある。例えば、ハキリバチの一種(*Osmia lignaria*)は、リンゴと西洋ナシとアーモンドの花粉を巧みにまき散らす。さらに、野生ハキリバチ類は、セイヨウミツバチ(アフリカ化したキラービーであれ、普通のものであれ)よりも、人間に対してさほど攻撃的ではないという利点もある。

「在来ミツバチにも仕事ができる」と、クレーメンは〔本書執筆時の〕二〇〇一年の論文の草稿で大胆に結論を出した。クレーメンの研究によると、カリフォルニアのヨーロ郡では、在来ミツバチが十分豊富にいるので、スイカの収穫に必要な授粉をすべてまかなうことができるのだという。しかし、在来ミツバチが十分に存在するのは、無垢の自然が保たれた生息地が近くにある有機農場においてのみであることも、彼女の研究は示している。従来型の農場も有機農場も同様に、そうした自然の生息地から遠い場合には、彼らが必要としている授粉というサービスを提供してくれるに足りるだけの在来ミツバチを呼び寄せることがどうしてもできないのである。それゆえ、こうした農場はセイヨウミツバチを外から連れて来なければならない。しかし、在来ミツバチが元気に生息しているかどうかについては、アメリカ全土で大きな疑問がもたれている。一般的には、在来ミツバチはセイヨウミツバチよりさらに危機的な状況に陥っていると考えられているのである。

農薬は、メディアでさんざんな悪評を受けてきたにも関わらず、未だに大部分の農場で欠くべからざる物として使用され続けている。コーネル大学の昆虫学者デイビッド・ピメンテルは、アメリカの農家は年間七億ポンド〔約三二万トン〕の農薬を使っていると推定している。その農薬にはマラチオン〔別名マラソン、有機リン系殺虫剤〕のような、ミツバチにとってDDT〔ジクロロジフェニルトリクロロエタンの略語であり、有機塩素系殺虫剤。日本では一九七一年に農薬登録が失効した〕よりも致命的な有毒物質もある。野生のミツバチは、管理されたセイヨウミツバチに比べてこれらの農薬の害をより受けやすい。というのは、セイヨウミツバチの巣箱は農薬の散布前に避難させるが、野生のミツバチの場合そのようなことができないからだ。

そのうえ、在来ミツバチは食物と住処について、深刻な問題を抱えている。彼らは、自分たちの居場所に割り込んでくる大量の管理されたセイヨウミツバチとの間で、花粉と花蜜を争わなければならないからである。さらに、宅地開発と農地の開墾によって在来ミツバチの営巣場所の破壊が進むにつれ、彼らはかつて例のないような速さで居場所を失っている。さらに、彼らはある悪循環にも陥っている。いろいろな理由から在来ミツバチの数が減少するのと足並みをそろえるように、その生息場所も減少している。なぜなら、在来ミツバチが授粉を担うさまざまな植物の中には、自分たちの生息地となる植物も含まれているからだ。授粉を担う在来ミツバチがいなくなると、住処となる植物は次の世代を残せずに、徐々に衰退してしまうのである。何世代もかけて築かれたこの関係が一旦壊れると、ミツバチが減ることで植物が減り、それがひいては、さらなるミツバチの減少を引き起こすという悪循環が生じるのである。

在来のミツバチの数を復活させるための最初の一歩は、ミツバチの基本的なニーズが満たされる状況を確保することにある。しかしそのためには、まず科学者がミツバチのそうした基本的ニーズとは何かについて、もっとよく知っておく必要がある。この任務はクレーメンに打ってつけだった。一九八〇年代に調査のためコスタリカを訪れた際、彼女は動植物の生息環境が恐ろしいほどの速度で破壊されているのを目の当たりにして、自分はもう快適な研究室に閉じこもってなどいたくないと確信するようになったという。「研究するつもりだった生物すべてが消えさりそうに見えた時、基礎研究をすることが、俄然、贅沢に思われ始めたのです」と彼女は回想する。そうして彼女は保全生物学の分野に身を投じたのである。保全生物学とは、現実世界の問題にしっかりと焦点を絞って伝統的な学問分野に挑む、新たに登場してきた学問領域である。一九九〇年代に、野生生物保護協会（Wildlife Conservation Society）〔一八九五年設立の世界的な動物保護団体。ニューヨークのブロンクス動物園なども経営している〕のスタッフとして、彼女はマダガスカルで新しい国立公園を創るチームの監督となった。彼女の任務には、そのプロジェクトの経済的価値を証明することも含まれていた。彼女が特に示したいと思ったのは、水源流域保全や公園の周辺地域にある非木材林産物が地元にもたらす利益が、炭素隔離という世界的な利益にさらに上乗せされれば、大きな木材伐採会社を自由に操業させたいという強い国家的動機をはるかに凌ぐものになるということだった。

クレーメンがアメリカに戻ってから約二年後、学術雑誌『保全生物学 (*Conservation Biology*)』で、『忘れられた授粉者』の二人の著者ブーフマンとナブハンによる論文が掲載された号を開いた。彼女は、それを重要な研究課題として読み取った。「これこそが、私たちの研究するべきことだ、とその論文は語っていたのです」と彼女は回想する。そこで、全米魚類野生生物財団 (National Fish and Wildlife Foundation)〔魚類、野生生物および植物とその生息地の保全を目的として、一九八四年にアメリカ合衆国議会によって設立された〕と他のグループから資金を獲得し、彼女は世界有数の生産性を誇るカリフォルニア州ヨーロ郡およびソラノ郡の三五の農場で、在来ミツバチを研究する三年間の研究プロジェクトを開始した。

その地域の農業の大半は、平らで広々とした大規模農場で営まれており、そこへはトラック何台ものセイヨウミツバチの巣箱が定期的に配達されている。しかし、クレーメンは、リバードッグ農場のような有機農場でも同じぐらいの時間を研究に費やしている。リバードッグ農場は七十エーカー〔約二八ヘクタール〕の広さで、周囲には小川がめぐり、繁みとオークの林に囲まれて山麓の丘の懐に抱かれている。農場所有者ティム・ミューラーは、セイヨウミツバチの巣箱を業者から借りて利用することはない。なぜなら、その必要がないからだ。クレーメンの研究によって、彼の農場は、在来ミツバチを呼び込むためには理想的な場所にあるということがわかってきた。つまり、そこは原野に近く、農薬を使う農場からはかなり遠く離れているのである。彼の作物は、その一帯で育まれる生き物たちで賑やかである。

その賑やかな面々の中には、例えば、空になった野ネズミの巣の中に作ったハチの巣へと飛び帰るマルハナバチ類〔ミツバチ科〕もいる。あるいは、倒木のうろや茂みの下の地面に巣を作る、群居しない単独性の野生ミツバチもいる。農作物がない時期になると、在来ミツバチは、例えば一月の野生マンザニータの花に始まり、六月のカリフォルニアカナメモチの花に至るまで、次々と咲いていくハーブや潅木や木の花で食餌をする。

「私たちは、プロジェクトがうまく行くことに本当に期待しているんです」と、ポニーテールの髪に野球帽をかぶったミューラーは言った。彼は大学で人類学を学んだとのことだ。今までのところは順調だ。クレーメンは、ほとんど三十種にも上る在来ミツバチ（そのほとんどが単独性）が、こうした農場でせっせと働き続けているのを発見してきた。リバードッグ農場では、これらの在来ミツバチが、四品種のスイカ、五品種のマスクメロン、八品種のピーマンと六十品種のトマトといった色とりどりの収穫を支えている。

クレーメンは、数人の大学生とともに在来ミツバチが花を訪問するのを観察し、その跡に何が残されているのかを分析するのに、毎日多くの時間を費やした。彼女は、二つの主要な理由のために在来ミツバチの観察対象をスイカの花だけに絞った。その理由とは、まず、スイカはその受粉を完全に昆虫に依存しているということ。そしてさらに、受粉がうまく行くために厳しい条件が必要とされることである。その地域の在来ミツバチの群集がスイカの要求を満たせるほど十分に健全なら、おそらく他の、より受粉条件のゆるい作物を助けることも可能だろう。畑に立てられた何本かの小さな赤い旗は、「婚礼用のベール」の下で受粉を待つ未受粉の雌花の位置を示す目印である。

一日一日の仕事の進み具合で言えば、彼女のフィールド・ワークは常に順調というわけではなかった。クレーメンは、研究を進める上で在来ミツバチだけが花に近づくことができるようにしたかったため、迷い込んでくるセイヨウミツバチを絶えず追い払わなければならなかった。彼女は、小さなカゴのなかではミツバチがなかなか自然に振る舞ってくれないので、数カ月を費やしてもたいした結果は得られなかった。閉じ込められると、マルハナバチの場合、十四に一匹の割合でしか花を訪れようとはしないのである。しかし、最近彼女の研究仲間の一人が、その問題の解決法を思いついてくれた。長い棒の先に花をつけた「インタビュー・スティック」と彼らが呼ぶ道具を作り、クレーメンとその仲間はその「スティック」を、選んだミツバチに「抗いがたい誘惑」として差しだすことにしたのである。それ以来、データはどんどんと、そして素早く手に入るようになったのである。

カリフォルニアでの研究がまだ継続中の二〇〇一年に、スタンフォード大学からプリンストン大学へと移籍したクレーメンは、研究の三年目に、自分のデータをもっと精度の高いものにしたいと考え、ある特定の在来ミツバチ（マルハナバチの一種（*Bombus vosnesenskii*））からの助けを期待していた。セイヨウミツバチと同じようにマルハナバチは、簡単に管理・追跡できるコロニーを作って生活する社会性昆虫である。クレーメンはマルハナバチのコロニーをいろいろな農場に置き、どこへ行ってどう帰ってくるかを追跡し、彼らの生存率と彼らが集めてきた花粉の種類を記録することを考えた。「このマルハナバチは、いわば理想的な環境探測機です」とクレーメンは言う。

どんどん窮地に陥りつつあるセイヨウミツバチの代役を提案しようと躍起になっている商魂たくましい科学者たちが増えるにつれ、マルハナバチは他の場所でも関心を集めつつある。マルハナバチには、温室トマトや他の野菜の授粉がうまくできることがすでにわかっている。しかし、セイヨウミツバチが果たしてきたスターの地位を埋める候補となるハチは、マルハナバチだけではない。米国農務省（The U.S. Department of Agriculture）はすでに、例えば先述のハキリバチの一種（*Osmia lignaria*）やブルーベリーハキリバチ（*Osmia ribifloris*）、さらに一九三五年にヨーロッパから輸入された小さなアルファルファハキリバチ（*Megachile rotundata*）のような在来のハチの中に、「花粉運びの達人」がいるかもしれないと考えて、その可能性を調査しはじめている。つまり、これらのハチのどれかに、いろいろな花を受粉させられる万能選手がいるとわかれば、それらは飼育され、現在のセイヨウミツバチのように何百万もの巣箱で管理されるかもしれないということである。

だが、かつてワシントン州でコンピュータネットワーク管理の仕事をしていたウィリアム・ハーパーほど大胆なミツバチの置き換え計画を思いついた人は、わかる限りこれまで他にはいない。一九九八年に、ハーパーは「デザインされた授粉者」を市場に出す特許を取得し始めた。それは遺伝子組み換えによって作られ、大量販売される、使い捨て昆虫であり、彼の主張によれば、この昆虫は「世界中の農業の様相を劇的に変える」ことになるというのだ。それはつまり、昆虫の特性（例えば体の大きさや形、飛行のパターンなど）を、さまざまな特定の作物に合ったものになるように試験管の中で設計し、繁殖させるということなのである。その授粉者は、セイヨウミツバチの何分の一かの費用で生産し配備することができる。なぜなら、それらは結婚の仲立ちという仕事を終えれば死んでしまうため、回収する費用が不要となるからである（しかも、この授粉者を使えば、大切な飼育ミツバチに害を与えてしまう心配もなく存分に農薬を使うことができると、ハーパーは指摘している）。これらのハチの「管理人」は、

「起爆性ガス迫撃砲型空中散布機」を使ってハチを農場に放すようになり、その方法が、古くからの移動式巣箱の技術に取って代わることになるだろうと言うのである。ハーパーは、その古くからの移動式巣箱を「蜂蜜を採るために考えだされた、時代遅れの手仕事の無様な間に合わせ品」として退けるのである。

ハーパーは、自分自身を「急進的環境主義者」だと説明するが、彼の一山当てようという熱意は、かのアダム・デイビスすら尻込みさせてしまうほど激しいものである。オクラホマのランドラッシュ〔一八八九年に始まり一八九五年までの五回にわたって行われた、白人の一斉入植。一定の安い入植料を支払えば一定の広さの大きな土地を手に入れることができたため、入植開始を知らせる号砲とともに早い者勝ちの熾烈な競争が繰り広げられた〕の時代に、人々が水源や交通の要所など重要地点の所有権を得ようと先を争った状況にたとえて、「授粉のように未開拓な技術分野には、大当たりが狙える領域がふんだんにあるのだ」とハーパーは書いている。〔本書執筆時の〕二〇〇一年の後半には、ハーパーはその発明品に洗練を施している最中で、まだ市場に出す契約はしていなかった。しかし、彼は郡の農畜産物フェアで彼の「起爆性ガス迫撃砲型空中散布機」の実演を行うなど、すでにその宣伝方法を考えていた。「〔実演をすると〕ブースで説明のチラシを配っているより間違いなく効果的ですよ」と彼は言う。

ハーパーが見せる極度の野心は、益虫産業全体がますます大きな商機をもたらすかもしれないという意識が世間で高まりつつあることを、はっきりと示している。それは明らかに、最近、大量の消費が有機食料品や持続可能な農場に対してなされていることと関係している。有機市場を目指し、農薬を止めようとしている農民は、農薬に代わる害虫管理技術を熱心に捜しはじめているのである。また従来型の農民たちの中にさえ、一九六六年にアメリカ合衆国議会で農薬に対する新たな規制が承認され、以来、毒性の強い農薬のいくつかは非合法化され、他の農薬も簡単には購入できなくなっているため、新技術の受け入れに対してより柔軟になってきた人たちもいる。青果産業の多くは、統合的害虫管理へと原理を変えつつある。それは、農薬使用と益虫の戦略的放飼とを組み合わせた害虫管理法である。そうした頼もしい「援軍」の中には、まず寄生性のタマゴコバチの仲間（*Trichogramma* 属）がいる。それは、作物を餌食にする害虫の卵の中に卵を産みつけ、害虫の子孫の生き残りを阻止するのである。他にも、ある種の有益な線虫がおり、それらは顕微鏡で見える程度の大きさで、土中の害虫や木に穴をあけて住む害虫を攻撃する。野菜やバラに殺虫剤を吹き付けるのを嫌がる家庭菜園家が増えてきているが、そうした人々もこの潮流に加わってきており、アブラムシを食べるテントウムシやその他の益虫を、手軽なパッケージで販売するロサンゼルスのオルコン社のような会社から購入している。その宣伝文句は「良い庭仕事には、良い虫を」である。

カリフォルニア州レディングにあるベネフィシャル・インセクタリー社（Beneficial Insectary）〔「益虫の館」の意〕は、農民と園芸愛好家の両方を顧客とする、アメリカ最大の「天敵」供給業者の一つである。それは、カリバチ類や甲虫類ばかりでなく、有機農法家に使用が認められている、菌類やバクテリアといった微生物も販売する。会社の所有者で、生物的防除自然農法生産者協会（Association of Natural Biocontrol Producers）の前理事長でもあるシンシア・ペンが、この産業の現状を調査し、二〇〇一年の世界の総売上高は約五億ドルに上ったと推定した。それは世界の農薬産業の年次収入である数十億ドルのまだほんの何分の一かに過ぎないものの、天敵ビジネスの年間成長率は、農薬産業の成長率よりはるかに高く、一九九〇年代には十六パーセントも伸びたのだとペンは語る。またこの産業は、より効率性も高めてきている。たとえば近年では、農薬を散布するのと同じように、益虫の卵を植物にスプレーできる技術も開発されているのである。

アメリカでどんどんと多くの農民や家庭菜園愛好家たちが、益虫という小さな戦士たちを配備している中で、在来の授粉者などの益虫をどうすればその場に留まらせることができるかがわからないために、彼らは不利な戦いを強いられている。このような取り組みにおいては、昆虫を最大限利用できるような環境を整える手法「ファームスケーピング」が、一度にいくつかの恩恵をもたらしてくれる。生け垣や下生えとして植えられるある種の植物は、農民が歓迎する益虫に食物と生息場所を提供する。また、競争を通じて過度の雑草繁茂を防ぐ植物や、防風効果によって益虫と作物の両方を保護する植物もある。そして最終的には、作物の植え方自体の工夫も害虫の発生を減らす助けになる。ほとんどの農民がすでに知っているか、あるいは学びつつあることだが、ティム・ミューラーのリバードッグ農場のように、異なる作物をパッチ状に散らすことで、特定の害虫が好みの作物を一気に食い荒らし、勢いに任せて大繁殖してしまうことを防ぐパッチワーク農園は、その最良のものである。

ファームスケーピングは、実はとても歴史の古い技術である。千七百年以上もの間、中国の柑橘類の栽培者は、木の周りに捕食性のアリの巣を置き、番人であるアリが逃げられないように、木の根の周りに外堀を造った。アリは、木を脅かす大きな害虫を攻撃するが、益虫である小さな虫には手を出さない。最近の調査で、この技術を使用する果樹園は、化学農薬が使われた場合と比較して六十パーセント以上も果物の損害を減少できることが明らかになった。

フル・ベリー農場で、ポール・マラーは彼のスイカやトウモロコシ、ナスの他さまざまな作物のそばで「昆虫の育成」実験を行っている。マラーは、カボチャで発生したヘリカメムシの問題を、カリフォルニア大学デイビス校の研究者の勧めに従って、寄生性昆虫のヤドリバエの一種（*Trichopoda pennipes*）によって解決して以来、生物的防除（その実体は昆虫同士の戦争なのだが）のファンとなった。「冬カボチャはもうだめだろうとあきらめかけていたところでした。でも、その畑は今まさに戦場となっていますよ」と、彼は天井に松材を張った台所で甘く白いトウモロコシにかぶりつきながら言うのである。

その最初の実験以来、マラーは彼の作物に何十万匹もの寄生性タマゴコバチの仲間（*Trichogramma* 属）、クサカゲロウ、そしてテントウムシを放虫してきた。彼は、昆虫がのんびりと暮らせる環境作りにも取り組んでいる。彼は、カナメモチ属など在来の木と潅木で生け垣を作り、それらの花はミツバチや有益なクサカゲロウを惹きつけている。彼の畑と果樹園は、風の中で揺れる花々で縁取られている。「大事なのは、いつでもどれかの花が咲いていることです。そうすれば、虫たちはいつでも花粉と花蜜にありつけますからね。でもそれ以外のことは、まだまだわからないことばかりです」と彼は言う。

益虫の居心地を良くしようとしてやったことが、かえって駆除したいと願っている害虫を育てることになってしまうのをマラーは心配しているが、彼のようなファームスケーピングの信奉者たちですら懸念するように、その心配にはもっともな理由があるのだ。その他にも、ファームスケーピングには、無知による間違いは起こり易い。例えば、ヨモギはアメリカ先住民にとって薬草であり、単独性のミツバチやテントウムシを呼び寄せる植物だが、ブドウのツルを弱らせたり枯らしたりするピアス病の保菌草でもある。マラーは、自分の試行錯誤的な農業の方法に頭を悩ませている。ファームスケーピングの研究は、化学農薬の開発研究よりはるかに遅れている。その理由の少なくとも一部は、間違いなく、種子を売るだけでは、何ガロンもの化学物質を売るほどの利益が絶対に上がらないためである。マラーのような農民の、非常に緊急な疑問に答えられる科学的な情報を、私たちはほとんど持ち合わせていない。例えば、どれくらいの割合を益虫の生息地として確保すれば、一エーカー当たり最大の純利益が得られるのかという疑問に答えるのは、大変難しいのである。マラーは次のように言っている。「私たちは、『一エーカー当たり三オンス〔約九十ｃｃ〕を散布すること』と書いてある農薬瓶を見て、戸外に行きそれをスプレーするだけ、という状況に慣れてしまっているんです。そういう慣行から大きくかけ離れているのが、本当に大変なところなんですよ。私たちがしていることは、氷山のほんのてっぺんに触れているようなものです。農業のこのような基本的レベルで、まだあまりにも沢山のさまざまな研究が必要なのです。それにも関わらず、一時しのぎの策が重要視され過ぎています。」

この信念が、マラーを活動家にした。彼は「ヨーロ土地トラスト」の理事で、そのトラストは、農地が農地として耕作され続けるようにするために不動産開発権を買い上げている。彼はフル・ベリー農場でとれた農作物を毎月受け取る契約者に、ニュースレターを送っている。そこには、「昔風トマトスープ」のような料理のレシピに加えて、彼の自然保護哲学が満載である。さしあたっては、バッグやクレーメンのような科学者たちが、より生物学的で経済学的な理解に基づく知見を彼らに提供しようとその研究を急いでいる一方、マラーやティム・ミューラー、そしてその他の農民たちは勘を頼りに試行錯誤を続けながら土地管理を続けている。

昆虫から受け取る「補助金」を最大にしようと努力する農民は、さしあたり二、三の原則を守ることで利益が得られると、クレーメンは確信している。まず、在来ミツバチやその他の益虫が繁栄できるようなどんな自然の生息地も保護すること。そして、生息地の断片化を避けること。すなわち、しっかりと機能する生息地を提供するに十分な自然のままの土地を残すことである。さらに、理想的には、それらの生息地が必ず有機農場に取り囲まれているようにし、これらの重要な地域が周辺から受ける農薬の影響を和らげるようにすること。そして、作物は、常に異なる種類を混ぜて植えるのはもちろんのこと、その作物自体に接した状態で、草地の縁取りや下生えや生け垣を設けること。そして最後に、花蜜と花粉が一年中絶えることのないよう、途切れず何かの花が開花しているように努めることである。

このような類の〔農場の環境改善のために必要な〕投資は、食品市場を基本から改革することによって支えられなければならないと、バッグはより広い視野から意見を述べている。「アメリカの食料品は、本来あるべき価格より非常に安く設定してありますが、それが非常に破壊的なのです」と彼は言う。問題は、授粉者の仕事だけではなく、例えば水の価格を低く抑えてくれている〔自然の〕働きのような、他の多くの隠れた「補助金」が、食料品の価格算出プロセスにいまだ組み込まれていない点だと彼は言う。

私たちが受け取ってきた「自然からの補助金」の多くが尽き始めている現状で、この現実はまもなく変わるかもしれない。私たちの農場の周辺環境を維持するため、私たちは何らかの方法で、しかももしかしたら間もなく、今よりも多くを支払わねばならなくなるだろう。たとえどんなデザインされた「代替品」が出番を待っているにせよ、そうした技術が鳥やミツバチにとって代われると信じる根拠を、私たちはまだ全く持ち合わせていないのである。

エピローグ　来るべき革命への希望

これはロケット工学とは違う。それよりもはるかに複雑なものなのだ。〔基本的に「線形」システムに基づくロケット工学に対して、生物系や社会制度が「非線形」であることに言及したポール・エーリックの言葉（三四六ページ）と呼応する〕

――フレッド・ブンネル
（ブリティッシュ・コロンビア大学、保全生物学）、持続可能性について

アダム・デイビスの最も大切な夢は、オーストラリアに希望を抱いて出かけた初のカトゥーンバグループ会議から二一カ月たっても、まだ果たされてはいなかった。二〇〇二年の始めまでには、自分の家族を養うための事業を優先するようになり、世界初の環境保全取引所の創設者になるという夢を、彼は脇に置いていた。景気後退と〔二〇〇一年の〕ニューヨーク市とワシントンDCへの「九・一一テロ」攻撃とそれに続いたアフガン戦争による停滞期にあって、アメリカ人は投資に対して以前よりずっと慎重になっており、まして、創意に富んだ新しい「グリーンな」商品に金銭を投じることなど、思いもよら

ないような状況にあった。こうした新たな現実を受け止め、ハンコック・ナチュラル・リソース・グループは、前年の十月から計画していた新しい炭素クレジット投資ファンドのアメリカでの発売を先送りした。そして、マイケル・ジェンキンズは、その月にロンドンで予定されていたカトゥーンバグループの次の会合を、やむなく延期したのだった。

そんな暗澹たる状況に、カトゥーンバグループの夢想家たちは、時代の流れが変わったように感じて落胆していた。ウッズホール研究センターの科学者ダン・ネプスタッドは、アマゾン熱帯雨林の火災による破壊を止めるために必要とされていた、市場ベースの解決策が一つも出てこなかったことに不満を募らせていた。アグロフォレストリーの専門家サラ・シェールは、貧しい人々の生活改善にも役立つ環境の持続可能な開発に、大規模な民間投資が相変わらずなされていないことに苛立っていた。そしてグループの皆は、やがて森林への新しい多大な投資が始まるという期待が、アメリカ合衆国政府の京都議定書拒否によって、一気にしぼむのを目の当たりにして落胆していた。

遠くオーストラリアでは、ことのほか落胆して、ジョン・ワムズレーが、アンドリュー・ビーティーの警告「経済を揺り動かす嵐」〔二三九ページでのビーティーの表現で、「経済を揺り動かす嵐」に対して民間企業は抵抗しきれないのではないかと懸念を表明したもの〕について考え込んでしまったのも、もっともなことだった。二〇〇二年一月には、彼のアース・サンクチュアリーズ社が、自然保護事業を続けるだけの経済的見返りが得られていないと発表したのである。所有するサンクチュアリーを売り払うことを含めた「大規模なリストラ」が始まったのである。

しかし、長い眼で見れば、これらの後退は、それほど暗澹たるものでもなかった。あらゆる革命は気まぐれなものであり、挫折の数が多いのは、それだけ実験的な試みが多く手がけられたことを示していただけなのである。前進は着実に続いていた。たとえそれが突飛なものであっても、苦労してやっと手に入れたものであっても、簡単に新聞の第一面から滑り落ちてしまうようなものであっても。あまりにもゆっくりとはしているのだが、間違いなく世界は前進していた。環境保全が経済的利益をもたらすことを可能にするための取り組みの幅を徐々に広げながら。

こうした進歩の最も決定的な例は、二〇〇一年七月、ドイツ・ボンで開催された国際的な環境関係者の重要な会議〔COP6再開会合〕での、京都議定書の救済であった。ジョージ・W・ブッシュ大統領の決定によって、アメリカは、傍観するだけであったが、何十もの他の先進諸国は、地球温暖化に関与するガスの排出削減を迫る規則に初めて同意した。先進国はさらに、発展途上国が気候変動に対応して、よりクリーンで、より効率的な技術へと移行するのを援助するために、毎年四億五千万ドル以上の資金提供を行うことを約束した。そしてボン会議の折衝担当者たちは、環境保護のための誘因を生み出す手法の極めて大きな一歩として、温室効果ガス排出を減らすことによって得られる「クレジット」を売買するための、世界初となる世界規模のシステムの枠組みを確立した。また、炭素シンク（炭素を植物と土の中に貯蔵すること）に対しても「クレジット」を与えることを承認したのである。もちろん、アメリカが参加していれば、このシステムはより厳しい目標と執行手段で強化されていたはずだったが、それでもそのようなシステムがその時点で確立されたことは、前進に向けての大きな飛躍であった。やがて、他の国々が後に続くことができるという可能性があるからだ。モロッコのマラケシュで、その四カ月後〔二〇〇一年十一月〕に開催された会議〔COP7〕において、各国の代表者は、議定書を法的に強制力のあるものにするために必須である日本とロシアを含むいくつかの国による協定批准にこぎ着けるべく、協議を進めた。ナチュラル・リソーシズ・ディフェンス・カウンシル〔一六五ページ参照〕の気候プログラム責任者デイビッド・ドニガーは、その文書を「これまでに起草された環境に関する条約の中で最強のもの」と見なした〔日本の京都議定書の批准は二〇〇二年であり、ロシアの批准は二〇〇四年で、ロシアの批准により京都議定書は二〇〇五年二月に発効した〕。

一方、少なくとも二カ国で、自然の仕事〔生態系サービス〕を正規の経済システムに組み込むための画期的な実験を、政府が率先して開始していた。コスタリカは、自分の土地で生態系資産を保全する農民に対し、提供する生態系サービスに基づいて補償金を支払うプログラムを継続、強化していた（第8章参照）。そして、農地の塩分危機に立ち向かうオーストラリアは、「マレー・ダーリング川流域イニシアティブ」に資金援助を行っており、政府当局はこれを、河川の流域管理において世界最大の試みだと自慢した。その計画は、大規模な植林プログラムに加えて、最初の三年間で十四億米ドルが投入されるもので、国の農業生産の四十パーセント以上を占める三六万平方マイル〔約九三万平方キロメートル〕以上の地域を管轄する六つの政府〔オーストラリア連邦政府、ニューサウスウェールズ州政府、ビクトリア州政府、サウスオーストラリア州政府、クイーンズランド州政府、およびオーストラリア首都特別地域自治政府〕が関わっている。その事業の重要な特徴は、塩分目標値を設定（すなわち、個々の谷から放出してよい塩分量の「上限値（キャップ）」を設定）したことである。その上限値は、それぞれの地域の作物や道路（どちらも塩分の被害を受ける）がどれほど塩害の影響を受けやすいか、あるいは、地元の町や都市で要求される飲料水の水質がどの程度なのかという要素によって定められたのである。

ワシントンDCでさえ、自然の働きに金融資産価値を割り当てる戦術が主流となりつつある兆候が見られた。二〇〇二年の農業法案についての議論の主な特徴は、米国上院とホワイトハウスで、環境的に有益な土地の管理実践を幅広く支援していくため、より多くの、そして新しい種類の金銭的な見返りを用意するという考え方に、かつてないほどの支持が集まったことだった。そんな時代の動向の中で、中西部の上院議員たちが、生態系サービスを守り、生み出すような「慎重な土地管理」の実践（例えば洪水制御、水質改善、温室効果ガス削減など）に対して、新しい補助金を引き出そうと遊説しているという。

より局所的な規模で言えば、この本で紹介した全てのプロジェクトは持ちこたえていたし、いくつかは実際に成功していた。ナパの洪水制御プログラムとニューヨークの水源流域保全プログラムは、いろいろな財政的な課題を克服しつつあった（ナパがその時、まだ大きな冬の嵐によってテストされていなかったという但し書きつきではあるが）。ワシントン州キング郡では郡知事のロン・シムズは、また新たに何千エーカーもの森と緑地を保護するための新しい不動産開発権の交換についての交渉にあたっていた。彼はちょうど三期目の再選の時期を迎えていたが、対立候補もなく彼の勝利は堅かった〔二〇〇九年のオバマ政権発足直後、シムズは米国住宅・都市開発省副長官に任命され、現在に至っている〕。そして、デイビッド・ブランドは炭素クレジット市場の未来に確信を持ち続けており、次々と新しい計画を構想していた。その最新のものは、炭素を貯蔵するために植えられた新しい森に投資するユニークな生命保険であった。この新しい森が、理論的には、化石燃料排出について誰もが負わねばならない責任を、この保険の契約者については、生涯にわたってミティゲート（相殺・緩和）してくれることになるというものである。

アダム・デイビスでさえ、つまずきながらも、自然の働き〔生態系サービス〕の市場取引という分野で彼が新たに身に付けた専門知識で収入を得る方法をすでに発見していた。それは、カトゥーンバグループの発足時にはとても不可能だったことなのだと彼は断言した。彼は先ごろ電力研究所（Electric Power Research Institute, 略称ＥＰＲＩ）のエコ・ソリューションチームに加わったのである。電力研究所は、カリフォルニアのシリコンバレーにある資金豊富なシンクタンクで、世界中の何百ものエネルギー会社を相手に最先端のサービスを売り込み始めていた。そのチームは、電力研究所のクライアントについての監査報告書を提供しようとしていたが、クライアントの多くは大地主で、その報告書には、彼らの所有する土地にあるすべての生態学的資産がリストアップされることになるのだった。そうした資産の中には、絶滅危惧種の生息地や炭素隔離している森、湿地、水源流域などが含まれており、それらは、地方自治体や各国政府、あるいは国際社会の新たなルール、あるいはまだこれから作られることになるルールの下で、土地の資産価値を増大させるようになるものだった。二〇〇二年前半までには、五、六社がこの監査の契約を結んでいた。そのうちの一社、アレゲニー電力会社は、特に生態学的な資産が豊富だったウェストバージニア州の一区画の土地に、より高い価値を確立することに成功したのである。その後、同社は連邦政府に、以前の低く査定された評価額でその土地を売ったが、千六百万ドルの税控除を請求することができたのだった。

その電力研究所プロジェクトは、長い間当たり前のものと見なされてきた環境サービスの具体的な経済的価値を算出する、世界で最も先進的な取り組みの一つだった。それはまた、生態系を極めて重要な固定資産として扱うという、それまで急進的と見なされていた概念が、今やどれほどより広く受け入れられるようになってきたかの、一つの証でもあった（その年の秋に、共和党のニュージャージー州前知事で米国環境保護庁長官のクリスティー・トッド・ホイットマンですら、次のように言った。始まりつつある飲み水の危機を解決に向かわせるためには、「水源流域保全を基盤としたアプローチを取り入れることが必要です」と。つまり、そのような水源地域の地元自治体は、ありとあらゆる汚染を管理する責任を負わねばならないのだと説明した。「私たちは皆、川下に生きているのですから」と、ホイットマンは付け加えた）。

この新しい考え方が、より受け入れられるようになったのは、何よりも新たな危機感のおかげだった。世界人口が増加を続ける中で、最も豊かな国々での過剰消費が度を超している上に、より貧しい国々での消費も増加している現状が、地球の生命維持装置を救うには、もはや限られた時間しか残されていないことを、私たちに悟らせたのである。着実に増大する人間活動の悪影響は、地球の自然生態系システムを不安定にしており、そのシステムの過去の許容範囲がもはや信頼できる将来の指針にはなり得ないところまで来ている。例えば、アメリカの中西部の多くの湖は、長い期間、農場から流出した肥料を吸収でき、ある限度を超えるまでは何の被害もないように見える。だが一旦その限度に達したとたん、透明な湖は急速に汚濁してしまう。新しい世紀に入って、科学者たちは他の生態系資産、例えば草原や熱帯雨林、珊瑚礁、外洋の漁場などにおいて、類似した現象を発見しつつあった。それらは、ある一定の限界までは特に目立った被害なしに開発できるが、その限界を超えると、突如激しい衰退に転じ、回復困難な状況に陥るのである。ウィスコンシンの生態学者スティーブ・カーペンターは次のように言っている。「ダメージは徐々に蓄積されていくのです。そして最終的には、何とか持ちこたえてきたシステムが、例えば洪水や干ばつのような打撃を受けると、ドーンと一気に破綻するのです。それで一巻の終わりです。」

多くの科学者は、徐々に蓄積された温室効果ガスによって、それを超えれば一気に壊滅的な気候変動が引き起こされるであろう一線に、地球全体が近づいていることを懸念していた。エネルギー問題を専門とするハーバード大学の物理学者ジョン・ホルドレンは、過去の傾向から推定して、二〇〇〇年から二〇五〇年までの間に、全世界でのエネルギー消費は三倍に跳ね上がる可能性が高く、また炭素の排出も二・五倍以上に増加するだろうと言った。だがホルドレンは、もし社会が、よりクリーンなエネルギー技術への移行を促すことができるという前提があれば、エネルギー消費は、二〇〇〇年レベルの約二倍のあたりで横ばいとなり、炭素排出量の増加はわずかで一時的なものとなるだろうという、よりほっとできるシナリオも提供した。

アダム・デイビスと仲間の先駆者たちは、この種の移行を速めるためには、自分たちの孤独な奮闘が今より大幅に拡大され、増加されなければならないことを知っていた。彼らは、当然、変化のスピードが遅いことや、自分たちのプロジェクトが、普遍化の難しいそれぞれ特異なものであり、試行錯誤を繰り返さねばならない性質のものであることに欲求不満を感じていた。それでも、彼らはどこかで最初の一歩を踏み出さねばならないことを認識していた。特に京都議定書に言及してデイビスは次のように言った。「悪い取引ならしない方がまし、という格言は、今は当てはまりません。どんな取引でも、まず始めなければなりません。私たちは、今や理論の国を脱して、不快でごみごみした現実の世界に向かっているのです。」

複雑さと矛盾に満ちた現実の世界だが、この本で紹介したすべてのプロジェクトに、ある共通点があることは注目に値する。どのケースにおいても、提唱者は、革新的な計画を遂行するにあたって、次の三つの基本的なステップに従っているのである。

第一のステップは、どのような選択肢があるのかを見定めることである。それは、大いなる創造性と、因習から決別する意志を必要とする出発点である。ニューヨーク市の都市計画家たちの場合には、アップステート地域の農民たちに市の自然浄水システムの管理者としての相応の対価を支払うことを初めて本気で検討した時、ひらめきが訪れたのである。デイビッド・ブランドの見識は、森を、単なる商品の供給源としてではなく、さまざまな価値あるサービスを提供してそれを収益源とする「総合病院」と捉えることができたところにあった。ダン・ジャンゼンの数多くのひらめきの一つは、劣化して火事を起こしやすくなった草地が、価値ある廃棄物処理サービスを提供しながら、それが森の再生を早めることにも繋がることに気付いたことだった。この本で紹介したさまざまなプロジェクトの背後にいる人々は、当然のことながら、共通して因習にとらわれない性質を持っていた。その上、彼らは皆、実利主義者でもある。可能な選択肢を見定める際に、彼らは、なじみのない領域に飛び込めたばかりでなく、その後、革新的な考えの実現に向けて徐々に必要となってくるあらゆる段取りを、頭に描くことができたのである。

自然の価値を意思決定の要素として取り込むための、第二の基本ステップは、検討中のそれぞれの選択肢がもたらすと予想される結果を見定めることである。この仕事は、膨大なものになるかもしれない。

なぜなら予想される結果というものは、広範囲で変化に富んだものになるかもしれないからだ。例えば、農民たちが、もし在来の授粉生物や益虫に依存することにし、従来のように管理されたセイヨウミツバチや農薬などのテクノロジーでそれらの代わりをさせないとすると、農民たちの収入や健康、あるいは田園地帯の景観美などの観点から、いったい何が得られて、何が失われるのだろうか。あるいは、アマゾンで森林保護を行うことについての賛否両論は、どのようなものなのだろうか。しかも、その議論は、今日そこに暮らすブラジル人にとってのものだけではなく、世界中の未来の世代の人々に受け継がれるべき地球の気候と生物多様性にとってのものでもなければならない。これらの問いの新奇さは、生態系資本という概念の核心であり、また新たな選択肢によって生まれるかもしれない、生態系資本が社会に対して及ぼす効果の核心でもある。

最後に、それぞれの選択肢を比較しなければならないが、これが油断のならない部分である。なにしろ、それはまさにリンゴとオレンジと、場合によってはもっと異質なパッションフルーツまで並べて比較することを意味するのだから。ある種の利益や損失は、簡単に金額で表せるかもしれないが、それほど具体的ではないものや、主観的なものもある。例えば、結局のところ、フクロアリクイの価値はどれくらいのものだろうか。あるいは、私たちの子供たちのために、より安全な将来を確実にする手助けをすると、いったいどの程度、個人的に豊かになれるというのだろうか。これらの問いは以前から存在したのだが、しばしば隠れて見えなかった。だが、ナパやニューヨークの住民たちが、自分たちの行った洪水制御や水の浄化という成功例を評価しようとすれば、これらの問いに直面せざるを得なくなる。同じように、カリフォルニアの農民が、従来の農薬使用の農法か、有機農法か、あるいはその中間的な農法かを選択する場合にも、その問いに直面することになる。純粋に経済的要因が決め手となる場合もあるが、道徳的な感情が決定を左右することもある。

結局、そして幸いなことに、この種の比較は、それほどの精度を必要としない。例えば、ニューヨーク市の水源流域を保護するためのコストが完全に正確でなくても、それはたいした問題ではなかった。都市計画の専門家たちは、水源流域保護を行うという選択肢の方が、水濾過施設を建設するというその次に安い選択肢より、はるかに低コストで、コスト面以外にも多くの利点をもたらすであろうことを知っていた。同時に、こうした初期の取り組みにおいて、自然資本アプローチを考慮に入れたというまさにそのプロセス自体が、通常の開発計画の場合と比較して、より多くの人々や、情報、アイデア、価値の多様性などを汲み上げたという点において、意義深いものとなった。ニューヨークやナパの場合を考えてみよう。環境サービスを尊重するという方針が決まった時点で、例えばニューヨークのアップステート地域の農民やナパのスティールヘッド・トラウト〔一四三ページ参照〕の専門家のように、通常は蚊帳の外に置かれてしまう人々の関与が必要となった。こうした〔従来型の事業の場合と全く違う〕出発点があったからこそ、完成したプロジェクトは、日々の生活において最もその直接的な影響を被る人々の（金額で定量化することは難しい）価値観を、純粋に反映するものになったのである。

その一方、一つの厄介な問題が、この種の意思決定プロセスの邪魔をすることになった。つまり、三つの基本的なステップはどれも、甚だしい量の科学的知識に依存しているのだが、それがとにかく簡単には手に入らないのである。そうした情報こそがまさに、例えば、ウィル・ロメロのような保険会社の重役が、二、三種類の洪水防止戦略のなかで金銭的な支払額の違いを裁定するのに役立つものである。

あるいは、ロン・シムズのような地方自治体の幹部が、仮に二つの区画が入手可能な場合に、そのどちらがより多くのサケの生息地を提供できるのか、どちらが飲料水の品質を確保するのに貢献できるのか、どちらが炭素隔離に役立つかなどを判断する際に有益な情報なのである。それはまた、ポール・マラーのような農民が、自分の作物を在来のミツバチで受粉させ益虫に守ってもらうには、どれくらいの面積の、どんな土地を昆虫たちの生息地として確保する必要があるかを、より正確に割り出したいと思っても、ほとんど手に入らない情報なのである。

生態系をより良く理解しておくことは、生態系が提供するさまざまな仕事の間の避けがたい得失評価を行わねばならない潜在的な投資家にとっても、役に立つだろう。例えば、ユーカリとモントレーマツは、世界のある特定な地域だけに自生するが、地球で最も速く成長する樹種である。それらの木々が、在来の樹種の代わりに植えられると、多くの炭素を吸収して貯蔵するが、在来の植物と競合してしまい、在来の野生生物の生息場所の確保には何も寄与しないか、むしろ減らしてしまうこととなる。状況によってはこれらの選択が容易な場合もあるだろう。しかし、官僚や起業家は、最終的には、もっと多くの科学的知識を必要とするだろう。それがないと、どの自然資本に投資を行えば、結果的に得られるさまざまな利益（水質確保や洪水防止、炭素隔離、授粉サービスなど）の最良の組み合わせの恩恵に与れるのかが、判断できないのである。

近年、科学者自身が〔生態系についての〕そうした情報不足に懸念を募らせるようになってきた。海洋生態学者ジェーン・ルプチェンコは、米国科学振興協会（American Association for the Advancement of Science）の会長を務めていた時〔一九九七〜九八〕、同僚に向けて次のように訴えた。かつて（マンハッタン計画によって）第二次世界大戦で〔アメリカが〕勝利する手助けをした時に捧げたのと同じ労力と技術、あるいはポリオのような災いを一掃した時に捧げたのと同じ労力と技術を、今度は現代の難問、すなわち「社会が自らの活動をどのように再編すれば、自分たちの依存する地球の資源をこれ以上破壊しないですむか」という問題と対決するために捧げて欲しいと。

実際、新たな世紀の始まりとともに、ルプチェンコの提示した課題に応える努力は力を増していた。それらの中で最も重要なものは、ミレニアム生態系評価（Millennium Ecosystem Assessment）である〔本書の著者の一人デイリーもこの報告書の編集に関与した〕。それは、政府、企業、経済機関、地方の自治体やその他諸々の組織が、地球の生態系資本を賢明に利用していく手助けとなるように、その現状と価値を報告しようという先例のないプロジェクトであった。国連がスポンサーとなり、総経費二千五百万ドルで完了までに四年かかると見込まれたその評価は、二〇〇一年四月のオランダでの会議から正式に開始された。どんよりした天気の中、その概略を設計するため、小都市ビルトホーフェンにあるシャンデリアのついた豪華な政府会議ホールに、世界中から九五人の第一級の科学者たちが四日間にわたって結集した。彼らの専門分野は、気候から生態系、経済、社会変革なども含むさまざまなもので、委員会の共同議長を務めたスタンフォード大学の生物学者ハル・ムーニーは、その会議を「新ミレニアム（新千年紀）初の知の大結集」と呼んだ。

気候変動に関する政府間パネル（ＩＰＣＣ）のレポートは、京都議定書につながった国際的交渉の背景として、着想の源と緊急性を提供したが、ミレニアム生態系評価プロジェクトは、その組織と目標において、ＩＰＣＣと似たものとして構想された。それはＩＰＣＣと同様、大部分を既存の研究成果に依存し、世界の生物多様性や森や水の供給について、進行中のより小さなアセスメントからの情報をまとめるものである。ディレクターまでが、ＩＰＣＣのディレクターと同じ人物で、外交官に転身した経験豊かな大気科学者ロバート・ワトソンだった。彼は、成果が確実なもので、偏見なしに提示されている限り、科学には政策立案者を動かすことのできる力があると信じていた。というのも、彼は、それが確実に起こるのをすでに経験していたからだ。それは、彼がオゾン層破壊に関する国際的なアセスメントを初めて主導した際のことだった。その取り組みは、先進国が有害な化学製品の廃止に協力することを同意するという、一九八七年の画期的な「オゾン層を破壊する物質についてのモントリオール議定書」に結実したのである。

オゾン・アセスメントにおいて、ワトソンは次のように言った。そこには「科学から政策への直接的な経路があった。そして、それが驚くほど成功した理由は、英語で最も怖い言葉の一つ、つまり『がん』が関与していたからだ。しかも、白人は、がんにかかりやすい。」気候変動会議では、政策への経路はそれほど直接的でなかったし、その進展もそれほど満足の行くものではなかった。モントリオール議定書の場合は、その時点で生きている人を保護することが焦点だった。だが、モントリオール議定書の状況とは違って、地球温暖化について何をなすべきかについて苦心する政治家たちは、次世代のために「今」犠牲を払うことについて納得しなければならなかったのである。だが、気候学者たちは、彼らの主張を相手にわからせる上で、戦術的に一枚上手だった。彼らは、複雑に絡み合ってわかりにくい問題へ人々の関心を引き入れるために、親しみやすい一つの糸口を示したのである。それは、誰もが普通に口にすること、すなわち「天気」であった。人々は、それなら共感することができた。

そのような単一の焦点は、ミレニアム生態系評価が関わるさまざまな問題には存在しない。その範囲は広く、そして、オゾン・アセスメントに関する状況とは違って、生態系が全体的に劣化することによって人類が直面する害を一言で言い当てるような、これと言った「怖い言葉」もありえないのである。それにもかかわらず、ワトソンは、自分たち科学者が、窮地に立たされた自然資産（例えば私たち人類や、さらには全ての生き物にとって絶対不可欠なサービスを提供してくれ、しかも代替がきかない珊瑚礁や水源流域、氾濫原、森林など）の明確な経済的価値を証明できれば、一般市民の想像力に訴えることができると確信していた。

そうした経済的価値を証明することは、もちろん、本物の「自然の新しい経済」を確立するための第一歩にすぎない。そしてまだその先には、ワトソンやミレニアム生態系評価に関係するその他の誰もがわかっているように、研究機関と個人の両方が成し遂げていかねばならない多くのことが残されているのである。

政府の支援は決定的に重要であろう。実際に、ナパの洪水防止プロジェクトに資金を提供した例からオーストラリアの会計基準を変えた例に至るまで、この本で紹介したどのプロジェクトにおいても、政府は主要な役割を果たしていた。政府はまた、例えば、絶滅危惧種保護法のような法律や二酸化硫黄の排出抑制を新たに義務付けるなど、制限を課す場合もある。ちなみに、この二酸化硫黄の排出規制は、それまで存在しなかったところに新たに金融的な価値を作り出し、取引を促すことになった。さらに政府は、生まれてきた新たな市場のための規則も確立してきた。特にコスタリカとオーストラリアの場合には、自然の仕事を評価する実験を成功させたことで、やがてその規模を拡大し、より広大な土地にも応用できるという展望を世界に示したのである。

さらに、同じくらい重要なのは、新たな発明を提案して、政府に変革を迫る夢想家たちであろう。もちろん、ウィンストン・チャーチルのような人材が一人、二人輩出するのはすばらしいことだ。だが、さらに価値ある人材は、ロン・シムズのような地域社会の猛烈なリーダーたちやデイビッド・ブランドのような企業人たちだ。彼らは、型破りのアプローチで人目を引く勝利を獲得することができ、それによってほかの意思決定に関わる人々の注意を惹き付け、彼らの真似をしてみようと思わせる力を持っている。こうした先導者の多くは、モイラ・ジョンストン・ブロックやカレン・リッピーのように純粋な理想主義者であろうが、「グリーン」を求めると同時に「グリーンバック〔ドル札のこと〕」をも追い求める先導者たちも必然的にいるだろう。なぜなら、自己利益こそが、このアプローチを自立させる原動力だからだ。こういう人々の中に、アダム・デイビスやジョン・ワムズレー、ダニエル・ジャンゼンのような企業家も含まれるであろう。彼らは単独で活動することもあれば、組織の一員として活動することもある。またこうした組織も、モイラ・ジョンストン・ブロックが結成したコミュニティー・グループ「ナパ川友の会」のような〔小規模な〕ものから、ジョン・ブラウンのブリティッシュ・ペトロリアム石油会社といった〔大規模な〕ものまでいろいろである。彼らに共通しているのは、まず桁外れの想像力と説得力である。だがそれ以外にも、彼らは皆、自分の領域に関連する経済的、あるいは法律的枠組みについて普通では考えられないほど熟知している。それらの詳細は、それが、京都議定書に関わる場合でも、アメリカの飲料水安全法に関わる場合でも、あるいはさらにはキング郡の土地利用規制条例に関わる場合でも、同じように、素人には全く歯が立たないような大変なものなのである。

　世界の環境をめぐるさまざまな難題には、これこそが答えだと言うような唯一の解決策はない。そして、環境サービスの経済的価値を把握しようとする試みには、今日まで極めて限定的な前進しか見られず、ほとんど象徴的なものと言っても過言ではない。それでも、これまでに起こってきたことは、これから世界をより良いものにしていける大きな可能性を持ったアプローチとはどのようなものであるべきかを、教えてくれている。最終目標は、森林が再生されて保護され、農地がより生産的に使われている惑星である。それによって、炭素隔離や塩分の調節、生物多様性といった、従来の伝統的な「商品」とは異なる「商品」を、世界中に組織立てて分配できるようになるのである。それは、「母なる自然」が、ついに公正な報酬をその労働の対価として受け、公式な財務会計においてその働きを認められる世界である。もちろん、これらの変化が現実のものとなるためには、まず次の二つの恐ろしい難題に立ち向かわねばならず、そのためにまだ多くの仕事が必要とされている。二つの難題とは、人口と消費の抑制であり、貧しい人々の生活水準を引き上げることである。また、海や大気のように、人間にとって必要不可欠な世界的資源を、世界規模で効果的に管理するため、新しく制度を作るか既存の制度を改善する必要もあるだろう。

　そうしたこと全てが成就していくにつれ、私たちの世界経済は完全な再編成の完了を見ることになる。それは、経済学者ジェフリー・ヒールが言うところの「自然界を侵害する私たちの経済活動のやり方の完全なる変革」である。そして、それはもちろん、どんな人類もかつて経験したことがないような、全面的な革命を必要とするはずだ。この本の中でその人生を描いてきた先駆者たちは、現在の法律や習慣に縛られていた可能性の限界を押し広げ、それをきっかけに次の動きが誘発されるという流れを起こして、社会制度に働きかけることに長けていた。しかし、もっと重要なことは、この類のより大きな変化、そしてその必要性が日々高まっている変化に対して、私たち皆が対応できるような準備を彼らが整えてくれているということだ。少なくともこれを書いている時点（二〇〇一年十一月）において、テロリズムがもたらした新たな危険性は、彼らと同じことを、かなり強烈な方法でしたように思われる。というのも、これによって世界のリーダーたちは、アメリカが世界の遠い国々と密接に関連していること、化石燃料への過度な依存には一連の危険性がついて回ること、そして世界的な協力によって世界的な問題に緊急に対処せねばならないことなどを、突然、そして脅迫的な方法で思い出させられたからである。

生態学者ポール・エーリックはこう言っている。「私は、社会制度が、私の研究してきた多くの生物系と全く同じように『非線形』であることを知っています。このことが私に希望を与えてくれるのです。生態系に閾値〔ある値までは刺激が与えられ続けても何も目立った反応が起きないが、その値を境にして、急激に強い反応が現れるような値〕があるのとちょうど同じように、人間行動にも閾値があり、そこに至ると文化的変化の進行は、予期せぬほど速いのです。私たちは、一九六〇年代に人種問題について劇的な進歩を見ましたし、一九七〇年代初期にアメリカの出生率の思いがけない低下を見ました。また、一九九〇年代初期にはベルリンの壁の予想外の崩壊とソビエト連邦の消滅を見ました。つまり、機が熟せば社会はほとんど一夜にして変貌するのです。全般的に環境を扱う際の私たちのやり方、そして特に自然資本を取り扱う際の私たちのやり方にも、同じことが起こる可能性があります。今日の私たちの課題は、機を熟させる手だてを捜し出すことなのです。」

謝辞

私たちがこの企てにたどり着くまでに歩んできた道は、それぞれが驚くほど独自なものでした。一方はジャーナリズムの道、そしてもう一方は科学の道でしたが、いくつもの同じ信念をしっかりと共有していました。そのうちの重要な一例を挙げるとすれば、地球の環境問題が向かっている方向は憂慮すべきものではありながら、その流れを変える手助けをするために私たちができることはまだたくさんある、という確信です。私たちには、もう一つ共有している確信があります。それは、変化をもたらすプロセスにおいて、まさに私たちのように、それまで協働することが特になかったような人間同士の新たなパートナーシップが必要になるだろうという確信です。

キャサリン：一九八七年から一九九九年まで、私は世界最大級の二つの大都市に住んでいました。まずメキシコシティー、次にはリオデジャネイロで、私はナイト・リダー新聞チェーン〔二〇〇六年にマックラッチ社に買収されるまで、アメリカ第二位の新聞社で、三二紙の日刊新聞を各地で発行していた〕傘下の、ある新聞社で支局長を務めていました。メキシコでは、悪名高い大気汚染をコントロールしようとするこの絶望的な都市の努力について定期的に記事を書いていましたが、その間、自分の家にエアフィルターを取り付けたものの、結局は慢性的な咳に悩まされる羽目になりました。リオに本拠地を置いていた時には、アマゾンのジャングルに何度も行きました。そこでは、世界最大の残存する雨林が、伐採者や移住者たちの侵攻によって着実に姿を消しつつありました。私がブラジルから書いた最後の記事は、アオコンゴウインコと呼ばれる美しいオウム種の最後の一羽が捕まえられ、確実に絶滅したことについてのものでした。十二年に及ぶラテンアメリカ生活の後、私は夫と二人の幼い子どもを連れてアメリカ合衆国に戻り、自分が育ったカリフォルニアに落ち着きました。

私がアメリカに戻ったのは、スタンフォード大学に、ジョン・S・ナイト・ジャーナリズム奨学金というものがあり、そして環境問題とそれについて私たちに何ができるのかを学ぶ機会があったからでした。そうすることが、私にとって他の何よりも抗いがたいシナリオとなっていたのでした。ナイト奨学金は、中堅ジャーナリストが自らの知的情熱に没頭することを可能にしてくれる、他には類のない好機を提供するものです。私は、環境問題の中でも、最も激しく私をとらえた気候変動問題の科学と政治について、どんどん深く探求し始めていました。明らかに、私たちのビジネスのやり方は劇的に変えられなければなりませんでした。しかし、果たして不安以外の何が、誘因を提供してくれるというのでしょう。私は、受講していた授業の一つで、グレッチェンがゲストとして講義をした朝から、その問いにのめり込み始めました。

その時まで、「地球システム学入門」という講義は、人口過剰、オゾンホール、鳥やその他の動物の絶滅など、この惑星にとって最悪の悪夢とも言うべき状況に焦点を合わせていました。グレッチェンの講義でも、気の滅入る情報が次々と紹介されました。それでも、彼女は同時に希望も語りました。その希望とは、環境を評価するための新しい考え方が、やがて意思決定に関わる人々に、環境上の損害と利益を彼らの通常のコスト計算の中に取り入れるように仕向けることになるだろうという希望でした。これが、ひいては環境保護に大きな誘因を提供することになるだろうというのです。その三年前、グレッチェンは、森林や海洋システム、花粉媒介者などその他さまざまな自然の局面の経済的価値を明らかにする画期的な論文集『自然のサービス』の編集を行っていました。彼女は、まだそれをテーマに多くの講義をしており、他の学者だけでなく、企業の幹部たちも、そうした観点から物事を考えるように導いていこうと仕事に励んでいました。

講義が終わると、私は気候変動について質問しようとグレッチェンに話しかけました。彼女は、まるで新種の蝶でも発見したかのように熱心に私を眺め、やんわりと私の質問をやり過ごしました。そしてだしぬけに、彼女は、こうした新しい自然の評価法を普及させるために行う「大規模作戦」について私に話し始めたのです。彼女は、その作戦の一環として、自然のサービスという考え方を、一般向けの新しい本という形で世に出したいと言うのです。私なら手助けできるかもしれないと思いました。奨学金の支給期間が終わる前に、私たちは友達同士になっていました。そして彼女は、世界を見る魅力的な新しいレンズを私に与えてくれていました。

グレッチェン：私が環境科学に興味を持つようになったのはまだ若い頃でした。私の父は、冒険という名目で、サンフランシスコ湾岸地域で順調だった医者の仕事を辞め、西ドイツ・フランクフルトのアメリカ合衆国陸軍第九七総合病院に家族を引き連れて移って来ていました。私が十二歳だった一九七七年、私にはほとんど理解できなかった環境破壊に反対して、路上では抗議行動の嵐が吹き荒れており、私はその問題に目覚めました。異議を申し立てる人々は、酸性物質が空から降り注いで来ているのに、それについて誰も何もしようとしていないと主張していました。カリフォルニアにいた時には、どんな問題についても集団での抗議行動を見たことがありませんでした。そして私は十二歳の子どもながら、酸性物質が（酸性物質ですって?!）空から降ってきて美しい湖や森林を破壊しているということを知って衝撃を受けたのです。

数年後、私は米軍ラジオ放送で、高校生向けの科学コンペが行われるという発表を聞きました。すばらしい化学教師であったホルムキスト先生の勧めで、私はそれに参加しました。酸性雨の問題は、あまりに野心的なテーマだと彼は思ったようですが、私が近くの川の汚染について研究を開始する手助けをしてくれました。それを通じて、私は科学的な調査が大好きだということを発見したのでした。

宇宙の驚異を探求することがあまりに楽しくて、私はそれに生涯を費やしてしまうこともできたのですが、キャサリンのように、私も社会が直面しているさまざまな大問題から目を反らすことができないことに気付いたのです。中でも、ますます激化しつつある私たちの活動と、この惑星が持続可能な限度とをバランスのよいものにするという任務に、人間の叡智がちゃんと応えられるのでしょうか。私には疑問に思えるのです。社会がどうやってこのような問題に対処していくのかを考える時、科学的な理解というものは、相互に影響を及ぼし合い未来を形作る複合要因の中の、ほんの一面でしかないことは明らかです。自然科学だけでは、私たちはどこへも向かうことができません。

キャサリンに出会った時、私は、環境問題への新しい統合的なアプローチを促進するために設けられたすばらしい研究ポストに就いていました。私のポストの財源は、スタンフォード大学の前評議会議長であるピーター・ビングと彼の妻であるヘレンが賄ってくれていました。そして、ウィンズロー財団が、私の実際の研究の多くの部分に対して財政支援をしてくれました。私が、経済学や法律、そしてその他の重要な学問分野の予備知識を蓄え、また環境の現状について危機感を共有する、学問の世界からはかけ離れた人々との連携を深める時間を確保することができたのは、ひとえにこの寛大な支援のお陰でした。

私が初めて自然科学の世界から思い切って飛び出した時には、飛び込もうとしている世界の入り口で、自分の倫理観と照らし合わせているうちに、つい費用対効果の分析や法律用語などの偏狭な世界に入ってしまうのではないかと心配でした。しかし、多くのエコノミストや法学者、そしてその他の人々が、彼らの仕事を批判する人たちよりも倫理的問題についてずっと深く研究していることに、私はすぐに気付きました。環境保全のために経済的誘因を性急に容認することが、私たち皆を滑りやすい坂道に導くかもしれないという懸念を、私は今も感じています。そこでは、短期的な利益を追うことが過ちにつながってしまうのです。けれども最近は、経済的アプローチの潜在的な可能性に目を向けないでいることこそが、あらゆる過ちの中で最も重大なものではないかと心配しているのです。

私は、この統合的な専門家集団との付き合いを通じて、環境保護を、世の中の役に立ち、利益を生むものにする機会は豊富にあるということに気付かされ、環境についての新しい考え方に到達することができました。〔一九九七年の編著書〕『自然のサービス』は、地球の生命維持装置を管理するため、科学的根拠を総合することを目的としていました。さらにしっかりと歩を進めるために、私たちにはまだ多くの科学的理解が必要です。しかし、私たちの最大の課題は、今や社会的な領域に横たわっています。これまでに成功を見たスケールの小さなモデルを、より大きなスケールに広げ、繰り返していく努力もその中に含まれるでしょう。

私たち二人のうちのどちらも、一人だけでこの本を世に出すことはできませんでした。私たちの互いに大きく異なる専門領域には、それぞれ独自の文化と独特な強みと弱みがあります。グレッチェンは、調査報道記事を書いたことも、物語を書いてその中で劇的な人間模様を捉えようと試みたこともありませんでした。キャサリンも、自然科学分野のリポートにはまだそれほど慣れてはいませんでした。それでもプロジェクトが終わる頃までには、私たちはまだお互いの専門分野のエキスパートとまではいかないものの、グレッチェンは、やすやすと「リード」〔ジャーナリズム用語で、見出し直後の「概要文」のこと〕や「グラフ」〔同じくジャーナリズム用語で、段落を意味するパラグラフの略〕について気楽に話すようになり、キャサリンは、この本に出てくる専門家たちに対して、より的確な質問を投げかけ、彼らの専門的な出版物を読んでいました。私たちの協力関係は、学びにおいても、友情においても、未来への希望においても、かけがえのないものを与えてくれたのです。

グレッチェンは、自然の保全につながる誘因を見付け出すためのいくつかの画期的な実験的試みについて、その人間的なドラマを本にまとめることを、漠然とではありましたが、以前から考えていました。私たちは一緒に、世界中から事例を集め、リストを作り、それらをどのように伝えるかについての概略を創り出しました。続いて私たちは、いくつかの事例とカトゥーンバグループの会議についてリポートを書くため、オーストラリア、バンクーバー、コスタリカ、ロサンゼルス、ニューヨーク、そしてオランダへと旅をしました。キャサリンは、ブラジル、シカゴ、ナパ、そしてシアトルへ、そしてグレッチェンは他の事例をカバーするためにストックホルムへとそれぞれ単独で出かけました。キャサリンは、それから報告を補足し、各章の第一稿を書き上げました。それと同時に、『フォーチュン』、『ワース』〔一九九二年創刊の資産管理に関するアメリカの雑誌〕、『ラテン・トレード』〔一九九三年創刊の南米地域のビジネスを扱う経済誌〕などの雑誌や、『フィラデルフィア・インクワイアラー』、『デトロイト・フリー・プレス』、『サンノゼ・マーキュリー・ニュース』、『ロサンゼルス・タイムズ』などの新聞各紙に、関連する特別記事を提供しました。その後私たちは、草稿を読んで下さった寛大な、そして数多くの人々から得た貴重な提案を勘案しながら、各章の草稿に二人で一緒に取り組みました。

私たちに道を示し、自身の行くべき方向を探っていた時に激励を与えてくれた人々に、私たちは共に最大の感謝を捧げます。支援と見識、そして友情を常に与えてくれたポール・エーリックは、この点で誰よりも際立っています。ピーター・ビング、ヘレン・ビング、ジョン・ホルドレン、ジェーン・ルブチェンコ、ハル・ムーニー、スティーブ・シュナイダー、ブライアン・ウォーカー、ケルシー・ワース、ティム・ワース、レン・ワースに対し、グレッチェンは、彼らが長年にわたって支援とひらめきを与えてくれたことに、格別の感謝の意を表します。

私たちは、幸運にもすばらしい同僚たちに恵まれていました。彼らにも同じく深く感謝の意を表します。彼らは、とてもありがたいことに、常に私たちに対して辛抱強く、そして機嫌良くあらゆる手助けを惜しみませんでした。その範囲はと言えば、私たちの理解を研ぎ澄ましてくれることであったり、新たなつてを紹介してくれることであったり、あるいはまた、戦略の改善であったりと多岐にわたり、それによって全般的に私たちの仕事はより生産的で楽しいものとなりました。先に名前を挙げた方々に加えて、私たちは、以下の皆様にも感謝の意を表します。ポール・アームズワース、ケン・アロー、サリー＝アン・ベイリー、パティ・バルヴァネラ、リカルド・バイヨン、カール・ビニング、キャロル・ボッグズ、スティーブ・ブーフマン、スティーブ・カーペンター、ヘラルド・セバロス、スティーブ・コーク、パーサ・ダスグプタ、アダム・デイビス、トム・デイビス、ジョッシュ・イーグル、アン・エーリック、ウォーリー・ファルコン、マルク・フェルドマン、クリス・フィールド、カール・フォルケ、マダブ・ガドギル、ラリー・グールダー、リズ・ハドリー、ジェフ・ヒール、ジェシカ・ヘルマン、ジエン・ヒューズ、ドン・ケネディ、リチャード・クライン、ジェフ・コセフ、クレア・クレーメン、サイモン・レヴィン、トニー・マクマイケル、パム・マトソン、ノーマン・マイヤーズ、ロズ・ネーラー、ダン・ネプスタッド、エンリケ・ペレイラ、サンディ・ポステル、ポール・レイバーン、ピーター・レイヴァン、ウォルト・リード、テイラー・リケッツ、カール＝ヘンリック・ローベルト、テリー・ルート、ジョーン・ラフガーデン、オスワルド・サラ、ジム・サルズマン、アルチューロ・サンチェス＝アソフェイファ、ホセ・サルカーン、サガン・セケルシオグル、カレン・セト、デイビッド・スターレット、バズ・トンプソン、アルヴァロ・ウマーナ、ピーター・ヴィトーセック、マシス・ワッケルナーゲル、そしてスタンフォード大学、スウェーデン王立科学アカデミー付属ベイエ生態経済学国際研究所の皆様、ありがとうございました。もちろん、あらゆる誤謬は私たちに帰するものですが、この本で提案

された アイデアの多くは、こうした同僚たちに触発され、育て上げられたものです。

資金なしでは、私たちの連携とこのプロジェクトは不可能だったでしょう。私たちはピーター・ビング とヘレン・ビング、デイビッド&ルシル・パッカード財団、W・アルトン・ジョーンズ財団、フローラ・L・ソーントン財団、そしてウィンズロー財団からの財政支援に深く感謝いたします。ビングご夫妻、ピート・マイヤーズ、ジャンヌ・セジウイック、レイニィ・ソーントンの皆様が、私たちに信頼を置いて下さったことをとてもありがたく思います。

私たちは、多くの人々の仕事から示唆を得てきました。この本に描き出された新しいアプローチを、学者たちの注目が注がれる以前から実験的に行ってきた、農場経営者、牧場経営者、森林経営者、その他さまざまなビジネスに携わってきた方々、そして公務員の方々から得たものは、特に重要でした。この本の各章で私たちがその人生と業績を描き出した先駆者たちに、私たちは計り知れない恩義を感じています。彼らは皆、私たちが容赦なく質問攻めにして煩わせたにもかかわらず、とても親切に対応してくれました。その方たちとは、アーサー・アシェンドルフ、モイラ・ジョンストン・ブロック、デイビッド・ブランド、ロベルト・ビュック、リンダ・コーディ、アダム・デイビス、ダニエル・ジャンゼン、マイケル・ジェンキンズ、ロバート・F・ケネディ・ジュニア、クレア・クレーメン、ヒラリー・メルツァー、ティム・ミューラー、ポール・マラー、カレン・リッピー、リチャード・センドア、ロン・シムズ、ジョン・ワムズレー、ロバート・ワトソンの皆様です。この本に書かれた取り組みにおいて、他にも多くの人々が重要な役割を果たし、今もその重要な役割を担い続けています。私たちは、こうした人々皆が、彼らの物語を私たちと分かち合うために時間を費やしてくれたこと、そして、彼らが持ち前の創造性と楽観主義で、他の人々の意欲を引き出してくれていることに心から感謝します。

原稿を読み、批評してくださった方々には、大変な恩義があります。ポール・アームズワース、ポール・エーリック、そしてマーク・ザイベルは、原稿を端から端まで読み、機知と批評力が見事に調和した見方で、この本をよりよくするための貴重な提案をしてくれました。また私たちは、この本のさまざまな部分を多くの関係者にチェックしてもらい、すばらしい助力をいただきました。彼らは、チェタン・アガルワール、アンディー・ビーティー、キャシー・ブレア、キャスリーン・ブリーン、デイビッド・バーリー、マーク・デンジャーフィールド、パーサ・ダスグプタ、デイブ・ディクソン、ジーン・デュベルノア、ジョッシュ・イーグル、マーク・エドワーズ、R・ファジー・フレッチャー、ラリー・グールダー、ローリー・グラント、ジェフ・ヒール、マイケル・ジェンキンズ、ゲイリー・ラック、ケイティー・マンデス、ヒラリー・メルツァー、シンシア・ペン、ダニエル・ペロ＝メートル、チャールズ・ピケット、マイケル・プリンチペ、イーサン・ラウプ、ドン・リーガン、ウォルト・リード、ジム・サルズマン、アルチューロ・サンチェス＝アソフェイファ、サラ・シェール、スティーブ・シュナイダー、エリック・シュロッフ、リネール・シェリダン、ダン・シンバーロフ、マーク・ソリット、ヘザー・スタントン、イラ・スターン、ブライアン・ウォーカー、そしてマーク・ヤッギの皆様です。

また、私たちのささやかな仕事を動かしていく上で受けたあらゆる計画実行上の支援にも大変感謝しています。キャロル・ボッグズ、パット・ブラウン、ジャン・カーティス、ジェニー・マンソン、スティーブ・マスレー、ジル・オットー、ベティ・プライス、パット・ラミレス、ジョーン・シュバン、そしてペギー・ヴァス・ディアスの皆さんは、思い出したくもないかもしれないほど頻繁に、私たちの窮地を救いに駆けつけてくれたのです。キャサリンは、ジョン・S・ナイト・ジャーナリスト奨学金の前理事長ジム・リッサーと現理事長ジム・ベッティンガーに、そして、この仕事に興味を持ち、関連する記事を載せて下さった新聞と雑誌の編集者である以下の方々にも特別の謝辞を送ります。彼らは、ジョン・コテン、クリフトン・リーフ、ウィリアム・ノッティンガム、バーバラ・プラム、バート・ロビンソン、マイク・サンテ、ポール・シュバイツァー、スティーブ・スポールディング、ダーリーン・スティンソン、そしてマイク・ゼルナーの皆様です。

アイランドプレス〔原書の版元〕の皆さんは、終始気持ちよく仕事をさせてくれました。とりわけ、このプロジェクトが最終的にいったいどんな本になるのかについて走り書きのメモを作った段階からずっと私たちの面倒を見てくれ、また多くの場合、私たち以上に、私たちの言いたいことを熟知していた、賢明で辛抱強い私たちの編集者ジョナサン・コブには、感謝せねばなりません。ジャン・カーティス、クリスティ・マニング、そして特にチャック・サヴィットにも感謝しています。才気に溢れ機知に富んだ編集を常に機嫌良くこなしてくれたパット・ハリスに対し、私たちは特に感謝したいと思います。

言葉にできないほどの感謝は、ギデオン・ヨフとジャック・エプスタインに送ります。言葉に尽くせぬ思いに代えて、これからもずっと彼らが王様であるかのごとく、私たちはお付き合いさせていただきますと言っておきましょう。家族や友人たちについて、グレッチェンは、チャック・デイリー、スザンヌ・デイリー、スコット・デイリー、カーステン・ツィーゲンハーゲン、カート・ツィーゲンハーゲンに感謝の意を表します。そして、先に名前を挙げた友人たちのほかにも、スーザン・アレクサンダー、フレッド・ワトソン、エリン・ブッシュ、アンドレア・バター、デイビッド・ゲーリング、アナ・ヘラ、キャロン・ホールドブルック、ベッキー・ホールドブルック、カレン・マイヤーズ、ロブ・ホール、アミール・ナジミにも感謝を送ります。エリス・エリソン、バーニス・エリソン、デイビッド・エリソン、ジェームズ・エリソン、ジーン・ミオフスキー、カール・ブロムグレン、ナンシー・ボウヒー、ミッシエル・ブラード、キャティア・コンセイソン、アルチューロ・ガルシア、ロビン・ジャンタッシオ＝モーリー、ジェーン・ホール、レズリー・ハラーリ、パスカル・リオペ、カレル・シドルヤク、アナ・ソーザ。以上の皆様の、あらゆる精神的な支えや後方支援に対し、キャサリンは感謝しています。

読書案内

以下に、本書のトピックスに関連する単行本、研究論文とインターネット・ウェブサイトの個人的なリストを挙げておく〔訳書はわかる範囲で付記した〕。これは関連する文献の入門的なものであり、決して包括的なものではない。

I　人類の幸福と環境の関係について

Diamond, Jared M. *Guns, Germs, and Steel : The Fates of Human Societies.* New York : Norton, 1997.〔『銃・病原菌・鉄—一万三〇〇〇年にわたる人類史の謎—(上、下)』ジャレド・ダイアモンド著／倉骨彰訳。草思社、二〇〇〇〕

Ehrlich, Paul R., and Anne H. Ehrlich. *Betrayal of Science and Reason : How Anti-Environmental Rhetoric Threatens Our Future.* Washington, D.C.: Island Press, 1996.

Ehrlich, Paul R., Anne H. Ehrlich, and John P. Holdren. *Ecoscience : Population, Resources, Environment.* San Francisco : Freeman, 1977.

Helvarg, David. *Blue Frontier : Saving America's Living Seas.* New York : Freeman, 2001.

Hollowell, Victoria C., ed. *Managing Human-Dominated Ecosystems.* St. Louis : Missouri Botanical Garden Press, 2001.

Vitousek, Peter M., Harold A. Mooney, Jane Lubchenco, and Jerry M. Melillo. "Human Domination of Earth's Ecosystems." *Science* 277 (1997): 494-499.

Wackernagel, Mathis, and William Rees. *Our Ecological Footprint : Reducing Human Impact on the Earth.* Gabriola Island, B.C., Canada : New Society Publishers, 1996.〔『エコロジカル・フットプリント—地球環境持続のための実践プランニング・ツール—』マティース・ワケナゲル、ウィリアム・リース著／池田真里訳。合同出版、二〇〇四〕

II　生物多様性、生態系とそのサービスについて

Allen, William. *Green Phoenix : Restoring the Tropical Forests of Guanacaste, Costa Rica*. New York : Oxford University Press, 2001.

Australian efforts to invest in ecosystem capital : "The Nature and Value of Australia's Ecosystem Services," on-line at http://www.dwe.csiro.au/ecoservices/〔同サイトは現在リンク切れだが、同じ論文が以下のサイトでも読める。 http://www.ecosystemservicesproject.org/html/publications/index.htm〕, and "Murray-Darling Basin Initiative," on-line at http://www.mdbc.gov.au.〔現在は http://www2.mdbc.gov.au〕

Baskin, Yvonne. *The Work of Nature : How the Diversity of Life Sustains Us*. Washington, D.C.: Island Press, 1997.〔『生物多様性の意味―自然は生命をどう支えているのか―』イボンヌ・バスキン著／藤倉良訳。ダイヤモンド社、二〇〇一〕

Beattie, Andrew, and Paul R. Ehrlich. *Wild Solutions : How Biodiversity Is Money in the Bank*. New Haven, Conn.: Yale University Press, 2001.

Buchmann, Stephen L., and Gary Paul Nabhan. *The Forgotten Pollinators*. Washington, D.C.: Island Press, Shearwater Books, 1996.

Cocks, Doug. *Use with Care : Managing Australia's Natural Resources in the Twenty-First Century*. Canberra : New South Wales University Press, 1999.

Daily, Gretchen C., ed. *Nature's Services : Societal Dependence on Natural Ecosystems*. Washington, D.C.: Island Press, 1997.

Earth Sanctuaries : on-line at http://www.esl.com.au.〔現在リンク切れ。ワラウォン・サンクチュアリーについては以下のサイト参照。 http://www.warrawong.com/〕

Heal, Geoffrey. *Nature and the Marketplace : Capturing the Value of Ecosystem Services*. Washington, D.C.: Island Press, 2000.〔『はじめての環境経済学』ジェフリー・ヒール著／細田衛士、大沼あゆみ、赤尾健一訳。東洋経済新報社、二〇〇五〕

Janzen, Daniel H. "Costa Rica's Area de Conservation Guanacaste : A Long March to Survival through Non-damaging Biodevelopment." *Biodiversity* 1, no. 2 (2000) : 7-20.

Janzen, Daniel H.: on-line at http://janzen.sas.upenn.edu/.

Levin, Simon. *Fragile Dominion : Complexity and the Commons*. Reading, Mass.: Perseus Books, 1999.〔『持続不可能性―環境保全のための複雑系理論入門―』サイモン・レヴィン著／重定南奈子、高須夫悟訳。文一総合出版、二〇〇三〕

Myers, Norman. *A Wealth of Wild Species : Storehouse for Human Welfare.* Boulder, Colo.: Westview Press, 1983.

Pickett, Charles, and Robert Bugg, eds. *Enhancing Biological Control : Habitat Management to Promote Natural Enemies of Agricultural Pests*. Berkeley and Los Angeles : University of California Press, 1998.

Pollan, Michael. *The Botany of Desire : A Plant's-Eye View of the World.* New York : Random House, 2001.〔『欲望の植物誌―人をあやつる４つの植物―』マイケル・ポーラン著／西田佐知子訳。八坂書房、二〇〇三〕

Simberloff, Daniel, Don C. Schmitz, and Tom C. Brown, eds. *Strangers in Paradise : Impact and Management of Nonindigenous Species in Florida.* Washington, D.C.: Island Press, 1997.

Stein, Bruce A., Lynn S. Kutner, and Jonathan S. Adams, eds. *Precious Heritage : The Status of Biodiversity in the United States.* New York : Oxford University Press, 2000.

Terborgh, John. *Requiem for Nature.* Washington, D.C.: Island Press, Shearwater Books, 1999.

Western Shield program : on-line at http://www.cahn.wa.gov.au/projects/west_shield.html.〔現在リンク切れ。以下のサイトのアーカイブ中に情報あり。http://www.dec.wa.gov.au〕

Wilson, Edward O. *The Diversity of Life.* Cambridge, Mass.: Harvard University Press, 1992.〔『生命の多様性（上、下）』エドワード・O・ウィルソン著／大貫昌子、牧野俊一訳。岩波書店、二〇〇四〕

Ⅲ　気候変動について

Barnes, Peter. *Who Owns the Sky? Our Common Assets and the Future of Capitalism.* Washington, D.C.: Island Press, 2001.

Gelbspan, Ross. *The Heat Is On.* Reading, Mass.: Perseus Books, 1995.

Leggett, Jeremy. *The Carbon War : Global Warming and the End of the Oil Era.* New York : Routledge, 2001.

Schneider, Stephen H. *Laboratory Earth : The Planetary Gamble We Can't Afford to Lose.* New York : Basic Books, 1997.〔『地球温暖化で何が起こるか』スティーヴン・シュナイダー著／田中正之訳。草思社、一九九八〕

Woods Hole Research Center, "The Warming of the Earth," on-line at http://www.whrc.org/globalwarming/warmingearth.htm.〔現在リンク切れ〕

Ⅳ　水質と洪水の防御について

American Water Works Association. *Infrastructure Needs for the Public Water Supply Sector.* Washington, D.C.: American Water Works Association, 1998.

Cronin, John, and Robert F. Kennedy Jr. *The Riverkeepers : Two Activists Fight to Reclaim Our Environment As a Basic Human Right.* New York : Scribner, 1999.〔『リバーキーパーズ―ハドソン川再生の闘い―』ジョン・クローニン、ロバート・ケネディ・ジュニア著／部谷真奈実訳／野田知佑監修。朝日新聞社、二〇〇〇〕

Koeppel, Gerard T. *Water for Gotham : A History.* Princeton, NJ.: Princeton University Press, 2000.

Mount, Jeffrey F. *California Rivers and Streams : The Conflict between Fluvial Process and Land Use.* Berkeley and Los Angeles : University of California Press, 1995.

New York City Department of Environmental Protection : on-line at http://www.ci.nyc.ny.us/html/dep.〔現在は http://www.nyc.gov/html/dep/html/home/home.shtml〕

Riley, Ann L. *Restoring Streams in Cities : A Guide for Planners, Policymakers, and Citizens.* Washington, D.C.: Island Press, 1998.

United States Environmental Protection Agency, Office of Water : on-line at http://www.epa.gov/safewater/.

Vaux, Henry J. *Watershed Management for Potable Water Supply : Assessing the New York City Strategy.* Washington, D.C.: National Research Council, 2000.

Ⅴ　生態学的経済学について

Arrow, Kenneth, Bert Bolin, Robert Costanza, Partha Dasgupta, Carl Folke, Crawford S. Holling, Bengt-Owe Jansson, Simon Levin, Karl-Göran Mäler, and Charles Perrings. "Economic Growth, Carrying Capacity, and the Environment." *Science* 268（1995）; 520-521.

Costanza, Robert, Charles Perrings, and Cutler Cleveland. *The Development of Ecological Economics.* Cheltenham, England : Elgar Press, 1997.

Daily, Gretchen C., Tore Söderqvist, Sara Aniyar, Kenneth Arrow, Partha Dasgupta, Paul R. Ehrlich, Carl Folke, AnnMari Jansson, Bengt-Owe Jansson, Nils Kautsky, Simon Levin, Jane Lubchenco, Karl-Göran Mäler, David Simpson, David Starrett, David

Tilman, and Brian Walker. "The Value of Nature and the Nature of Value." *Science* 289 (2000); 395-396.

Dasgupta, Partha. *An Inquiry into Well-Being and Destitution.* Oxford, England : Clarendon Press, 1993.〔『サステイナビリティの経済学―人間の福祉と自然環境―』パーサ・ダスグプタ著／植田和弘訳。岩波書店、二〇〇七〕

Davidson, Eric. *You Can't Eat GNP : Economics As If Ecology Mattered.* Cambridge, Mass.: Perseus Publishing, 2000.

Hawken, Paul, Amory Lovins, and Hunter Lovins. *Natural Capitalism : Creating the Next Industrial Revolution.* Boston : Little, Brown, 1999.〔『自然資本の経済―「成長の限界」を突破する新産業革命―』ポール・ホーケン、エイモリ・B・ロビンス、L・ハンター・ロビンス著／小幡すぎ子訳／佐和隆光監訳。日本経済新聞社、二〇〇一〕

Heal, Geoffrey. "Valuing Ecosystem Services." *Ecosystems* 3 (2000): 24-30.

Jansson, AnnMari, Monica Hammer, Carl Folke, and Robert Costanza. *Investing in Natural Capital : The Ecological Economics Approach to Sustainability.* Washington, D.C.: Island Press, 1994.

Myers, Norman, and Jennifer Kent. *Perverse Subsidies : How Misused Tax Dollars Harm the Environment and the Economy.* Washington, D.C.: Island Press, 2001.

Repetto, Robert, and Duncan Austin. *Pure Profit : The Financial Implications of Environmental Performance.* Washington, D.C.: World Resources Institute, 2000.

Schmidheiny, Stephan, and the Business Council for Sustainable Development. *Changing Course : A Global Business Perspective on Development and the Environment.* Cambridge, Mass.: MIT Press, 1992.〔『チェンジング・コース―持続可能な開発への挑戦―』ステファン・シュミットハイニー、BCSD著／BCSD日本ワーキング・グループ訳。ダイヤモンド社、一九九二〕

Smart, Bruce, ed. *Beyond Compliance : A New Industry View of the Environment.* Washington, D.C.: World Resources Institute, 1992.

訳者あとがき

本書は、Gretchen C. Daily & Katherine Ellison, *The New Economy of Nature: The Quest to Make Conservation Profitable* (Island Press, 2002) の全訳である。グレッチェン・デイリー（スタンフォード大学教授、一九六四年生まれ）は、若い頃から環境問題に関心を向けてきた生態学の研究者で、キャサリン・エリソン（一九八六年にフィリピン、マルコス大統領に関する報道でピューリッツァー賞を受賞）は、「神経科学と環境」に関心を持つ経験豊かなジャーナリストである。二人は一九九九年の冬にスタンフォード大学で出会った。

当時、デイリーは、人類が生きる上で必要不可欠な「生態系からの贈り物（生態系サービス）」について、世界で初めての論文集『自然のサービス（*Nature's Services*）』（一九九七）を編んだ後であった。デイリーは、「経済開発」という名目で、生態系がいとも簡単に破壊され続けるのは、生態系や生態系サービスに対する「無理解」からであって、それらの「本当の価値」を知らないからであり、科学者が、一般大衆に生態系についてわかりやすい情報を伝えていく必要があると考えていた。そんな時、気候変動の質問を抱えたジャーナリスト、エリソンが現れた。デイリーは、「まるで新種の蝶でも発見したかのように熱心に私〔エリソン〕を眺め、……自然のサービスという考え方を、一般向けの新しい本という形で世に出したい」（本書三四九ページ）と提案した。こうして出会った二人の専門性、友情、信頼と協力の結実したものがこの本である。本書の原書名を直訳すると『自然の新しい経済―保全で利益を上げる探求―』となるが、内容を吟味した結果、『生態系サービスという挑戦―市場を使って自然を守る―』を訳書名とした。

デイリーは、ドイツに在住していた十二歳の時に、生物に対する酸性雨の影響を調べた。その時の経験を活かして、彼女は、社会が直面する大問題に立ち向かうことにした。大学では、『大絶滅』で有名なポール・エーリックの下で研鑽を積んだ（*Nature*, 462 : 270–1, 2009）。彼女は、編著書『自然のサービス』をまとめるなかで、生態系内の生物種が多様であるほど、そこの生産性や、病気・熱波などの撹乱に対する抵抗性・回復性が増加し、結果的に生態系サービスが保証される関係を理解し、それらが地球の生命維持装置の根本であることを、総合的に明らかにした。さらに、デイリーは、ケネス・アローやパーサ・ダスグプタのような世界的な経済学者との共同研究で、着実に社会科学的な思考法を獲得し、新しい形の自然保全のあり方は、生態系サービス（およびそれを提供する自然資本）の経済価値を正当に評価することによって行われるべきだと考えた。国連ミレニアム生態系（エコシステム）評価（二〇〇一～二〇〇五）の中心概念は、このデイリーらのグループによって確立された生態系サービスの概念そのものであった。彼女は、国連ミレニアム生態系評価に参画すると同時に、エリソンと一緒に、生態系サービスを基本に据えた新しい実験的な自然保全の活動例を世界に探し求め、そこで展開された人間ドラマを本書にまとめあげたのである。

本書で展開されている、経済価値を評価して市場ベースで自然を保全するという手法には、とうぜん異論もあろうし、本書中でもさまざまな立場からの懸念が紹介されている。しかし、日本ではこの種の考え方はほとんど知られておらず、知られていないのでは議論のしようがない。原著刊行が二〇〇二年と、やや古い本であるにもかかわらず（その後の情報は訳注でなるべく補うことにはしたが）、敢えて翻訳した理由も、考え方自身はまったく古びておらず、むしろ日本においては非常に新しいと言ってよい考え方であることにある。本書の刊行をきっかけに、議論が巻き起こることを期待しているが、少なくとも、自然を保全するために、世界では生態系を市場に組み込むためのさまざまな取り組みがなされていることを知って頂きたいし、このような運動が世界で広がっている事実を知ってもらうことが本書翻訳の動機である。ＣＯＰ10（生物多様性条約第十回締約国会議）を日本で開催しようとする現在もなお、旧態依然で、経済優先を変えようとしない日本の役所、会社、社会で、自然の保全を実践するのはなかなか困難だからであり、経済の枠組み自身を、生態系サービスを組み込む形へと変更することは今後有効な方策となり得ると期待したいからでもある。

ハーバード大学の生物学者、E・O・ウィルソンは、アリの研究、社会生物学の確立などで有名であり、また「生物多様性（biodiversity）」という言葉の生みの親の一人としても知られているが、自然保護の普及活動でも著名である。そのウィルソンの近著に『創造（*The Creation*）』（原書二〇〇六年。邦訳二〇一〇年、岸由二訳、紀伊國屋書店）がある。その本で、ウィルソンは地球環境を守るために、科学と宗教が連携してそれぞれの力を複合的に発揮すべきだと主張した。一方、デイリーとエリソンは、生態系を経済市場の中にうまく組み込まなければ、その破壊が止まらないことを本書の中でそれぞれの物語の「ヒーロー」に主張させた。二つの主張は目的を同じくするものの、手法には大きなスペクトルの違いがある。今後の自然保護・保全にまだ試行錯誤の余裕があると言いたいわけではないが、アプローチの違いを乗り越えて実践することこそが、いま私たちに求められているのではないだろうか。

一九六二年、レイチェル・カーソンの『沈黙の春（*Silent Spring*）』が出版され、農薬による野生動物の殺戮が報告された。一九九六年、シーア・コルボーンらは『奪われし未来（*Our Stolen Future*）』で、化学物質の「ホルモン撹乱作用」を報告した。二〇〇二年の本書につながるこうした流れは、アメリカの自然保護運動における「女性の伝統」の力強さを示してくれたように思われる。プロローグには、「女の仕事にはきりがない（適正な対価も与えられない）」という諺が引用され、母なる「自然がしてくれる仕事は莫大で、明らかに価値のあるものであるが、つい最近まで世の中で正当な評価を得ることがなかった」と続く。かつてフェミニズムは、主婦の「不払い労働」という概念を提起して、「女の仕事」を経済に組み込もうとしたが、「生態系サービス」は、自然の「不払い労働」を問題にしたものと言えるかもしれない。

もちろん環境問題は、女性だけが考えるべきものではない。次の世代が生き残れるかどうかの大問題であるし、待った無しの状況にあるからだ。是非とも、多くの人々に、地球環境の保全という逼迫した問題に関心を向け、自ら調べ、自らを成長させる中で、その運動に加勢していただきたい。その際には、エピローグの最後を飾るデイリーの恩師、エーリックの楽観主義「機が熟せば社会はほとんど一夜にして変貌する」ことだけは忘れないでいただきたい。

翻訳は、魚類の神経学を専門とする宗宮が、本書の存在を知ったことから始まった。本書に登場するクレア・クレーメンやダニエル・ジャンゼンらが感じたのと同じように、研究対象である魚が絶滅の危機にある現状で、基礎研究にのみ専念するのでは問題であり、本書を翻訳することが責務だと感じたのであった。一人では荷が重いと感じた宗宮は、翻訳の経験も多く、一方で環境思想家ソローについての論文なども執筆している藤岡に声をかけた。その後、水生生物を中心に保全生態学を専門とする谷口が訳者に加わり、三人体制で翻訳が進められた。異分野の二人の共著である原著にならったわけではないのだが、専門分野が異なる三人がタッグを組み、一冊の翻訳にかかわるという例は、皆無とは言わないもののそれほど多いケースではないと思われる。

とは言え、翻訳はなかなか難航した。宗宮がプロローグ・2・3・10章・エピローグ・読書案内、藤岡が1・5・6・9・謝辞、谷口が日本語版への序文・4・7・8章を担当し、藤岡が全体を通して訳文の統一・修正を加えたが、原著にはこった言い回しが多く見られ、ニュアンスをうまく日本語に訳出する作業は難渋を極めた。そのために訳注が長くなることもしばしばあったが、読者のより深い理解を促すためのものとしてご容赦いただければ幸いである。環境関係の用語については、定訳がまだ存在していない語が多く（carbon sinkを「炭素シンク」とするか「炭素吸収源」とするか、など）、また定訳があってもかえって一般の人にはわかりにくい表現であったりするため、訳語の選定は試行錯誤の連続であった。さらには、本書の性格上、訳者らの専門外である金融や経済関係の用語も多く、日本語で何と言われているかを調べつつ検討する有様は、最初のカトゥーンバ会議に出席した科学者に似た雰囲気だったかもしれない。
まったくの偶然ではあるが、翻訳の最中に、国際花と緑の博覧会記念協会が創設した「コスモス国際賞」をデイリーが受賞し、授賞式（二〇〇九年十月）のために来日した。その際に、訳者ら一同は彼女と親しく面談する機会を得、日本語版への序文の執筆を直接依頼することができた。彼女は、噂どおりのすばらしい環境科学者であり、楽しい思い出の一齣となった。

翻訳上の難題解決に多忙な日々から惜しみなく時間を捻出して協力してくれた、名古屋工業大学のケリー・クイン准教授とカレン・ブライアン准教授に心から感謝の意を表したい。また、訳文の表現のわかりやすさなどについていつも率直な意見をくれたR・O女史に深謝したい。最後に、名古屋大学出版会の神舘健司氏には、このプロジェクトの長い旅路の道中において、言葉にできないほど多大なご援助を頂いた。豊富な知識とたぐい希な探求心を持ち、勤勉かつ我慢強い神舘氏と我々訳者らとの議論が、本訳書の完成度をいっそうの高みに導いてくれたものと自負している。厚く感謝申し上げたい。

二〇一〇年七月

訳者一同

ホルドレン，ジョン（John Holdren）　336

マ　行

マーシャル，アルフレッド（Alfred Marshall）　14
マーシュ，ジョージ・パーキンス（George Perkins Marsh）　15
マイヤー，クリス（Chris Meyer）　109
マウント，ジェフリー（Jeffrey Mount）　152–154
マラー，ポール（Paul Muller）　308, 325–326, 340
ミューラー，ティム（Tim Mueller）　308, 311, 318–319, 324, 326
ミルケン，マイケル（Michael Milken）　52–54
ムーニー，ハル（Hal Mooney）　341
メルツァー，ヒラリー（Hilary Meltzer）　105, 116, 124
モールズ，パトリシア（Patricia Moles）　287–288
モンダヴィ，ロバート（Robert Mondavi）　136, 155
モンヘ，ルイス・アルベルト（Luis Alberto Monge）　269

ヤ・ラ・ワ行

ヤッギ，マーク（Marc Yaggi）　122–124
ラール，ラタン（Rattan Lal）　67
ライケンス，ジーン（Gene Likens）　83
ライス，コンドリーザ（Condoleezza Rice）　181
ライリー，ウィリアム（William Reilly）　107–108
ライレー，アン（Ann Riley）　141–142
ラウター，カレン（Karen Rauter）　120
ラウプ，イーサン（Ethan Raup）　188, 190, 192
リード，ウォルター（Walter Reid）　95
リオス，ルーシア（Lucia Rios）　270
リッピー，カレン（Karen Rippey）　22, 132, 134, 136–137, 140–143, 145–148, 150, 156–157, 344
ルードビッヒ，ダニエル（Daniel Ludwig）　258
ルブチェンコ，ジェーン（Jane Lubchenco）　340–341
レアリー，ビル（Bill Leary）　147
レオポルド，アルド（Aldo Leopold）　232
レターマン，デイビッド（David Letterman）　105
レノックス，アニー（Annie Lennox）　77
ロック，ゲイリー（Gary Locke）　205
ロビンソン，スモーキー（Smokey Robinson）　173
ロメロ，ウィリアム（William Romero）　78–79, 339
ワトソン，ロバート（Robert Watson）　342–343
ワムズレー，ジョン（John Wamsley）　19, 22, 206–207, 209, 211–213, 215–220, 222–225, 227–231, 236–237, 239–242, 330, 344

Nabhan）　309, 318
ニューカム，ケン（Ken Newcombe）　288–289
ネプスタッド，ダン（Dan Nepstad）　48, 279, 281–282, 289–294, 300, 330
ノース，オリバー（Oliver North）　269

ハ　行

ハークネス，バーバラ（Barbara Harkness）　221–222
バージ，デイビッド（David Berge）　170–171
ハーパー，ウィリアム（William Harper）　321–322
ハイドラウフ，デール（Dale Heydlauff）　69
パウエル，イアン（Ian Powell）　284, 296
バウワーズ，ポール（Paul Bowers）　145–146, 150
パタキ，ジョージ（George Pataki）　109–110
バッグ，ロバート（Robert Bugg）　306–307, 326–327
ハルバックス，ウィニー（Winnie Hallwachs）　248, 265–266, 272, 276
ビアナ，ホルヘ（Jorge Viana）　301
ビーティー，アンディー（Andy Beattie）　237, 239, 330
ヒーラン，エド（Ed Heelan）　111–114
ヒール，ジェフリー（Geoffrey Heal）　13–14, 234–235, 345
ビケス，カーリン（Karin Viquez）　271
ビニング，カール（Carl Binning）　217
ピム，スチュアート（Stuart Pimm）　238
ピメンテル，デイビッド（David Pimentel）　316
ピュッツ，ジャック（Jack Putz）　47
ファーマン，ベッキー（Becky Furmann）　1, 23
ファンセロー，ジェイソン（Jason Fanselau）　151
ブーフマン，スティーブン・L（Stephen L. Buchmann）　309, 318
フォスター，ジョン（John Foster）　313
ブキャナン，パット（Pat Buchanan）　111
ブッシュ，ジョージ・W（George W. Bush）　157, 169, 176, 181, 285, 301, 331
ブッシュ，ジョージ・ハーバート・ウォーカー（George Herbert W. Bush）　38
ブラウン，ジョン（John Browne）　69, 344
ブランコ，ロジャー（Roger Blanco）　254
ブランド，デイビッド（David Brand）　22, 45–46, 51–53, 55, 57–58, 61, 63–64, 85–87, 93, 166, 174–176, 180–181, 246, 255, 293, 333, 337, 344
ブリーン，キャスリーン（Cathleen Breen）　122
プリンチペ，マイケル（Michael Principe）　120–121, 124
フルトン，デイブ（Dave Fulton）　119
フレッチャー，R・ファジー（R. “Fuzzy” Fletcher）　183, 185, 198–200
フレミング，デイビッド（David Fleming）　240–241
フロスト，ロバート（Robert Frost）　23
ブロック，モイラ・ジョンストン（Moira Johnston Block）　132, 136–143, 146, 149–150, 154, 156–157, 344
ベアード，ラリー（Larry Baird）　165
ベイカー，マイク（Mike Baker）　273
ベイル，スチュアート（Stuart Beil）　42–45, 169–170
ペン，シンシア（Sinthya Penn）　323
ホイットマン，クリスティー・トッド（Christine Todd Whitman）　335
ホートン，トム（Tom Horton）　134
ホーリー，デイビッド（David Holley）　118–120
ボクサー，バーバラ（Barbara Boxer）　142–143, 147

ケネディ，ロバート・F，ジュニア（Robert F. Kennedy, Jr.）　103-104, 106, 108, 112-114, 123, 126
ゲルプスパン，ロス（Ross Gelbspan）　82
ゴア，アル（Al Gore）　169, 181
コース，ロナルド（Ronald Coase）　17
コーディ，リンダ（Linda Coady）　159, 161-164, 166, 168, 170-171, 178-179
コールズ，ブレント（Brent Coles）　187
ゴールド，イアン（Ian Gauld）　268

サ　行

サンダー，リチャード（Richard Sandor）　18, 60, 62, 73-74, 175, 300
サンチェス，オスカー・アリアス（Oscar Arias Sánchez）　266, 269
サント，ロジャー（Roger Sant）　59
シールズ，ジム（Jim Shields）　293-294
シェール，サラ（Sara Scherr）　44, 47-48, 286-288, 294, 299, 330
ジェンキンズ，マイケル（Michael Jenkins）　33-37, 40, 166, 168, 283-284, 297, 299-300, 330
ジスレッタ三世，ジョー（Joe Ghisletta III）　152
シムズ，ロン（Ron Sims）　172-174, 183, 185-206, 211, 246, 284, 333, 340, 344
ジャガー，ビアンカ（Bianca Jagger）　77
ジャンゼン，ダニエル（Daniel Janzen）　23, 245-253, 255-261, 263-277, 243, 281, 284, 337, 344
シュナイダー，スティーブン（Stephen Schneider）　72
ジュリアーニ，ルドルフ（Rudolph Giuliani）　108
シュワルツ，ジョン（John Schwartz）　117
ジョーンズ，ヴァーノン（Vernon Jones）　187
ジョンソン，ネルス（Nels Johnson）　168
ズッカーマン，エド（Ed Zuckerman）　204
スパーゲル，バリー（Barry Spergel）　230
スミス，アダム（Adam Smith）　22
セメルロス，エド（Ed Semmelroth）　80
ソモーザ，アナスタシオ（Anastasio Somoza）　268
ソリット，マーク（Mark Sollitto）　194

タ　行

ターナー，テッド（Ted Turner）　52, 233
ターボー，ジョン（John Terborgh）　251-252
ダスグプタ，パーサ（Partha Dasgupta）　12-13
タトル，アンドレア（Andrea Tuttle）　65
チャイルド，リディア・マリア（Lydia Maria Child）　99
ディクソン，デイブ（Dave Dickson）　142, 147, 150-151, 155
デイビス，アダム（Adam Davis）　25, 27-30, 32-35, 38, 42, 44-46, 49-51, 159, 165-167, 174, 177-178, 213, 246, 284, 294-296, 299, 322, 329, 334, 336, 344
ディンキンズ，デイビッド（David Dinkins）　107-108
デュベルノア，ジーン（Gene Duvernoy）　188
ドニガー，デイビッド（David Doniger）　332
トパチオ，カヤン（Cayan Topacio）　193
トリッテン，ユルゲン（Jürgen Tritten）　181
ドリンクウォーター，ジョン（John Drinkwater）　204
トンプキンス，ダグ（Doug Tompkins）　233

ナ　行

ナブハン，ゲイリー・ポール（Gary Paul

人名索引

ア 行

アイゼンシュタット，キーガン（Keegan Eisenstadt） 80
アイヤー，ギータ（Geeta Aiyer） 76
アクムーディー，アンドリュー（Andrew AcMoody） 80
アシェンドルフ，アーサー（Arthur Ashendorff） 89, 92-93
アレニウス，スバンテ（Svante Arrhenius） 55
アレン，ウィリアム（William Allen） 254
アロー，ケネス（Kenneth Arrow） 11-12
ヴィトーセック，ピーター（Peter Vitousek） 11
ウィルソン，エドワード・O（Edward O. Wilson） 22, 232, 236
ウェザース，キャスリーン（Kathleen Weathers） 116
ウォーカー，ブライアン（Brian Walker） 48, 226, 238
ウォーレン，ノーマン（Norman Warren） 243-246
ウガルデ，アルヴァロ（Alvaro Ugalde） 264
ウマーナ，アルヴァロ（Alvaro Umaña） 260, 262, 267, 273
エーリック，ポール（Paul Ehrlich） 346
エドワーズ，マーク（Mark Edwards） 216
オースティン，トーマス（Thomas Austin） 225
オディオ，カルロス（Carlos Odio） 274
オリーガン，デニス（Dennis O'Regan） 256

カ 行

カーソン，レイチェル（Rachel Carson） 307
カーター，ジミー（Jimmy Carter） 139
カーペンター，スティーブ（Steve Carpenter） 335
ガメス，ルイス（Luis Gámez） 74
カルドーゾ，フェルナンド・エンリケ（Fernando Henrique Cardoso） 281, 300
ギッシャム，ジョン（John Gitsham） 219-221
キャロル，ルイス（Lewis Carroll） 162
クウェイル，ダン（Dan Quayle） 133
グートフレンド，ジョン・H（John H. Gutfreund） 268
クライク，ウェンディー（Wendy Craik） 230
クラウセン，アイリーン（Eileen Claussen） 71-74
グラント，ローリー（Lori Grant） 200-202
グリフィン，スティーブ（Steve Griffin） 66, 84-85
クリントン，ビル（Bill Clinton） 68, 71, 169, 180, 194
クレーメン，クレア（Claire Kremen） 22, 303, 306-308, 310-311, 314-315, 317-320, 326-327
クロードン，リン（Lynn Claudon） 202-204
クローニン，ジョン（John Cronin） 105
ケーン，キンバリー（Kimberlee Kane） 111
ゲッデス，プルー（Proo Geddes） 223, 229

《訳者紹介》

藤岡《ふじおか》　伸子《のぶこ》

名古屋工業大学大学院工学研究科教授

著訳書：『森林・木材を活かす大事典』（共著，産業調査会，2007），『科学史から消された女性たち』（共訳，工作舎，1992），論文「別世界としてのケープコッド：ソローが地の果てに見たもの」（『アメリカ研究』第35号，2001）他

谷口《たにぐち》　義則《よしのり》

名城大学理工学部准教授

著訳書：『野生動物保護の事典』（共著，朝倉書店，2010），『川と森の生態学—中野繁論文集—』（共訳，北海道大学出版会，2003），『外来種ハンドブック』（共著，地人書館，2002）他

宗宮《そうみや》　弘明《ひろあき》

名古屋大学名誉教授

著訳書：『魚の科学事典』（共著，朝倉書店，2005），『魚類のニューロサイエンス』（共著，恒星社厚生閣，2002），『魚病学』（共著，学窓社，2002）他

生態系サービスという挑戦

2010年9月30日　初版第1刷発行

定価はカバーに表示しています

訳　者　藤　岡　伸　子
　　　　谷　口　義　則
　　　　宗　宮　弘　明

発行者　石　井　三　記

発行所　財団法人　名古屋大学出版会

〒464-0814　名古屋市千種区不老町1 名古屋大学構内
電話(052)781-5027/FAX(052)781-0697

印刷／製本 ㈱太洋社　ISBN978-4-8158-0649-1